“十二五”职业教育国家规划教材
经全国职业教育教材审定委员会审定

首届全国机械行业职业教育精品教材

单片机应用技术

主　编　黄　英　王晓兰

副主编　刘　正　徐　艳　张庆芳
　　　　殷　军

主　审　周　晔

编委会　黄　英　殷　军　刘　正　刘恩华
　　　　徐　艳　王晓兰　张庆芳　吴振磊
　　　　周曲珠　吴翠娟　陈堂敏

U0311404

内容简介

　　本书以目前应用广泛的MCS51/52系列单片机应用技术为主线，以完成工程应用项目任务的方法，将单片机的系统知识（单片机的内部结构、单片机指令系统、定时器／计数器、中断系统、串行口技术、单片机C语言、汇编语言，以及外围器件的应用）分解到各个项目任务中完成，每一步都精心设计，内容从易到难。本书共9个项目，包括单片机最小系统及简单应用、实用工程应用程序设计、流水灯控制的C语言程序设计、单片机I／O接口电路与应用、直流伺服电机的PWM控制技术、单片机串行通信接口技术、实用电子钟设计、数字信号控制系统、银行排队叫号系统综合设计。本书依据高职高专的培养目标，采用"看、教、学、做"的一体化教学模式，以项目驱动，注重学习者的实践技能训练、工程项目开发能力以及拓展能力的培养，既提高学习者的学习兴趣，又为后续课程的学习、各类电子竞赛、毕业设计及毕业后工作提供良好的训练。

　　本书适用于高职高专、成人教育的自动化、计算机、电气技术、应用电子、电子电信以及机电一体化等专业的教材，也可供教师、工程技术人员参考。

前　言

　　电子行业在 20 世纪处于蓬勃发展态势。随着几年来的发展和整合,该行业进入平稳发展期,对人才需求不如以前火爆。在这种大环境下,电子行业人才的发展、人才需求点、高职学生的就业点等都是高职校电子专业所关心的问题。高职项目式教材的开发对探索提升高职院校电子类学生就业能力有重要意义。

　　单片机是一门应用性、实践性非常强的专业课程,它的教学体系也在不断完善,已形成了以应用为导向的项目式教学和学习体系,密切贴合高职高专学生的培养目标。本书设计单片机项目任务时充分考虑工程实践,体现当代技术发展,以及知识理论的系统性,注意任务的可操作性,尽可能从学习者实际出发,设计出可以通过亲身实践(电路制作、软件编程、Proteus 仿真调试)能完成的任务,强化学习者实践技能的训练及拓展能力的培养;在任务设计时注意留给学习者独立思考、探索和自我开拓的空间。

　　本书力求使教师、学生的教与学都有选择的余地,适合"教、学、做"一体化的教学,具有教学活动多样化的特点;兼顾了汇编语言和 C 语言的学习过程,通过两种语言的编程对比,使学习者能够精通一种、认识一种,为学生具备工程项目开发技能的再学习奠定良好的基础。本教材共分 9 个项目,每个项目有明确的目标、知识点以及学习者应达到的能力。每个项目都有独立完成的任务,并且有相应的初学者必须掌握的单片机理论知识点。项目 1 和 3 将当前单片机开发系统中基本技能训练的工具——Keil 公司的 μVision 集成开发环境和 Labcenter 公司的 Proteus 仿真环境结合起来;由于汇编语言的学习是掌握单片机的基础,本书的前面两个项目仍以汇编语言为编程工具,讲述程序设计的方法。由于 C 语言功能强大,便于模块化开发,因此,项目 3 为应用单片机的 C51 基本知识,项目 5、6 是 C 语言和汇编语言的对照程序设计,项目 7～9 为 C 语言的程序设计。本书中的所有实例都经 Proteus 仿真环境调试通过。

　　本书基于高职高专教育"十三五"规划教学改革,立足于产、学、研相结合,项目任务均来自企业实践,通过苏州经贸职业技术学院精品教材建设立项。参加编写的同志来自苏州经贸职业技术学院、苏州秉立电动汽车科技有限公司、苏州工业园区服务外包职业学院等单位,都是有多年企业经历和高职院校一线教学经验的双师型教师以及企业工程师。

本书由苏州经贸职业技术学院黄英和王晓兰担任主编,由黄英统稿,刘正、徐艳、张庆芳、殷军担任副主编,参编人员有刘思华、吴振磊、周曲珠、吴翠娟、陈堂敏。苏州迈恩信息科技有限公司周晔高级工程师作为主审,从繁忙的工作中抽出时间认真细致地审阅了全部书稿并提出了宝贵的意见,在此表示由衷的感谢!

本书在编写过程中得到了复旦大学出版社有关同志的大力支持,在此也深表感谢。由于编者水平有限,本书一定存在许多不足之处,恳请读者批评指正。如果读者在使用本书过程中有任何建议,请与编者(yhuang@szjm. edu. cn)联系。

本书配有全套教学课件,欢迎各位老师联系本书责任编辑索取(Email:zzjlucky@ yeah. net)。

编　者

目　录

项目 ❶

【 单 片 机 工 程 应 用 技 术 】

单片机最小系统及简单应用

▰ 项目任务

采用 AT89S52、+5 V 电源电路、外接时钟电路和复位电路,设计单片机最小系统控制电路。

应用单片机最小系统控制发光二极管,实现流水灯的控制。

应用单片机最小系统实现单个 7 段 LED 数码管的控制,实现数字和字母的显示。

▰ 项目要求

(1) 理解并掌握单片机最小系统硬件电路的组成。
(2) 理解并掌握单片机指令系统,会简单的工程实际程序设计。
(3) 掌握单片机及各电子芯片的使用技巧。
(4) 掌握工程实践项目的开发流程。
(5) 了解市场上常用单片机。

▰ 项目导读

(1) 单片机最小系统硬件电路。
(2) 认识单片机常用指令。
(3) 单片机最小系统的简单使用。
(4) 认识常用单片机。

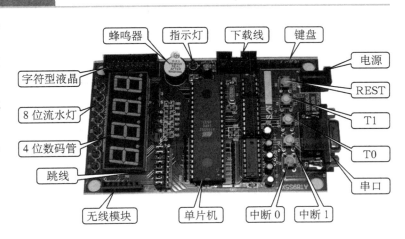

1

任务1 单片机最小应用系统硬件电路

知识要点：

MCS-51单片机的硬件结构和使用方法。

能力训练：

通过单片机最小系统设计的实践训练，锻炼动手能力，掌握元器件的认知、检测、应用能力，掌握工程项目的硬件电路设计。

任务内容：

掌握单片机40引脚的功能和使用方法，掌握单片机最小系统的组成以及设计原则。

1.1.1 单片机最小系统的构成

单片机最小应用系统是指用最少的元件组成的可以工作的单片机系统。MCS-51系列单片机最小应用系统结构如图1-1所示，一般包括主控单片机芯片、电源电路、复位电路、晶振电路和输入输出口线插座。

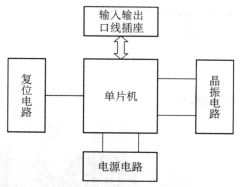

图1-1 单片机最小系统结构

（1）单片机 在单片机应用系统中，单片机是核心部件，能够自动完成用户赋予它的任务。

（2）电源电路 单片机是一种超大规模集成电路，内有成千上万个晶体管或场效应管。因此，要使单片机正常运行，就必须为其提供能量，即为片内的晶体管或场效应管供给电源，使其能工作在相应的状态。

（3）晶振电路 单片机是一种时序电路，必须为其提供脉冲信号才能正常工作。由于

MCS-51 系列单片机内部已集成了时钟电路,所以在使用时只要外接晶体振荡器和电容就可以产生脉冲信号。晶体振荡器和电容所组成的电路称为晶振电路。

(4)复位电路 单片机在启动运行时,都需要先复位,使 CPU 和系统中的其他部件都处于确定的初始状态,并从这个状态开始工作。MCS-51 系列单片机本身一般不能自动复位,必须配合相应的外部电路才能实现。复位电路的作用就是使单片机在上电时能够复位或运行出错时进入复位状态。

(5)输入输出口线插座 单片机通过输入输出口线与外界交换信息。例如,单片机与外设的通信就是通过输入输出口线实现的。单片机输入输出口线的驱动能力有限,驱动能力不足时,可以在口线上接驱动器。

1.1.2 认识主控单片机芯片

1. 什么是单片机

单片机(single chip microcomputer)亦称单片微型计算机,国际上统称微控制器(MCU, microcontroller unit),是一类内部集成了计算机核心技术的智能芯片。单片机就是把中央处理器(CPU, central processing unit)、随机存取存储器(RAM, random access memory)、只读存储器(ROM, read only memory)、输入/输出(I/O, input/output)接口等主要的计算机功能部件集成到一块集成电路芯片上,从而形成一部完整的微型计算机。单片机是大规模集成电路技术发展的结晶,具有性能高、速度快、体积小、价格低、稳定可靠、通用强等优点,应用广泛。

虽然单片机的品种很多,但无论从世界范围或从全国范围来看,使用最为广泛的应属 MCS-51 系列单片机。MCS-51 系列单片机以其典型的通用总线式体系结构、特殊功能寄存器的集中管理模式、位操作系统和面向控制功能的丰富的指令系统,为单片机的发展奠定了良好的基础。本教材以 MCS-51 内核兼容的 52 系列单片机 AT89S52 作为代表,学习理论基础(51 系列与 52 系列的主要区别:52 系列内存增加一倍,定时器增加一个 T2)。

2. 主控芯片 AT89S52 单片机的基本组成

AT89S52 是美国 Atmel 公司生产的一种低功耗、宽电压、高性能 8 位 CMOS 微控制器,具有 8 k 在系统可编程 Flash(快闪)存储器。使用 Atmel 公司高密度非易失性存储器技术制造,与工业 80C51 产品指令和引脚完全兼容。片上 Flash 允许程序存储器在系统可编程,亦适于常规编程器。在单芯片上,拥有灵巧的 8 位 CPU 和在系统可编程 Flash,能为众多嵌入式控制应用系统提供灵活、有效的解决方案。MCS-51 系列单片机的基本组成如图 1-2 所示。

AT89S52 具有以下主要功能特性:

(1)一个 8 位微处理器(CPU),这是单片机的核心,负责读入和分析每条指令,根据每条指令的功能要求,控制单片机各个部件具体地执行指令操作。主要包括运算器和控制器两大部分。

(2)256 字节的数据存储器(RAM)和 32 个特殊功能寄存器(SFR),用于存放可读/写

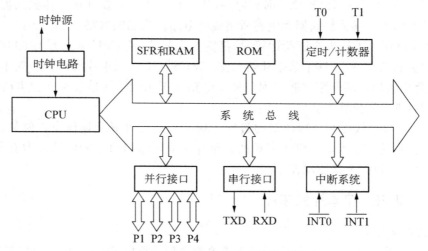

图1-2 MCS-51系列单片机的基本组成

的数据。

(3) 8 k字节的内部快闪程序存储器(Flash ROM),用于存放程序、原始数据或表格。

(4) 3个16位定时/计数器,用以对外部事件计数,也可用作定时器。

(5) 4个8位可编程的输入/输出(I/O)并行端口,每个端口既可做输入,也可做输出。

(6) 一个全双工异步串行口(UART)串行通道,用于数据的串行通信。

(7) 8个中断源,2个优先级。

(8) 可寻址各64 kB的外部程序存储器、数据存储器空间。

(9) 有位寻址功能、适于布尔处理的位处理器。

(10) 片内振荡器即内部时钟电路,石英晶体和微调电容需要外接。最高允许振荡频率为33 MHz。

(11) 可降至0 Hz静态逻辑操作,具有支持两种软件可选择节电工作方式,即休闲方式(idle mode)及掉电方式(power down mode)。空闲模式下,CPU停止工作,允许RAM、定时器/计数器、串口、中断继续工作。掉电保护方式下,RAM内容被保存,振荡器被冻结,单片机一切工作停止,直到下一个中断或硬件复位为止。

(12) ISP在线编程功能。

(13) 内部集成看门狗计时器(WDT)。

(14) 双数据指示器。

(15) 电源关闭标记。

(16) 加密算法。

(17) 向下完全兼容MCS-51全部子系列产品,兼容MCS-51指令系统。

以上各个部分通过片内8位数据总线(DBUS)相连接,其内部逻辑结构如图1-3所示。

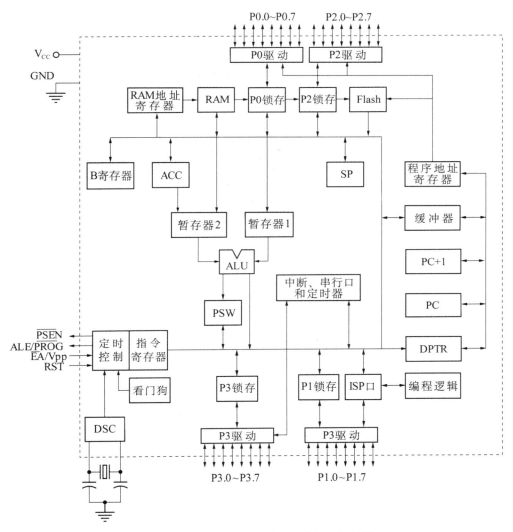

图 1-3 MCS-51 系列单片机内部逻辑结构

3. AT89S52 引脚简介

在 MCS-51/52 系列单片机中,各类型号单片机的引脚是相互兼容的。MCS-51/52
系列单片机实际有效的引脚为 40 个,有 3 种封装形式:PDIP 封装形式,这是普通的 40 脚双
列直插式;PLCC 封装形式,这种形式是具有 44 个 J 型脚的方形芯片,使用时需要插入与其
相配的方形插座中;TQFP 封装形式,这种形式也是具有 44 个 J 型脚的方形芯片,但它的体
积更小、更薄,是一种表面贴焊封装形式。AT89S52 单片机这 3 种形式的引脚如图 1-4 所
示,本书以 PDIP 封装为例说明引脚功能。

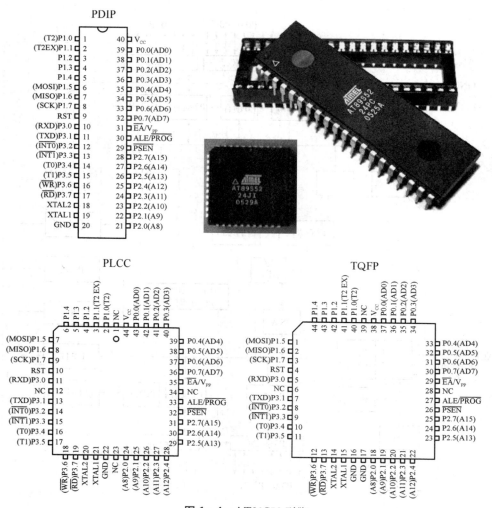

图 1-4 AT89S52 引脚

（1）电源引脚

① 40 脚 V_{CC}　　电源端，引入单片机的工作电源。

② 20 脚 V_{SS}（GND）　　接地端。

MCS-51/52 系列单片机最小应用系统一般使用+5 V 电源。需要注意的是，目前单片机允许使用的电压范围越来越宽，一般单片机都能在 3～6 V 范围内工作，电池供电的单片机不再需要对电源采取稳压措施。低电压供电的单片机电源下限已由 2.7 V 降至 2.2 V 或1.8 V。0.9 V 供电的单片机已经问世。

（2）时钟引脚

① 19 脚 XTAL1　　振荡器反相放大器和内部时钟发生电路的输入端。

② 18 脚 XTAL2　　振荡器反相放大器的输出端。单片机的正常工作离不开时钟信

号。单片机的时钟信号的产生方法有两种：内部时钟方式和外部时钟方式。单片机最小系统采用内部时钟方式。

（3）控制引脚

① 9脚 RESET　　复位信号输入端。当振荡器工作时，若在此引脚上加两个机器周期的高电平，就能使单片机复位。当单片机上电时，必须先复位，再进入工作状态。当程序运行错误或由于错误操作而使单片机进入死锁状态时，也可以通过复位重新启动。SFR中的辅助寄存器 AUXR（地址8EH）上的 DISRTO 位可以使此功能无效。DISRTO 默认状态下，复位高电平有效。

② 31脚$\overline{EA}$/V$_{PP}$　　外部程序存储器访问允许/固化编程电压输入信号端。当引脚$\overline{EA}$接高电平时，单片机在复位后从内部 ROM 的 0000H 开始执行程序。当$\overline{EA}$为低电平（如接地）时，单片机复位后直接从外部 ROM 的 0000H 开始执行程序。内部有 ROM 的单片机，其$\overline{EA}$一般接高电平。在 Flash 编程期间，$\overline{EA}$也接收 12 V V$_{PP}$电压。

③ 30脚 ALE/$\overline{PROG}$　　地址锁存允许控制信号端。CPU 访问外部程序存储器时，锁存低8位地址的控制信号。在 Flash 编程时，此引脚（$\overline{PROG}$）也用作编程输入脉冲。一般情况下，ALE 以晶振1/6的固定频率输出脉冲，可作为外部定时器或时钟使用。然而，在每次访问外部数据存储器时，ALE 脉冲将会跳过。如果需要，将地址为 8EH 的 SFR 的第0位置1，ALE 操作将无效，仅在执行 MOVX 或 MOVC 指令时有效。否则，ALE 将被微弱拉高。

④ 29脚$\overline{PSEN}$　　外部程序存储器选通信号端。当 AT89S52 从外部程序存储器执行外部代码时，$\overline{PSEN}$在每个机器周期被激活两次，而在访问外部数据存储器时，$\overline{PSEN}$将不被激活。

29脚$\overline{PSEN}$和 30脚 ALE/$\overline{PROG}$为外扩数据/程序存储器时才有特定用处，在单片机最小应用系统中不用考虑。

（4）输入/输出引脚　　在单片机最小系统中，32条输入/输出引脚（P0.0～P0.7，P1.0～P1.7，P2.0～P2.7，P3.0～P3.7）可以直接驱动外设。当输入/输出引脚的驱动能力不够时，可以通过驱动电路驱动外设。

① P0 口　　P0 口是一个8位漏极开路的双向 I/O 口。作为输出口，每位能驱动8个TTL 逻辑电平。对 P0 端口写1时，引脚用作高阻抗输入。当访问外部程序和数据存储器时，P0 口也被作为低8位地址/数据复用。在这种模式下，P0 具有内部上拉电阻。在 Flash编程时，P0 也用来接收指令字节；在程序校验时，输出指令字节。程序校验时，需要外接上拉电阻。

② P1 口　　P1 口是一个具有内部上拉电阻的8位双向 I/O 口，P1 输出缓冲器能驱动4个 TTL 逻辑电平。对 P1 端口写1时，内部上拉电阻把端口拉高，此时可以作为输入口使用。作为输入使用时，由于内部电阻的原因，被外部拉低的引脚将输出电流（IIL）。此外，P1.0 和 P1.2 分别作定时器/计数器2的外部计数输入（P1.0/T2）和定时器/计数器2的触发输入（P1.1/T2EX），具体见表1-1。在 Flash 编程和校验时，P1 口接收低8位地址字节。

表 1 - 1　P1 口引脚第二功能

引脚号	第 二 功 能
P1.0	T2(定时器/计数器 T2 的外部计数输入),时钟输出
P1.1	T2EX(定时器/计数器 2 的捕捉/重载触发信号和方向控制)
P1.5	MOSI(在系统编程用)
P1.6	MISO(在系统编程用)
P1.7	SCK(在系统编程用)

③ P2 口　　　P2 口是一个具有内部上拉电阻的 8 位双向 I/O 口,P2 输出缓冲器能驱动 4 个 TTL 逻辑电平。对 P2 端口写 1 时,内部上拉电阻把端口电压拉高,此时可以作为输入口使用。作为输入使用时,由于内部电阻的原因,被外部拉低的引脚将输出电流(IIL)。在访问外部程序存储器或用 16 位地址读取外部数据存储器(例如执行 MOVX A,@DPTR)时,P2 口送出高 8 位地址。这时 P2 口使用很强的内部上拉发送 1。在使用 8 位地址(如 MOVX A,@Ri)访问外部数据存储器时,P2 口输出 P2 锁存器的内容。在 Flash 编程和校验时,P2 口也接收高 8 位地址字节和一些控制信号。

④ P3 口　　　P3 口是一个具有内部上拉电阻的 8 位双向 I/O 口,P3 输出缓冲器能驱动 4 个 TTL 逻辑电平。对 P3 端口写 1 时,内部上拉电阻把端口拉高,此时可以作为输入口使用。作为输入使用时,由于内部电阻的原因,被外部拉低的引脚将输出电流(IIL)。P3 口亦作为 AT89S52 特殊功能(第二功能)使用,见表 1 - 2。在 Flash 编程和校验时,P3 口也接收一些控制信号。

表 1 - 2　P3 口引脚第二功能

引脚号	第 二 功 能
P3.0	RXD(串行输入)
P3.1	TXD(串行输出)
P3.2	INT0(外部中断 0)
P3.3	INT1(外部中断 1)
P3.4	T0(定时器 0 外部输入)
P3.5	T1(定时器 1 外部输入)
P3.6	WR(外部数据存储器写选通)
P3.7	RD(外部数据存储器读选通)

1.1.3　单片机最小系统

单片机最小系统主要由主控芯片单片机 AT89S52、电源电路、复位电路,以及晶振(时钟)电路、输入输出口线组成。由于单片机最小应用系统结构简单、成本低,内有程序存储器,32 根并行口线都可供输入/输出使用,适用于一般控制系统。由于存储单元等资源有限,无法满足复杂控制系统的要求时,可通过单片机 I/O 口组成地址总线(AB)、数据总线(DB)和控制总线(CB),扩展片外 RAM、ROM 等功能器件。

1. 电源电路

根据实际需要设计单片机的电源,在各类单片机的书籍上介绍的很多。最简单的办法是,选择一个 9 V 的电源适配器,通过专门的电源插座把直流电压引入,如图 1-5 所示。L1是一个 100 μH 的电感,交流阻抗大,以防止总线上的高频干扰窜入电路。二极管 D1 的作用有两个:一是降低集成稳压电路 7805(U2)的输入电压;二是防止总线断电时,电容 C1 上所存储的电荷向总线释放。电容 C1、C2 是滤波电容。7805 是 +5 V 的集成稳压电路。C3、C4 是去耦电容。发光二极管 D2 是电源指示灯,R1 是 D2 的限流电阻。

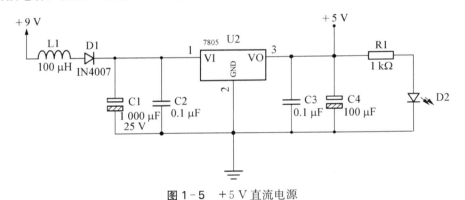

图 1-5　+5 V 直流电源

2. 时钟电路

单片机的时钟信号用来提供单片机芯片内各种微操作的时间基准。时钟信号通常用两种电路形式得到内部振荡和外部振荡。单片机内部有一个用于构成振荡器的高增益反向放大器,引脚 XTAL1 和 XTAL2 分别是此放大电器的输入端和输出端,采用内部方式电路简单,所得的时钟信号比较稳定,实际使用中常采用。

如图 1-6 所示,XTAL1 和 XTAL2 两个引脚端外接石英晶体或陶瓷谐振器和微调电容构成内部振荡方式,片内高增益反向放大器与作为反馈元件的片外石英晶体或陶瓷谐振器一起构成自激振荡器并产生振荡时钟脉冲。电容器的主要作用是帮助振荡器起振,电容器容量大小对振荡频率有微调作用,其典型值均为 30 pF 左右,振荡频率主要由石英晶振的频率确定,振荡电路的频率就是晶体的固有频率。目前,单片机的晶振频率 f_{osc} 的范围为 1.2~60 MHz。晶振频率常选 12 MHz/6 MHz。

图 1-7 是外部振荡方式电路。外部振荡方式就是把外部已有的时钟信号引入单片机内。

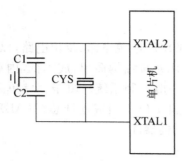

图 1-6 内部振荡方式

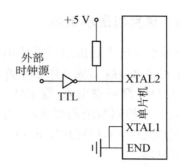

图 1-7 外部振荡方式

3. 复位电路

单片机复位电路包括片内、片外两部分。外部复位电路为内部复位电路提供两个机器周期以上的高电平。产生复位信号的片内电路逻辑如图 1-8 所示。实际使用时,单片机通常采用上电自动复位和按键与上电复位两种方式,在单片机 RST 引脚上外接一个电阻、电容,形成复位电路片外部分电路,如图 1-9 所示。

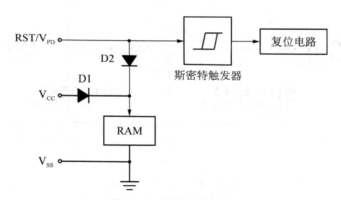

图 1-8 复位电路逻辑

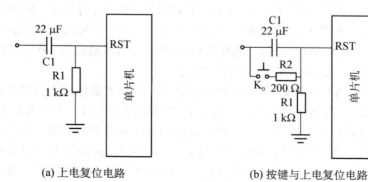

(a) 上电复位电路　　　　　　(b) 按键与上电复位电路

图 1-9 单片机两种复位电路

图1-9电路中的电阻、电容参数适用于6 MHz晶振,能保证复位信号高电平持续时间大于两个机器周期,即复位信号持续时间应超过4 μs才能完成复位操作。复位电路虽然简单,但作用很大。一个单片机系统是否能正常运行,首先要检查是否复位成功。初步检查可用示波器探头监视RST引脚。按下复位键,观察是否有足够幅度的波形输出(瞬时的),还可以改变复位电路阻容值调节。

复位是单片机的初始化操作。其主要功能是把地址计数器(PC)初始化为0000H,使单片机从0000H单元开始执行程序。当单片机运行出错或进入死循环时,为摆脱困境,须按复位键重新运行。部分特殊功能寄存器复位后的状态为确定值,单片机复位后的状态见表1-3。

表1-3　单片机复位后特殊功能寄存器的状态

特殊功能寄存器	初始状态	特殊功能寄存器	初始状态
A	00H	TMOD	00H
B	00H	TCON	00H
PSW	00H	TH0	00H
SP	07H	TL0	00H
DPL	00H	TH1	00H
DPH	00H	TL1	00H
P0～P3	FFH	SBUF	××××××××B
IP	×××00000B	SCON	00H
IE	0××00000B	PCON	0×××××××B

4. 单片机最小系统电路

主控芯片AT89S52的XTAL2、XTAL1引脚外接上12 MHz石英晶体以及30 pF电容C2和C3,构成并联谐振电路,在RST脚上外接按键和上电复位电路,在V_{CC}引脚接上+5 V电压,$\overline{EA}$脚上接高电平,V_{SS}(GND)接地,就构成了单片机最小系统,如图1-10所示。接通+5 V电源后,用示波器检测XTAL2有脉冲信号,在ALE/PROG上检测到(12/6)MHz的脉冲,系统就可以工作。

1.1.4　最小应用系统工作原理简介

一个完整的单片机应用系统由硬件和软件共同构成。硬件使单片机具备了处理数据的可能,软件使单片机自动工作。硬件与软件相辅相成,缺一不可。

为了使单片机能自动完成某一特定任务,首先,必须把要解决的问题编成程序。程序是指单片机所能识别和执行的指令的有序集合。指令是把要求单片机执行的各种操作以命令的形式写下来。一条指令对应着一种基本操作。

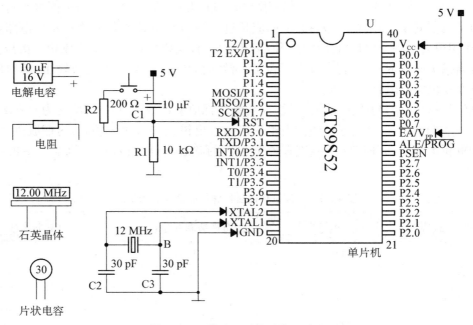

图 1-10　单片机最小系统设计图

　　程序必须预先存放在程序存储器中（单片机内部有程序存储器）。存储器由许多存储单元组成,每个存储单元可以存放 8 位二进制信息,指令就在存储单元中存放。为了区分不同的存储单元,需要对存储单元编号,称为存储单元的地址。只要知道了存储单元的地址,就可以找到存储单元,其中存储的指令就可以被取出,然后再被执行。程序通常是顺序执行的,所以程序中的指令也是一条条存放的。

　　程序由 CPU（在单片机内部）执行。CPU 只有把指令逐条取出才能执行,因此必须有一个部件能跟踪指令所在地址,这一部件就是程序计数器（PC）。在开始执行程序时,给 PC 赋以程序中第一条指令所在地址,然后每取出一条指令,PC 中的内容就会自动增加,增加量由本条指令的长度决定,可能是 1、2 或 3 个地址存放单元,以指向下一条指令的起始地址,保证指令顺序执行。由此可见,程序计数器 PC 中存放的是指令地址,CPU 通过 PC 的内容就可以取得指令的存放地址,进而取得要执行的指令。

　　CPU 从程序存储器中取来的指令先送入指令寄存器（包含在 CPU 中）寄存,然后由指令译码器（包含在 CPU 中）分析解释指令寄存器中的指令,最终形成 CPU 的控制信息,以指挥相关硬件电路完成该指令所要求的功能,如数据传送、数据运算,输入或输出信息等。当 CPU 将程序中的指令一条条取出并执行完时,也就完成了用户赋予它的任务。

任务 2 认识单片机常用汇编指令

知识要点：

MCS-51 单片机的存储器配置，常用汇编指令，常用实际程序。

能力训练：

了解单片机工程系统的开发过程，掌握基本常用程序编制和调试的能力。

任务内容：

掌握单片机存储器的内存配置，掌握单片机的指令系统，熟练掌握简单的汇编程序设计。

1.2.1 单片机存储器配置

为了使单片机能自动完成某一特定任务，必须把要解决的问题编成程序，而指令是编制程序的基础。为了更好地学习指令必须先了解单片机存储器的配置。

1.2.1.1 MCS-51 单片机与一般微机的存储器的区别

一般微机的存储器为普林顿结构，地址空间只有一个，ROM 和 RAM 可以随意安排在这一地址范围内不同的空间，即 ROM 和 RAM 的地址给一个队列分配不同的地址空间。CPU 访问存储器时，一个地址对应唯一的存储器单元，可以是 ROM，也可以是 RAM，并使用同类访问指令。

MCS-51 单片机存储器为哈佛结构，是 ROM 和 RAM 分开的结构形式。在物理结构上分为程序存储器空间和数据存储器空间，共有 4 个存储空间：片内程序存储器、片外程序存储器、片内数据存储器和片外数据存储器。从用户角度，MCS-51 单片机存储器空间分为 3 类：

(1) 片内、片外统一编址 0000H～FFFFH 的 64 kB 程序存储器地址空间（用 16 位地址）；

(2) 64 kB 片外数据存储器地址空间，地址也从 0000H～FFFFH（用 16 位地址）编址；

(3) 256 B 数据存储器地址空间（用 8 位地址），地址是 00H～FFH。

MCS-51 的程序存储器在物理上分为片内和片外 ROM 两部分，在逻辑上两者统一编址。数据存储器的片内、片外 RAM 在逻辑上分开编址的。可以看出，3 类空间地址存在重叠，单片机设计了不同的数据传送指令符号来区分：CPU 访问片内、片外 ROM 指令用 MOVC，访问片外 RAM 指令用 MOVX，访问片内 RAM 指令用 MOV。单片机引脚信号 $\overline{PSEN}$ 为外部程序存储器的选通信号，$\overline{RD}$、$\overline{WR}$ 作为外部 RAM 的选通信号。

1.2.1.2 单片机程序存储器

AT89S52 单片机的程序存储器空间为 64 kB,用于存放程序和表格常数。它通过单片机的 16 位程序计数器(PC)寻址,可以寻址 64 kB 的程序存储器地址范围,允许用户程序调用或转向 64 kB 的任何存储单元。片内程序存储器容量为 8 kB,地址为 0000H~1FFFH;片外最多可扩展至 64 kB 的 ROM。单片机利用$\overline{EA}$引脚确定是运行片内还是片外程序存储器中的程序。如果$\overline{EA}$引脚接地,程序读取只从外部存储器开始;$\overline{EA}$接 V_{cc},程序读写先从内部存储器(地址为 0000H~1FFFH)开始,接着再从外部寻址,寻址地址为 2000H~FFFFH,如图1-11 所示。

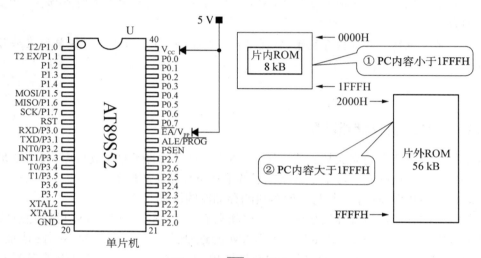

图 1-11 $\overline{EA}$引脚接高电平

在程序存储器中,有 7 个单元地址具有特定含义:

(1) 0000H 单片机复位后,PC=0000H,即从 0000H 开始执行指令。

(2) 0003H 外部中断 0 入口地址。

(3) 000BH 定时器 0 溢出中断入口地址。

(4) 0013H 外部中断 1 入口地址。

(5) 001BH 定时器 1 溢出中断入口地址。

(6) 0023H 串行口中断入口地址。

(7) 002BH 定时器 2 溢出中断入口地址。

1.2.1.3 单片机数据存储器

1. 片内数据存储器

AT89S52 片内有 256 B 数据存储器,地址为 00H~FFH,用于存放运算的中间结果、数据暂存以及数据缓存,AT89S52 片内数据存储器分用户使用的 256 B 的 RAM 区和 128 B 的特殊功能寄存器区。用户使用的高 128 B 的 RAM 区与特殊功能寄存器重叠,它们有相同的地址,而物理上是分开的。当一条指令访问高于 7FH 的地址时,寻址方式决定 CPU 访问高 128 B 的 RAM 还是特殊功能寄存器空间。

直接寻址方式访问特殊功能寄存器(SFR)。例如,

MOV 0A0H, ♯data

指令是直接寻址方式指令,访问的是 0A0H(P2 口)存储单元。间接寻址方式访问高 128 B 的 RAM。例如,

MOV @R0, ♯data

指令是间接寻址方式指令,如果 R0 内容为 0A0H,访问的是 RAM 地址 0A0H 的寄存器,而不是 P2 口(它的地址也是 0A0H)。

堆栈操作也是间接寻址方式。因此,高 128 B 数据 RAM 也可用于堆栈空间。片内数据存储器结构如图 1-12 所示。

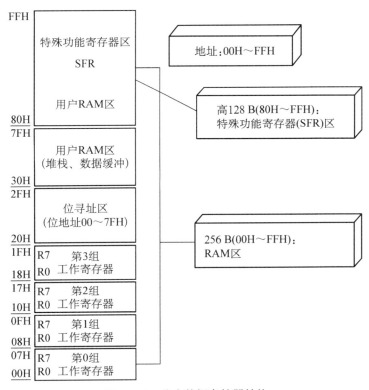

图 1-12 片内数据存储器结构

(1) 用户使用的 256 B 的 RAM

① 工作寄存器区 工作寄存器区在内部 RAM 的低端地址中,00H~1FH 共占 32 个单元(见表 1-4),工作寄存器区分为 4 组,每 8 个单元为一组,分别称为 0~3 组,在某一时

刻只能选择其中一组(由程序寄存器 PSW 的第 4、3 位决定)。

表 1 - 4　内部 RAM 位地址单元及工作寄存区单元

高 4 位(MSB)			位地址			低 4 位(LSB)		字节地址
工作寄存器 0								07H～00H
工作寄存器 1								0FH～08H
工作寄存器 2								17H～10H
工作寄存器 3								1FH～18H
07	06	05	04	03	02	01	00	20H
0F	0E	0D	0C	0B	0A	09	08	21H
17	16	15	14	13	12	11	10	22H
1F	1E	1D	1C	1B	1A	19	18	23H
27	26	25	24	23	22	21	20	24H
2F	2E	2D	2C	2B	2A	2	28	25H
37	36	35	34	33	32	31	30	26H
3F	3E	3D	3C	3B	3A	39	38	27H
47	46	45	44	43	42	41	40	28H
4F	4E	4D	4C	4B	4A	49	48	29H
57	56	55	54	53	52	51	50	2AH
5F	5E	5D	5C	5B	5A	59	58	2BH
67	66	65	64	63	62	61	60	2CH
6F	6E	6D	6C	6B	6A	69	68	2DH
77	76	75	74	73	72	71	70	2EH
7F	7E	7D	7C	7B	7A	79	78	2FH

注:表中 MSB 指一个字节的高 4 位,LSB 指一个字节的低 4 位。

单片机内部设有 4 个寄存器工作组的优点是:任何时候可通过修改程序状态寄存器 PSW 的工作寄存器的选择位 RS1 和 RS0 来安排它们位于 4 个组中的某个组;改变 R0～R7 的位置,R0～R7 的值留在原地址,还带到新地址。这在中断服务程序中快速保护现场非常有用。

00H～1FH 也可用按寻址的通用 RAM 或堆栈使用。不过 MCS - 51 复位后堆栈指针(SP)为 07H,留给 R0～R7 的空间太小,一般把 SP 初始化为 30H。

② 位寻址区　　在内部 RAM 20H～2FH 的地址区域为位寻址区,16 个单元共 128 位,既可字节寻址,又可位寻址,可进行位操作,还可以进行各种布尔运算。位地址是

00H～7FH。

具体内部 RAM 位地址单元见表 1-4 所示。

③ 数据缓冲区　　用来存放数据和作为堆栈区,地址 30H～FFH 单元。

(2) 特殊功能寄存器　特殊功能寄存器(SFR,或专用寄存器)占 80H～FFH 共 128 个单元,实际只有 32 个有用,地址映像见表 1-5。

表 1-5　AT89S52 特殊功能寄存器地址及功能表

0F8H								0FFH
0F0H	B 00000000							0F7H
0E8H								0EFH
0E0H	ACC 00000000							0E7H
0D8H								0DFH
0D0H	PSW 00000000							0D7H
0C8H	T2CON 00000000	T2MOD ×××××00	RCAP2L 00000000	RCAP2H 00000000	TL2 00000000	TH2 00000000		0CFH
0C0H								0C7H
0B8H	IP ××000000							0BFH
0B0H	P3 11111111							0B7H
0A8H	IE 0×000000							0AFH
0A0H	P2 11111111		AUXR1 ×××××××0				WDTRST ××××××××	0A7H
98H	SCON 00000000	SBUF ××××××××						9FH
90H	P1 11111111							97H
88H	TCON 00000000	TMOD 00000000	TL0 00000000	TL1 00000000	TH0 00000000	TH1 00000000	AUXR ×××00××0	8FH
80H	P0 11111111	SP 00000111	DP0L 00000000	DP0H 00000000	DP1L 00000000	DP1H 00000000		PCON 0×××0000	87H

① 属于 CPU 范围的 SFR 有:

a. 累加器 ACC(E0H)。E0H 是一个 8 位寄存器,是 CPU 工作最繁忙的寄存器。其自身带有全零标志 Z,若累加器 A = 0,则 Z = 1;若 A ≠ 0,则 Z = 0。该标志常用作程序分支

的判断条件。在算术逻辑运算中,A 中常常存放一个操作数或运算结果;与外部存储器和 I/O 接口的数据交换都要经过 A 来完成。

b. 寄存器 B(F0H)。在乘除运算中使用 B。乘法指令的两个操作数分别取自 A 和 B,乘积存于 B 和 A 两个 8 位寄存器中。除法指令中,A 中存放被除数,B 中放除数,商存放于 A 中,B 中存放余数。在其他指令中,B 可作为一般通用寄存器或一个 RAM 单元使用。

c. 程序状态字寄存器 PSW(D0H)。程序状态字寄存器(PSW)是一个 8 位寄存器,用来存放当前指令执行后操作结果的某些特征,以便为下一条指令的执行提供依据。其定义格式如下:

高位							低位	
PSW	CY	AC	F0	RS1	RS0	OV	F1	P

字节地址 D0H

其中,CY 为进、借位标志;AC 为辅助进、借位标志;F0 为软件标志;OV 为溢出标志;F1 为用户标志位;P 为奇偶校验标志;RS1、RS0 为工作寄存器组选择,见表 1-6。

表 1-6 工作寄存器组选择控制

RS1　RS0	寄存器组	对应 RAM 地址
0　0	0	00H～07H
0　1	1	08H～0FH
1　0	2	10H～17H
1　1	3	18H～1FH

d. 双数据指针寄存器。为了更有利于数据指针寄存器访问内部和外部数据存储器,系统提供了两路 16 位数据指针寄存器,位于 SFR 中 82H～83H 的数据指针寄存器 DP0 和位于 84H～85H 数据指针寄存器 DP1。特殊寄存器 AUXR1 中数据指针寄存器选择位 DPS=0 选择 DP0;DPS=1 选择 DP1。用户应该在访问数据指针寄存器前先初始化 DPS 至合理的值。

e. 堆栈指针 SP(81H)。堆栈指针 SP 为 8 位特殊功能寄存器,SP 的内容可指向 AT89S52 片内 00H～FFH 的 RAM 的任何单元。系统复位后,SP 初始化为 07H,即指向 07H 的 RAM 单元。它遵循"先进后出、后进先出"存放规则,这种现象叫做堆栈。

f. AUXR 辅助寄存器(8EH)。

AUXR.0:DISALE,ALE 禁止/使能。操作模式,置 0 时,ALE 输出 1/6 振荡时钟频率脉冲;置 1 时,ALE 仅在执行 MOVX 或 MOVC 指令期间输出脉冲。

AUXR.3:DISRTO,禁止/使能复位输出。置 0 时,复位引脚在 WDT 溢出时变高;置 1 时,复位引脚仅为输入。

AUXR.4:WDIDLE,禁止/使能 IDLE 模式的 WDT。置 0 时,IDLE 模式 WDT 继续计

数;置 1 时,IDLE 模式 WDT 停止计数。

　　g. 看门狗定时器 WDT。WDT 是为了防止 CPU 程序运行时进入混乱或死循环而设置的,它由一个 14 位计数器和看门狗复位 SFR(WDTRST)构成。外部复位时,WDT 默认为关闭状态,要打开 WDT,用户必须按顺序将 1EH 和 0E1H 写到 WDTRST 寄存器(0A6H 的 SFR 地址)。启动了 WDT,它会随晶体振荡器在每个机器周期计数,除硬件复位或 WDT 溢出复位外没有其他方法关闭 WDT。WDT 溢出将使 RST 引脚输出高电平的复位脉冲。

　　掉电时期,晶体振荡停止,WDT 也停止。掉电模式下,用户不能复位 WDT。有两种方法可退出掉电模式:硬件复位或通过激活外部中断。当硬件复位退出掉电模式时,处理 WDT 可像通常的上电复位一样。由中断退出掉电模式则有所不同,中断低电平状态持续到晶体振荡稳定,中断电平变为高即响应中断服务。为防止中断误复位,当器件复位,中断引脚持续为低时,WDT 并未开始计数,直到中断引脚被拉高为止。

　　为保证 WDT 在退出掉电模式时极端情况下不溢出,最好在进入掉电模式前复位 WDT。

　　在进入空闲模式前,WDT 打开时,WDT 是否继续计数由 SFR 中的 AUXR 的 WDIDLE 位决定,在空闲(IDEL)期间(位 WDIDLE＝0)默认状态是继续计数。为防止 AT89S52 从空闲模式中复位,用户应周期性地设置定时器,重新进入空闲模式。

　　位 WDIDLE 被置位,在空闲模式中 WDT 将停止计数,直到从空闲模式中退出重新开始计数。

　　② 属于接口范围的专用寄存器　I/O 端口 P0～P3 为 4 个 8 位特殊功能寄存器,分别是 4 个并行 I/O 端口的锁存器;TMOD、TCON、TH0、TH1、TL0、TL1 是定时器/计数器 T0 和 T1 的控制寄存器;SCON,SBUF 是串行口的控制字,IP 和 IE 是中断控制字等。

　　T2CON、T2MOD、RCAP2H、RCAP2L、TL2、TH2 是定时器 2 的寄存器,寄存器 T2CON 和 T2MOD 包含定时器 2 的控制位和状态位,RCAP2H 和 RCAP2L 是定时器 2 的捕捉/自动重载寄存器。

　　这种特殊功能寄存器不连续地分布在地址空间 80H～FFH 中,其中地址号能被 8 整除的特殊功能寄存器单元中的位可以直接位寻址。

　　2. 片外数据存储器

　　外部数据存储器又称外部 RAM,当片内 RAM 不能满足数量上的要求时,可通过总线端口和其他 I/O 口扩展外部数据 RAM,其最大容量可达 64 kB。在片外数据存储器中,数据区和扩展的 I/O 口是统一编址的,使用的指令也完全相同,因此,用户在应用系统设计时,必须合理地分配外部 RAM 和 I/O 端口的地址,并保证译码的唯一性。

　　注意:内部数据存储器和外部数据存储器是分开编址的。访问内部数据存储器用 MOV 指令,访问外部数据存储器用 MOVX 指令。

1.2.2 汇编指令格式与寻址方式

1.2.2.1 寻址方式

指令是人们向单片机发出的一种命令,是指示单片机执行某种操作的命令。单片机所能执行的全部指令,就是该单片机的指令系统。不同种类的单片机,其指令系统也不同。MCS-51 系列单片机的指令系统共有 111 条指令。指令的操作对象大多是各类数据,而数据在寄存器、存储器中可以用多种方式存取。指令执行过程中寻找操作数的方式称为指令的寻址方式。一般来说,寻址方式越多,计算机功能越强,编程的灵活性也越大。

MCS-51 指令系统共有 7 种寻址方式,即立即数寻址、直接寻址、寄存器寻址、寄存器间接寻址、变址寻址、相对寻址和位寻址,每种寻址方式涉及的存储器空间见表 1-7。因为在指令操作中有从右向左传送数据的约定,所以常把左边的操作数称为目的操作数,而右边的操作数称为源操作数。以下所讲的各种寻址方式都是针对源操作数而言的,但实际上目的操作数也有寻址的问题。

表 1-7 操作数寻址方式及有关空间

寻址方式	寻址空间
立即寻址	程序存储器 ROM
直接寻址	片内 RAM 低 128 B、专用寄存器 SFR 和片内 RAM 可位寻址的单元 20H~2FH
寄存器寻址	工作寄存器 R0~R7、A、B、CY、DPTR、AB
寄存器间接寻址	内部数据存储器 RAM [@R0、@R1、@SP(仅 PUSH、POP)] 外部 RAM (@R0、@R1、@DPTR)
变址寻址	程序存储器(@A+PC、@A+DPTR)
相对寻址	程序存储器 256 B 范围(PC+偏移量)
位寻址	片内 RAM 的 20H~2FH 字节地址中的所有位和部分专用寄存器 SFR 的位

1.2.2.2 指令格式

程序是人们按照自己的思维逻辑,使计算机按照一定的规律进行各种操作,以实现某种功能的有关指令的集合。计算机能直接识别的只能是由 0 和 1 编码组成的指令,称为机器语言指令,这种编码称为机器码,由机器码编制的计算机能识别和执行的程序称为目的程序。由于用二进制编码表示的机器语言指令不便阅读理解和记忆,因此在微机控制系统中采用汇编语言(用助记符和专门的语言规则表示指令的功能和特征)指令来编写程序。

1. 汇编指令格式

单片机的每一条指令包含两个基本部分:操作码和操作数。操作码表明指令要执行的操作性质;操作数表明参与操作的数据或数据所存放的地址。

MCS-51 单片机的汇编指令中最多包含 4 个区段,其基本格式为

[标号:] 操作码 [操作数 1] [,操作数 2] … [;注释]

例如,

START:MOV A,♯20H;把立即数 20H 送入累加器 A

(1) 标号 表示该指令所在的地址。标号以字母开始的 1～8 个字符或数字串组成,第一个必须是字母,如 LOOP,NEXT,TO2 等,以":"结尾。标号的作用是标明源程序在汇编后,该条指令在程序存储器中的首地址,是将语句在程序存储器的首地址做一个标记,以便程序的其他部分调用。因此,标号实质上是指令的符号地址。并不是每条语句都需要设置标号,是否设置标号要看具体情况而定。若一条指令中有标号区段,标号代表该指令第一个字节所存放的存储器单元的地址,故标号又称为符号地址。一个程序中不允许重复定义标号,即不能在两处或两处以上的地方使用同一标号。

(2) 操作码 由英文缩写组成的字符串,它规定了 CPU 应当执行何种操作。任何一条语句,其操作码是不可缺少的必选项。

(3) [ ] 括号中的内容是可选的。

(4) 操作数 它规定了参与指令操作的数据、数据存放的单元地址或寄存器等。有些指令没有操作数,有些指令有一两个或更多个操作数。如果有一个以上的操作数,各操作数之间用","分开(这里操作数后的 H 表示十六进制数,B 表示二进制,十进制用 D 或省略)。操作码与操作数之间以空格分隔。

(5) 注释 对该指令的简要说明,便于阅读。注释区段可缺省,对程序功能无任何影响。注释字段时必须以分号(;)开头。当一行不够写而须另起一行时也必须以分号开头。

2. 指令代码格式

根据指令编码长短的不同,单片机机器语言指令分为单字节指令、双字节指令和三字节指令 3 种格式。

(1) 单字节指令 单字节指令格式由 8 位二进制编码表示。有两种形式:

① 8 位全表示操作码。例如,空操作指令 NOP,其机器码为

| 0 | 0 | 0 | 0 | 0 | 0 | 0 | 0 |

② 8 位编码中包含操作码和寄存器编码。例如,

MOV A,Rn

这条指令的功能是把寄存器 Rn(n=0,1,2,3,4,5,6,7)中的内容送到累加器 A 中去。其机器码为

操作码　　　　　寄存器编码

假设 n=0,则寄存器编码为 Rn=000(参见附录 4 MCS‐51 指令集),则指令"MOV A,R0"的机器码为 E8H,其中,操作 11101 表示执行把寄存器中的数据传送到 A 中去的操作码,000 为 R0 寄存器编码。

(2)双字节指令　双字节指令格式中,指令的编码由两个字节组成,该指令存放在存储器时需占用两个存储器单元。例如,

> MOV　A,♯DATA

这条指令的功能是将立即数 DATA 送到累加器 A 中去。假设立即数 DATA=85H,则其机器码为

第一字节　| 0 1 1 1 0 1 0 0 |　操作码

第二字节　| 1 0 0 0 0 1 0 1 |　操作数(立即数 85H)

(3)三字节指令　三字节指令格式中第一个字节为操作码,其后两个字节为操作数。例如,

> MOV　direct,♯DATA

这条指令是指立即数 DATA 送到地址为 direct 的单元中去。假设 direct=78H,DATA=80H,则 MOV　78H,♯80H 指令的机器码为

第一字节　| 0 1 1 1 0 1 0 1 |　操作码

第二字节　| 0 1 1 1 1 0 0 0 |　第一操作数(目的地址)

第三字节　| 1 0 0 0 0 0 0 0 |　第二操作数(立即数)

值得注意的是,汇编语言程序不能被计算机直接识别并执行,必须经过一个中间环节把它翻译成机器语言程序,这个中间过程叫做汇编。汇编有两种方式:机器汇编和手工汇编。机器汇编是用专门的汇编程序,在计算机上翻译;手工汇编是编程员查指令表,逐条把汇编语言指令翻译成机器语言指令(附录 4 MCS‐51 指令集中有所有汇编指令的机器码)。

1.2.2.3　指令系统表示符

在 MCS‐51 指令系统中,为了阅读方便,经常用到一些符号。

(1)Rn　当前选中的工作寄存器组 R0~R7 共 8 个。工作寄存器共有 4 组,缺省使用的是第 0 组,也可以用标志寄存器 PSW 中两个位 RS1 和 RS0 的组合来选定其中的任意

一组。

（2）Ri　当前选中的工作寄存器中可以作为地址指针（间址寄存器）的两个工作寄存器 R0 和 R1。

（3）Direct　片内 RAM 或特殊功能寄存器 SFR 的地址，为 8 位。

（4）♯data　8 位立即数，即指令中直接给出的 8 位常数，例如♯1FH。

（5）♯data16　16 位立即数，即指令中直接给出的 16 位常数，例如♯180FH。

（6）addr16　16 位目的地址，例如 1000H。

（7）addr11　11 位目的地址，用于短转移指令 ACALL 和散转指令 AJMP 中，目的地址必须存放在与下一条指令第一个字节开始的、相同的 2 kB 程序存储器空间内。

（8）rel　表示 8 位带符号的偏移量，用于相对转移指令 SJMP 和所有的条件转移指令中。偏移字节相对于下一条指令的第一个字节计算，在 $-128 \sim +127$ 范围内取值。

（9）bit　片内 RAM 或特殊功能寄存器的直接寻址位地址。

（10）DPTR　数据指针，可用作 16 位的地址寄存器。

（11）A　累加器 A_{CC}。

（12）B　专用寄存器，用于乘法 MUL 和除法 DIV 指令中。

（13）C　进位标志或进位位，或布尔处理机中的累加器。

（14）@　寄存器间接寻址方式中，表示间址寄存器的前缀，如@Ri、@DPTR。

（15）/　位操作指令中，表示对该位先取反再参与运算，但并不影响该位原值。

（16）（x）　x 表示某一寄存器或存储单元地址，加上括号表示该寄存器或该存储单元中的内容。

（17）（（x））　由 x 寻址的单元中的内容。

（18）→　将箭头左边的内容送入箭头右边的单元中，表示的是数据传送方向。

1.2.2.4　常用伪指令

MCS-51 指令系统中的每一条指令都是用意义明确的助记符表示的。汇编语言编写的源程序，计算机不能直接执行。必须把汇编语言源程序通过汇编程序翻译成机器语言程序（称为目标程序）。汇编程序对用汇编语言写的源程序进行汇编时，还要提供一些汇编用的指令，例如，要指定程序或数据存放的起始地址，要给一些连续存放的数据确定单元等。

所谓的伪指令指的是一些仅仅为编译器服务而非真正让单片机执行的指令。之所以要引入伪指令，是因为编译器汇编源程序时，还要知道一些关于程序的额外信息，比如，代码段从什么地址开始存放，数据又存放在何处等。这些额外的信息就由伪指令来提供。伪指令本身不产生目标代码，但会影响目标代码的映像结构。常用的伪指令有下面一些。

1. 起始地址伪指令 ORG

指令格式：ORG　nn

ORG 指令总是出现在每段源程序或数据块的开始，用来指明此语句后面的指令序列或数据块的起始存放地址。该段源程序(或数据块)就连续存放在以后的地址内,直到遇到另一个 ORG nn 语句为止。nn 为绝对地址或标号。例如,

```
        ORG    1000H
START: MOV    A, 30H
        ANL    A, #0FH
        SWAP   A
```

结果,经汇编得到的目标代码将在程序存储器中从起始地址 1000H 开始存放。

2. 字节定义伪指令 DB

指令格式:标号: DB d1, d2, …, dn

其中,标号可有可无,di(i=1~n)是单字节数或由 EQU 伪指令定义的字符,也可以是用引号括起来的 ASCII 码。此伪指令的功能是把 di 存入由该指令地址起始的单元中,每个数占用一个字节的空间。例如,

```
        ORG    8000H
DATA: DB      67H, 34H
        DB     22H
```

结果,67H、34H、22H 3 个数将依次存放在 8000H、8001H、8002H 地址单元中。

3. 字定义伪指令 DW

指令格式:标号: DW d1, d2, …, dn

DW 的功能与 DB 的功能类似,只不过这里的 dn 要占用两个字节的空间。每个 DW 指令的 16 位数要占用两个单元。在 MCS-51 系统中,16 位二进制数的高 8 位先存入,低 8 位后存入。例如,

```
        ORG   0100H
DATA: DW     7FFFH, 6FA1H, 72H, 256BH
```

汇编后的结果为

(0100H)=7FH		(0101H)=0FFH	
(0102H)=6FH		(0103H)=0A1H	
(0104H)=00H		(0105H)=72H	
(0106H)=25H		(0107H)=6BH	

4. 数据字节赋值伪指令 EQU

指令格式:标号　　　EQU　　　n

例如,

```
LENGTH    EQU     50H
ORG       0000H
MOV       A,♯LENGTH
```

这里用符号 LENGTH 代替 50H,编译器在代码中看到 LENGTH 这个符号,就用数字 50H 代换文字。50H 占用一个字节的空间。故指令"MOV　A,♯LENGTH"实际上是将一个 8 位立即数 50H 送入累加器 A 中。

恰当地使用数据赋值伪指令可以提高程序的可读性。

5. 数据字赋值伪指令 EQW

指令格式:标号　　　EQW　　　nn

EQW 的功能与 EQU 的功能类似,只不过这个数要占用两个字节而不是一个字节。

6. 汇编程序结束伪指令 END

指令格式:END

该伪指令标志着全部汇编源程序的结束,在一个源程序中只允许出现一个 END 语句,并且必须放在整个程序的最后。如果 END 语言出现在中间,则汇编程序将不汇编 END 后面的语句。

1.2.3　MCS－51 汇编指令系统

MCS－51 系列单片机的指令系统有 42 种助记符,代表了 33 种操作功能(有的功能可以有几种助记符)。指令功能助记符与操作数各种可能的寻址方式相结合,共有 111 种指令(MCS－51 指令集参考附录 4)。按字节分类,单字节指令 49 条,双字节指令 45 条,三字节指令 17 条。从指令执行的时间看,单机器周期(12 个振荡周期)指令 64 条,双机器周期指令 45 条,两条 4 个机器周期指令。按指令功能的不同,MCS－51 指令系统可分为 5 类:数据传送类指令 29 条,算术运算类指令 24 条,逻辑运算及移位类指令 24 条,控制转移类指令 17 条,位操作类指令 17 条。

1. 数据传送类指令

数据传送类指令是 MCS－51 单片机指令系统中最基本的,也是在编程时使用最频繁的一类指令,主要用于单片机片内 RAM 和特殊功能寄存器 SFR 之间数据传送,也可用于片内和片外存储单元之间传送数据。数据传送指令是把源地址中操作数传送到目的地址(或寄存器)中,该指令执行后源地址中的操作数不被破坏。原操作数有 8 位和 16 位之分,因此有 8 位数据传送指令和 16 位数据传送指令两种。数据传送指令不影响标志 C、AC 和 OV,但可能会对奇偶标志 P 有影响。

交换指令也属于数据传送指令,是把两个地址单元中的内容相互交换。因此,这类指令中的操作数或操作数地址是互为源操作数和目的操作数的。

数据传送类指令用到的助记符有 MOV、MOVX、MOVC、XCHD、PUSH、POP,其源操作数和目的操作数的寻址方式及传送路径如图 1-13 所示。

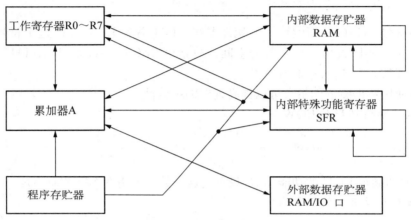

图 1-13　MCS-51 传送指令示意

例如,传送指令

    MOV　P1,♯00000001B

的功能是将数据 00000001B 传送到 P1 口,00000001B 中的各位将分别通过引脚 P1.7～P1.0 送至单片机外部。

上述指令中"MOV"为指令的操作码,它是英文 move 的缩写,表示传送的意思。"P1"为目的操作数,表示 P1 口。P1 口是单片机内部的一个并行口,相当于一个存储单元,可以存放数据。"♯00000001B"称为源操作数。其中的"♯"后的数为将要传送到目的处的立即数。

又如指令"MOV　A,30H",该指令的操作码是"MOV",说明指令功能为传送数据。"A"称为目的操作数,A 累加器用于存放数据。"30H"称为源操作数,它不是将要传送到目的处的数,而是单片机内 RAM 中的一个单元的地址,将要传送到目的处的数就存放在地址为 30H 的内 RAM 单元中。该指令的功能是将存放在内 RAM 且地址为 30H 的存储单元中的数送入累加器 A 中。"MOV　A,30H"指令的执行过程如图 1-14 所示。

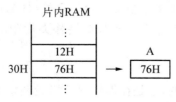

**图 1-14　"MOV　A,30H"指令的
存放与执行过程示意**

欲将累加器 A 中的数据传送到 P2 口,并通过引脚

P2.7～P2.0 送出至外界,可以用如下指令:

```
MOV    P2,A
```

当CPU从程序存储器中取出该指令并执行后,在引脚 P2.7～P2.0 上会出现 A 中存放的 8 位二进制数据。

【例1.1】 把程序存储器 2000H 单元的内容送到 R0。

```
MOV    A,♯00H          ;将立即数 00H 送入 A 中
MOV    DPTR,♯2000H     ;将立即数 2000H 送入 DPTR 中
MOVC   A,@A+DPTR       ;(2000H+00H)→(A)
MOV    R0,A            ;(A)→(R0)
```

片内任何寄存器或存储单元要与程序存储器 ROM 交换数据必须经过累加器 A 中转。

【例1.2】 若外部 RAM 中,(0100H)＝55H,(0200H)＝66H,执行下列程序的结果是什么?

```
MOV    DPTR,♯0100H
MOVX   A,@DPTR         ;A←55H
MOV    R2,A
MOV    DPTR,♯0200H
MOVX   A,@DPTR         ;A←66H
MOV    R3,A
MOV    DPTR,♯0300H
MOVX   @DPTR,A         ;(0300H)←66H
```

执行结果为:(R2)＝55H,(R3)＝66H,(0300H)＝66H。

【例1.3】 将片外 RAM 中 20H 单元的内容送到片内 RAM 中 30H 单元。

```
MOV    DPTR,♯20H
MOVX   A,@DPTR
MOV    30H,A
```

【例1.4】 用堆栈实现 30H 和 60H 单元中的数据交换。

```
MOV    SP,♯70H         ;设栈顶
PUSH   30H             ;(71H)←(30H)
PUSH   60H             ;(72H)←(60H)
POP    30H             ;(30H)←(60H)
POP    60H             ;(60H)←(30H)
```

2. 算术运算类指令

算术运算类指令用于对两个操作数进行加、减、乘、除等算术运算。在两个操作数中，一个应放在累加器 A 中，另一个可以在某个寄存器或片内 RAM 单元中。两个操作数位于指令的第二和第三字节。运算的两数可以是 8 位的，也可以是 16 位的。指令执行后，运算结果便可保留在累加器 A 中。这类指令运算的结果大多数都会对 PSW（程序状态字）的进位 CY、半进位 AC、溢出位 OV 有影响（置位或复位），只有加 1 和减 1 操作不影响这些标志位。

例如，不带进位的加法指令

> ADD　A，♯10H

的操作码是"ADD"，它是英文 addition 的缩写，说明指令功能为加法操作。"A"为目的操作数，"♯10H"为源操作数。其功能是将 A 中存放的数与立即数 10H 相加，同时把和存放在 A 中。如果该指令执行前 A 中存放的数为 87H，则指令执行后 A 中的数变为 97H（87H＋10H＝97H）。

欲将 A 中的内容加 1，可以用指令 ADD　A，♯1，也可以用加 1 指令 INC　A。指令 INC　A 的操作码是"INC"，它是英文 increase 的缩写，说明指令功能为加 1 操作。该指令只有一个操作数，这个操作数就是"A"。当 CPU 执行该指令时，先将 A 中的数取出，加 1 后，再将新数送到 A 中存放。

【例 1.5】　设 A ＝ 0AEH，(20H) ＝ 81H，CY ＝ 1，使用带进位的加法指令求两数之和及 PSW 相关位的内容。

> ADDC　A，20H
>
> ```
>        1 0 1 0 1 1 1 0    A
>   +)               1
>   +)   1 0 0 0 0 0 0 1  (20H)
>   ─────────────────────
>      1 0 0 1 1 0 0 0 0
> ```

指令执行的结果：A ＝ 30H，CY ＝ 1，AC ＝ 1，OV ＝ 1。

【例 1.6】　把 (R2R3) 和 (R6R7) 两个双字节无符号数相加，结果送 (R4R5)。

> MOV　　A，R3
> ADD　　A，R7　　；先对低字节做加法，无需考虑进位，但有可能产生进位
> MOV　　R5，A
> MOV　　A，R2
> ADDC　 A，R6　　；将低字节做加法可能产生的进位也累加进来
> MOV　　R4，A

【例 1.7】　使用带借位减法指令，将 (R2R3) 和 (R6R7) 两个双字节数相减，结果送 (R4R5)。

```
        MOV     A, R3
        CLR     C
        SUBB    A, R7           ;低字节的减法,不需要考虑借位,但可能产生借位
        MOV     R5, A
        MOV     A, R2
        SUBB    A, R6           ;高字节的减法,将前面可能产生的借位也减去
        MOV     R4, A
```

【例1.8】 使用乘法指令作 50H 乘以 A0H 的乘法操作。

```
        MOV     A, #50H         ; (A) =50H
        MOV     B, #0A0H        ; (B) =0A0H
        MUL     AB              ; (B) =32H, (A) =00H, CY=0, OV=1
```

【例1.9】 使用除法指令,做 7 除以 3 的除法操作。

```
        MOV     A, #07H         ; (A) =7
        MOV     B, #03H         ; (B) =3
        DIV     AB              ; (A) =2, (B) =1
```

【例1.10】 使用二-十进制调整指令,写出能完成 85+59 的 BCD 码加法程序。

```
        ORG     0000H
        AJMP    MAIN
        ORG     0030H
MAIN:   MOV     A, #85H
        ADD     A, #59H
        DA      A
        SJMP    $
        END
```

3. 逻辑运算及移位类指令

逻辑运算及移位类指令包括逻辑操作和循环移位两类指令,用于对累加器 A 的逻辑操作,对字节变量的逻辑"与""或""异或"操作。这类指令的操作数都是 8 位,并且进行逻辑运算时都不会影响 PSW 中标志位的状态。逻辑运算用于对两个操作数进行逻辑乘、逻辑加、逻辑取反和异或等操作,一般需要把一个操作数先放入累加器 A,操作结果也放入累加器 A 中。循环移位指令有左循环移位和右循环移位两种,可带进位,也可不带进位。

【例1.11】 已知一个 16 位的二进制数分别存在 30H(低 8 位)和 31H(高 8 位)中,使

用对累加器 A 的逻辑操作指令,编程将 16 位的二进制数扩大两倍(该数扩大后小于 65536)。

十六进制和二进制数扩大到两倍就是对它进行一次算数左移。

```
ORG     0100H
CLR     C               ;清 CY
MOV     R1,#30H         ;操作数低 8 位地址送 R1
MOV     A,@R1           ;操作数低 8 位→A
RLC     A               ;低 8 位操作数左移
MOV     @R1,A           ;送回 30H 单元,CY 中为最高位
INC     R1              ;R1 指向 31H 单元
MOV     A,@R1           ;操作数高 8 位→A
RLC     A               ;高 8 位操作数左移
MOV     @R1,A           ;送回 31H 单元
SJMP    $
END
```

【例 1.12】 使用逻辑与运算指令,将累加器 A 的第 0、2、5 位清 0 而不影响其他位。

分析:要将一个单元或寄存器的内容中的某些位清 0、置 1 或取反等,一般的解决办法是,根据具体问题,先构造一个立即数,然后用这个单元或寄存器的内容与该立即数进行合适的逻辑操作。逻辑与的真值表如下:

A	B	Y
0	0	0
0	1	0
1	0	0
1	1	1

可以看出,两者只要有一个为 0,那么运算结果就是 0。故要将某些位清 0,显然要构造一个立即数来与其进行与运算。A 的哪个位要清 0,该立即数中对应的那个位就为 0,其他位为 1。程序为

```
ANL   A,#11011010B
```

【例 1.13】 拆字程序。把 8000H 单元的内容拆开,高位送 30H,低位送 31H。一般本程序用在把数据送到显示缓冲区的程序中。

```
        ORG     0000H
        AJMP    MAIN
        ORG     0030H
MAIN:   MOV     DPTR,#8000H        ; 把 8000H 单元地址送 DPTR
        MOVX    A,@DPTR            ; 读出 8000H 单元内容
        MOV     B,A               ; 把读出的内容暂存 B 中
        SWAP    A                 ; 交换 A 的高低位内容
        ANL     A,#0FH            ; 屏蔽高位
        MOV     30H,A             ; 结果送 30H(实际内容是 8000H 的高 4 位)
        MOV     A,B               ; 再读入 8000H 的内容
        ANL     A,#0FH            ; 屏蔽高位
        MOV     31H,A             ; 结果送 31H(实际内容是 8000H 的低 4 位)
        SJMP    $
        END
```

【例 1.14】　拼字程序。把 30H 和 31H 单元的低位内容合并,分别送 8000H 的高、低位。一般本程序用在将读显示缓冲区合并成一个字节。

```
        ORG     0000H
        AJMP    MAIN
        ORG     0030H
MAIN:   MOV     A,30H             ; 读 30H 单元内容到 A
        ANL     A,#0FH            ; 屏蔽 A 的高位
        SWAP    A                 ; 高低位交换
        MOV     B,A               ; 暂存到 B 中
        MOV     A,31H             ; 读 31H 单元内容到 A
        ANL     A,#0FH            ; 屏蔽 A 的高位
        ORL     A,B               ; A 和 B 进行或操作,效果等同于相加
        MOV     DPTR,#8000H
        MOVX    @DPTR,A           ; 结果送入 8000H 单元
        SJMP    $
        END
```

4. 控制转移类指令

程序执行的过程中有时候需要改变程序执行的流程,即不一定将指令一条条地顺序执行,而是要跳过一些指令行往下走,或者回跳到原来已执行的某些指令行去重新执行,这就需要用到控制转移类指令,修改程序计数器 PC 的值来实现以上操作。只要使 PC 的值有条

件或无条件地改变,就能够改变程序的执行流程。有条件和无条件的跳转是实现分支程序设计、循环程序设计以及子程序设计的基础。MCS－51 单片机有丰富的控制转移指令,包括无条件转移指令、条件转移指令、子程序调用和返回指令。例如,程序

```
        MOV     A,♯01H
UP:     INC     A
        SJMP    UP
```

中的指令 SJMP　UP 是无条件转移指令,"SJMP"是指令的操作码,它是英文 short jump 的缩写,表示短跳转。"UP"是指令的操作数,又是标号。

　　CPU 先按指令的存放顺序执行指令"MOV　A,♯01H",再执行指令"INC　A",当执行到指令"SJMP　UP"后,无条件地转移到标号为 UP 的指令处,执行指令"INC　A",之后又执行指令"SJMP　UP",如此循环往复。

　　例如程序

```
        MOV     30H,♯05H    ;将立即数 05H 送到内 RAM 中地址为 30H 的单元中存放
        CLR     A           ;将累加器 A 清零
N1:     ADD     A,30H       ;将 A 中的数与 30H 的单元中的数相加,和送回到 A 中
        DJNZ    30H,N1
N2:     SJMP    N2          ;该指令使程序原地踏步,即使 CPU 不停地执行该指令
```

中的指令 DJNZ　30H,N1 属于条件转移指令,"DJNZ"是指令的操作码,它是英文 decrease jump not zero 的缩写,表示减 1 不为零跳转。"30H"和"N1"是指令的操作数,N1 又是标号,30H 是指单片机片内 RAM 中地址为 30H 的单元。该指令的功能是将片内 RAM 中地址为 30H 的单元中的数取出,将其减 1 后,送回到 30H 单元中,然后再判断 30H 单元中的内容是否为 0,若不为 0,则转移到标号为 N1 的指令"ADD　A,30H"处,取之并执行;若为 0,则执行之后的指令 N2:SJMP　N2。上述程序段可以实现 5+4+3+2+1 的操作,结果在 A 中存放。

　　【例1.15】　使用条件转移指令,将片内 RAM 的 30H~7FH 清 0。

```
        ORG     0000H
        LJMP    MAIN
        ORG     0030H
MAIN:
        MOV     R0,♯30H     ;从 30H 单元开始清 0
        MOV     R6,♯4FH     ;总共有 4F 个单元需要清 0,这也是循环次数
CLEAR:  MOV     A,♯00H
```

```
        MOV    @R0,A          ;清0
        INC    R0             ;让R0指向下一个存储器单元
        DJNZ   R6,CLEAR       ;不到4F个字节跳到CLEAR处再清下一单元
        SJMP   $
        END
```

【例1.16】　如图1-15所示,P1.0~P1.3分别装有两个红灯和两个绿灯,使用调用和返回指令,实现红绿灯定时切换。

```
        ORG    0100H
MAIN:   MOV    A,#05H
ML:     MOV    P1,A    ;切换红绿灯
        ACALL  DL      ;调用延时子
程序
MXCH:   CPL    A
        AJMP   ML
DL:     MOV    R5,#0A3H
DL1:    MOV    R6,#0FFH
DL6:    DJNZ   R6,DL6
        DJNZ   R5,DL1
        RET
```

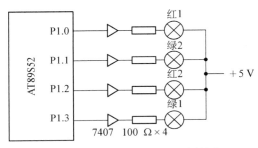

图1-15　红绿灯和P1口连接图

程序执行到 ACALL　DL 指令时,转移到子程序 DL,执行到子程序中的 RET 指令后又返回到主程序中的 MXCH 处。这样 CPU 不断地在主程序和子程序之间转移,实现对红绿灯的定时切换。

调用子程序和返回类指令不影响标志寄存器 PSW 的各位。

5.位操作类指令

MCS-51单片机内部硬件结构中有一个位处理器,称为布尔处理器,它操作的对象不是字节或字,而是单个的位,并且以进位标志位 CY 作为位累加器使用。位操作的范围包括:片内 RAM 字节地址 20H~2FH 单元中连续的 128 个位(其位地址为 00H~7FH),特殊功能寄存器中字节地址能被8整除的那部分寄存器的各个位。

【例1.17】　使用位传送指令,试编程把00H位中内容和7FH位中内容相交换。

分析:可以采用01H位作为暂存位。

```
        ORG    0000H
        AJMP   MAIN
        ORG    0030H
```

```
        MAIN:
                MOV     C,00H
                MOV     01H,C          ;暂存于01H位
                MOV     C,7FH          ;(7FH)→cy
                MOV     00H,C          ;存入00H位
                MOV     C,01H          ;00H位的原内容送cy
                MOV     7FH,C
                SJMP    $
                END
```

【例1.18】 已知内部RAM单元30H和31H中分别有一个无符号8位二进制数,使用判断CY转移指令,试编程比较它们的大小,并把大数送到32H单元。

```
                ORG     0100H
                MOV     A,30H          ;(30H)→A
                CJNE    A,31H,L1       ;A≠(31H)形成CY标志
        L1:     JNC     L2             ;没有进位标志 A>(31H)转移
                MOV     A,31H          ;有进位标志 A<(31H)
        L2:     MOV     32H,A          ;大数送32H单元
                RET
```

任务3 单片机最小系统简单应用

知识要点:

利用单片机最小系统实现I/O口的使用,学习编制实际程序的方法。

能力训练:

通过实际操作,训练实际工程项目的动手能力。

任务内容:

熟练掌握单片机最小系统的结构组成以及汇编指令系统的应用,掌握单片机工程技术中应用程序的设计和Proteus仿真软件的应用,学会编制简单的实际功能程序。

1.3.1 流水灯控制

1. 设计任务

发光二极管经限流电阻接单片机的 P2.0～P2.7,编程实现:

(1) 发光二极管从 P2.0～P2.7 循环点亮。

(2) 思考任意花样显示的程序设计。

2. 电路设计

用 AT89S52 单片机控制 8 个发光二极管(LED)闪烁,其最小系统流水灯控制电路原理如图 1-16 所示。8 个 LED 通过电阻分别与单片机 P2 口的 8 条引脚(P2.0～P2.7)连接。此处的电阻为限流电阻,其作用是防止流过 LED 的电流过大而烧坏。限流电阻阻值的计算公式为 $R = (5 - 1.75)/I_d$,式中 I_d 是流过 LED 的电流,一般为 2～20 mA。值越大,LED 越亮,但不能太大。超过 20 mA 时,容易烧坏 LED。这里限流电阻取 470 Ω。74LS245 起驱动器的作用。因为 AT89S52 单片机的口线驱动能力有限,必须增加驱动器才能驱动 LED。

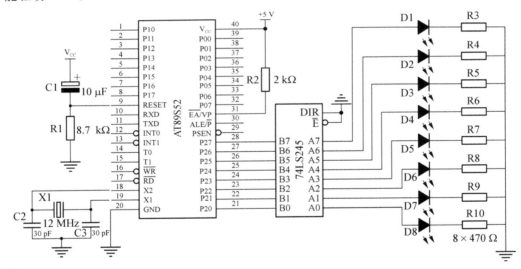

图 1-16 流水灯控制原理示意

3. 程序设计思路

程序设计有 3 种方案:

(1) 方案 1 直接向端口送显示值:

第一个状态:第一个灯亮,P2=00000001B, MOV P2,♯01H

                  LCALL DS01   ;调用延时

第二个状态:第二个灯亮,P2=00000010B, MOV P2,♯02H

           ⋮   LCALL DS01   ;调用延时

将每个状态值列成表1-8所示的表格,编程将每个状态值不断送到P2口,并且每送一个状态值插入一个延时,这样就可以看到接在P2口的LED循环点亮。

表1-8 显示状态

P2.7	P2.6	P2.5	P2.4	P2.3	P2.2	P2.1	P2.0	说 明	状 态
D7	D6	D5	D4	D3	D2	D1	D0	全灭	起始状态
0	0	0	0	0	0	0	1	D1亮	第一状态
0	0	0	0	0	0	1	0	D2亮	第二状态
0	0	0	0	0	1	0	0	D3亮	第三状态
0	0	0	0	1	0	0	0	D4亮	第四状态
0	0	0	1	0	0	0	0	D5亮	第五状态
0	0	1	0	0	0	0	0	D6亮	第六状态
0	1	0	0	0	0	0	0	D7亮	第七状态
1	0	0	0	0	0	0	0	D8亮	第八状态

(2)方案2 采用移位指令实现二极管的循环点亮。分析和观察方法1的程序不难看出,程序的结构十分相似,P2口的状态值是在前一个状态值基础上向左移动了一位,可用"RL A"移位指令实现发光二极管循环点亮。

(3)方案3 采用查表法实现二极管循环点亮。利用"MOVC A,@A+DPTR"指令,先将欲显示的数据建立一个表格,然后将查找的数据送P2口,同样能实现LED的循环点亮。

4. 汇编程序设计

(1)按照方案1设计的汇编语言源程序清单如下:

```
            ORG     0000H
            LJMP    START
            ORG     0030H
START:  MOV     P2,#00000001B      ;工作状态值送P2口,第一盏灯亮
            LCALL   DELAY              ;调用延时
            MOV     P2,#00000010B      ;第二盏灯亮
            LCALL   DELAY
            MOV     P2,#00000100B      ;第三盏灯亮
            LCALL   DELAY
            MOV     P2,#00001000B      ;第四盏灯亮
            LCALL   DELAY
            MOV     P2,#00010000B      ;第五盏灯亮
            LCALL   DELAY
            MOV     P2,#00100000B      ;第六盏灯亮
```

```
        LCALL   DELAY
        MOV     P2,#01000000B       ;第七盏灯亮
        LCALL   DELAY
        MOV     P2,#10000000B       ;第八盏灯亮
        LCALL   DELAY
        LJMP    START
DELAY:  MOV     R0,#0FFH            ;延时子程序
LP1:    MOV     R1,#0AFH
LP2:    DJNZ    R1,LP2
        DJNZ    R0,LP1
        RET
        END
```

（2）按照方案 2 设计的程序流程如图 1-17 所示,汇编语言源程序清单如下：

```
        ORG     0000H
        LJMP    START
        ORG     0030H
START:  MOV     A,#01H          ;将01H立即数送A中
                                ;设置好点亮流水灯的初始值
LP:     MOV     P2,A            ;将01H送入P2口,点亮第一盏灯
        LCALL   DELAY           ;调用延时程序
        RL      A               ;A中内容左移一位
        LJMP    LP              ;无条件转移到LP
DELAY:  MOV     R0,#0FFH        ;延时子程序
LP1:    MOV     R1,#0AFH
LP2:    DJNZ    R1,LP2
        DJNZ    R0,LP1
        RET
        END
```

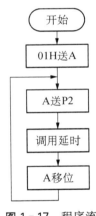

图 1-17　程序流程图

（3）按照方案 3 设计的汇编语言源程序清单如下：

```
        ORG     0000H
        LJMP    START
        ORG     0030H
```

```
START:  MOV    DPTR,♯TAB        ;将存放点亮流水灯的编码值的首地址送入
                                ;DPTR 数据指针
LP:     MOV    A,♯00H           ;00H→(A)
        MOVC   A,@A+DPTR        ;(TABH+00H)→(A)将取得点亮流水灯的
                                ;编码值
        MOV    P2,A             ;将 A 中的内容送 P2 口
        LCALL  DELAY            ;调用延时程序
        INC    DPTR             ;存放点亮流水灯的编码值的地址加 1
        CJNE   A,♯00H,LP        ;判断是否已经全部完成,没完继续
        SJMP   START            ;取得的数是 00H 时,重新开始
DELAY:  MOV    R0,♯0FFH         ;延时子程序
LP1:    MOV    R1,♯0AFH
LP2:    DJNZ   R1,LP2
        DJNZ   R0,LP1
        RET
TAB:    DB     01H,02H,04H,08H,10H,20H,40H,80H,00H
        END
```

5. 软硬件结合运行

应用系统的工作过程就是执行程序的过程。用户编写完程序后,必须通过编程软件检测程序功能的正确性,然后将人们认识的程序(汇编语言源程序)转换成单片机能够识别的程序(机器语言目标程序),并将程序烧录到程序存储器中供 CPU 执行。将源程序生成机器语言目标程序有两种比较实用的编程软件:Keil μVision3 和 Wave E2000。现就 Keil μVision 使用加以说明。

(1)汇编 使用 Keil 建立工程(本例为 LAMP. uv2);输入并编辑程序,建立源程序文件 *. ASM(本例取名 lamp. ASM);添加到工程中;设置工程目标选项;汇编源程序,生成目标代码文件 *. HEX(本例为 lamp. HEX)。

(2)下载 用两种方法下载:

① 用编程器将目标代码固化到单片机中。

② 对于 AT89S52 等带有 Flash ROM 的单片机,应用 ISP 下载通信线将目标代码下载到单片机中(ISP 下载通信线的制作和应用请参考相关书籍)。

(3)电路连接及现象观察。根据电路原理图,在单片机课程教学实验箱上安装好电路。上电后,观察到亮点流动。

6. Proteus 软件电路仿真

Proteus 是英国 Labcenter electronics 公司出版的电子设计自动化(Electronic Design Automation,EDA)工具软件,不仅是模拟、数字、模数混合电路的设计与仿真平台,更是目

前最先进、最完整的多种型号单片机系统的设计与仿真平台。通过该软件可以在计算机上完成从原理图与电路设计、电路分析与仿真、单片机代码级调试与仿真、系统测试与功能验证，到形成 PCB 的完整的电子设计与研发过程，具体功能使用请参阅相关书籍。

（1）ISIS 窗口 在计算机中安装好 Proteus 后，启动 Proteus 进入 ISIS 窗口，如图 1-18 所示。

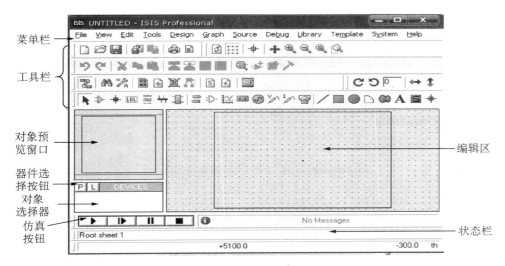

图 1-18 ISIS 窗口

（2）建立、保存、打开文件 单击菜单栏中的"File"→"New Design"，弹出如图 1-19 所示的"新建设计（Create New Design）"对话框，直接单击【OK】，则以默认的模板（Default）建立一个新的空白文件。单击工具按钮 ▦ ，取文件名 LAMP. DSN 后单击按钮【保存】，完成新建文件的操作。

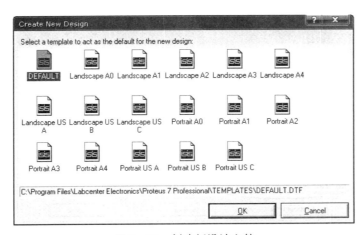

图 1-19 创建新设计文件

（3）设置、改变图纸大小　系统默认图纸大小为 A4，长×宽为 10 in×7 in。若要改变图纸大小，单击菜单"System→Set Sheet Size"修改。本例中选择默认。

（4）从库中选取并放置元器件和电源、地终端　点击器件选择按钮【P】，跳出如图 1-20 所示的元器件选择框。在"Keywords"栏中输入元器件的关键词，如"AT89"，则可以看到元器件列表。从列表中选取 AT89C52 行后，双击，便可将 AT89C52 选入对象选择器中。相同的办法选取 Res（电阻）、Button（按钮）、Crystal（晶振）、Cap（电容）、Cap-Elec（电解电容）、LED-Yellow（发光二极管）。

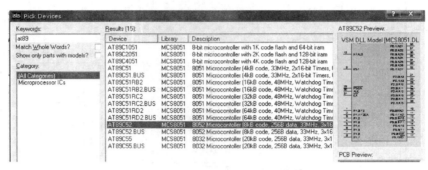

图 1-20　元器件列表

在对象选择器中选取要放置的元器件后，再在 ISIS 编辑区空白处单击，在 ISIS 编辑区中放置好所有元器件、电源、接地端。ISIS 编辑区中，双击元件，则跳出该元件的属性设置栏，修改相应的值即可按设计图的要求设置元器件值等属性。

系统默认自动布线 Wire Auto Router 有效。只要单击连线的起点和终点，系统会自动以直角走线，生成连线。要手工直角画线，直接在移动鼠标的过程中单击就可以；在移动鼠标的过程中按住[Ctrl]键，移动指针，预画线自动随指针呈任意角度，确认后单击就可手工任意角度画线。

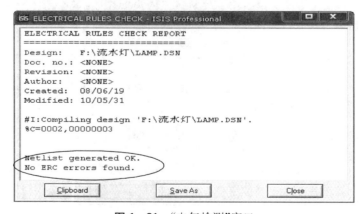

图 1-21　"电气检测"窗口

（5）电气检测　单击工具栏中电气检查按钮$\not\!\!\!/$，跳出检查结果窗口，如图 1-21 所示。窗口前面是一些文本信息，接着是电气检查结果列表。若有错，会有详细说明。检查结果"Netlist generated OK. No ERC errors found"表示通过检查。也可操作菜单"Tools"→"Electrical Rule Check"，完成电气检查。

（6）加载目标代码文件和设置时钟频率　生成目标代码文件有两种方法，除了使用Keil 生成目标代码文件 LAMP. HEX 外，还有另一种方法。

单击 ISIS 菜单中"Source（源程序）"选项，弹出下拉菜单，找到"Add/Remove Source Files（添加/删除源程序）"选项，单击，弹出如图 1-22 所示对话框，单击"Code Generation Tool（目标代码生成工具）"右边框中的按钮 $\blacktriangledown$，弹出下拉菜单，选择代码生成工具"ASEM51（51 系列及其兼容系列汇编器）"。再单击 New 按钮，在弹出的对话框的文件名框中写入源程序文件名 LAMP. ASM，单击【打开】按钮，在接着弹出的小对话框中单击按钮【是】，然后单击按钮【OK】，新建的源程序文件就添加到图 1-22 中的"Source Code Filename"方框中。同时在菜单"Source（源程序）"选项中出现源程序文件 LAMP. ASM。单击菜单中的"1. LAMP. ASM"，就弹出如图 1-23 所示的源程序记事本，可在其中编写并编辑源程序，按 🖫 可保存返回。

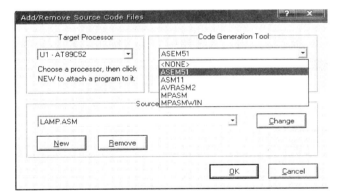

图 1-22　"添加/删除源程序"文件

图 1-23　源程序记事本

再单击菜单中的"Source（源程序）"选项，弹出的菜单中找到"Build All"，单击对源程序汇编，弹出编译日志窗口，如图 1-24 所示。若汇编无错，则生成目标代码文件LAMP. HEX；若汇编有错，在窗口中会提示，根据窗口返回信息纠错再汇编，直至汇编成功。

将两种方法得到的目标代码文件 LAMP. HEX 加载到单片机中。在 ISIS 编辑区中双击单片机，则弹出如图 1-25 所示的加载目标代码文件和设置时钟频率的窗口。单击"Program File"栏右侧按钮 🗁，弹出文件列表，将 LAMP. HEX 文件加载到 AT89C52 芯片中。

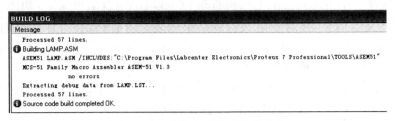

图 1-24　汇编生成目标代码文件

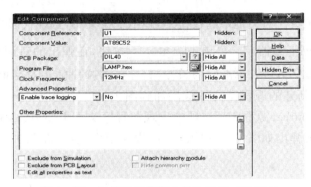

图 1-25　加载目标代码文件和设置时钟频率

（7）仿真　仿真电路图如图 1-26 所示。点击仿真按钮中的运行按钮▶，启动系统仿真。观察到 LED 从 D1→D8 不断循环点亮。

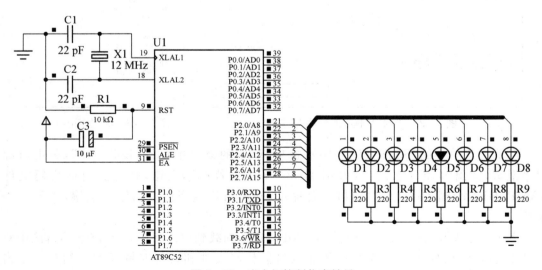

图 1-26　流水灯控制仿真结果

（8）调试　在单片机应用产品研发中，需要调试程序、修改电路满足产品要求。调试中观察程序运行情况,可了解到运行过程中单片机的 RAM、工作寄存器、特殊功能寄存器的工作情况等。

单击 ▶ 启动仿真后,单击按钮 ⏸ 暂停仿真,可进行仿真调试、仿真单步调试、跟踪运行、设置断点调试。通过菜单"Debug→8051 CPU Registers－U1"打开单片机寄存器窗口;通过菜单"Debug→SFR Memory－U1"打开单片机 SFR 窗口;通过菜单"Debug→8051 CPU Internal (IDATA) Memory－U1"打开单片机片内 RAM 窗口。

将各窗口打开后,排放在 ISIS 编辑区,如图 1－27 所示,就可以调试了。通过菜单"Debug",找到按钮 📙 Step Over 或 📙 Step Into 进行单步或跟踪运行,每执行一步都可以观察到各窗口中寄存器的状态。从 ISIS 底部的右边状态栏可观察到运行的时间,根据这些信息可方便地调试单片机应用系统(包含电路、程序)。

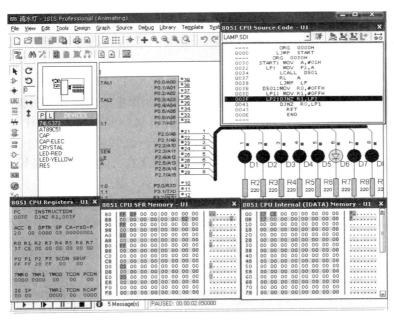

图 1－27　带调试窗口的仿真调试

带断点的仿真调试就是在需要暂停的指令位置设置断点,使运行暂停,再观察各窗口的情况。当仿真运行暂停,出现源代码调试窗口后,单击要设置断点的指令行,出现光条;再单击调试窗口右上角中的按钮 🔘🔘 ,在该指令行前出现一个实心圆标示。也可双击要设置断点的指令行。断点可设置多个。只要在无效的断点指令行上双击即可清除断点。

7. 观察与思考

在日常生活中,广告灯并不只有从左到右循环点亮,还有一些新的花样。实现任意花样的广告灯设计的方法是,将要显示的数据先建立一个表,然后利用"MOVC　A,@A＋DPTR"指令,取数送 P2 口。

1.3.2 单个数码管显示数字控制

1. 设计任务

（1）数码管的引脚接单片机的 P0.0～P0.7，编程实现 0～9、A、B、C、D、E、F 等数字和字母显示。

（2）思考两个数码管的接口电路，以及软件显示的方式。

2. 基础知识

经单片机处理的数据需要显示。目前在单片机系统中最常用的显示器是发光二极管（LED）数码管、液晶显示器（LCD）和点阵 LED。LED 数码管成本低廉，使用简便，但是只能显示数字和特定的字符；LCD 价格稍高，使用也相对复杂，但功能强大，汉字、图形、图表都可以显示。

图 1-28 LED 数码管实物图

LED 数码管应用很广，如电子钟时间、交通控制系统的倒计时，以及各类家电产品的数字信息显示等，其外形如图 1-28 所示。

LED 数码管里面有 8 只 LED，分别记作 a、b、c、d、e、f、g、dp。每只 LED 都有一根电极引到外部引脚上，而另外一只引脚连接在一起后也引到外部引脚上，记作公共端（COM）。LED 的阴极连在一起的（公共端 K_0）称为共阴极显示器，如图 1-29(a)所示。阳极连在一起的（公共端 K_0）称为共阳极显示器，如图 1-29(b)所示。其中，7 个 LED 构成"8"字形的各个笔划（段），dp 作为小数点。数码管引脚配置如图 1-29(c)所示。在某段 LED 上施加一定的正向电压，该段笔划即亮，不加电压则暗。为了保护各段 LED 不被损坏，还须外加限流电阻。

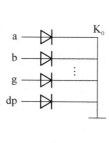

(a) 共阴极

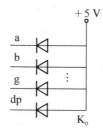

(b) 共阳极

(c) 引脚配置外形图

图 1-29 LED 7 段显示器

要使数码管显示出相应的数字或字符,必须给段数据口 a~dp 输入相应的字形编码。共阳极数码管,应 8 个 LED 的阳极都接高电平,则阴极接数据 0 表示对应字段亮,接数据 1 表示对应字段暗;共阴极数码管中,数据为 0 表示对应字段暗,数据为 1 表示对应字段亮,其中 a 段为最低位,dp 点为最高位。例如,要显示"0",共阳极数码管的字型编码应为 11000000B(即 C0H);共阴极数码管的字型编码应为 00111111B(即 3FH)。依此类推可得共阴极与共阳极 7 段 LED 显示数字 0~F,以及熄灭的编码,见表 1-9。

表 1-9 共阴极与共阳极 LED 显示器字型编码表

共阳数码管	a	b	c	d	e	f	g	h(dp)	a~h	共阳 h~a	共阴 h~a
0	0	0	0	0	0	0	1	1	03H	C0H	3FH
1	1	0	0	1	1	1	1	1	9FH	F9H	06H
2	0	0	1	0	0	1	0	1	25H	A4H	5BH
3	0	0	0	0	1	1	0	1	0DH	B0H	4FH
4	1	0	0	1	1	0	0	1	99H	99H	66H
5	0	1	0	0	1	0	0	1	49H	92H	6DH
6	0	1	0	0	0	0	0	1	41H	82H	7DH
7	0	0	0	1	1	1	1	1	1FH	F8H	07H
8	0	0	0	0	0	0	0	1	01H	80H	7FH
9	0	0	0	0	1	0	0	1	09H	90H	6FH
A	0	0	0	1	0	0	0	1	11H	88H	77H
B	1	1	0	0	0	0	0	1	C1H	83H	7CH
C	0	1	1	0	0	0	1	1	63H	C6H	39H
D	1	0	0	0	0	1	0	1	85H	A1H	5EH
E	0	1	1	0	0	0	0	1	61H	86H	79H
F	0	1	1	1	0	0	0	1	71H	8EH	71H
灭	1	1	1	1	1	1	1	1	FFH	FFH	00H

数码管 LED 显示器有静态显示和动态显示两种方式。

静态显示是指数码管显示某一字符时,相应的 LED 恒定导通或恒定截止。这种显示方式中各位数码管相互独立,公共端恒定接地(共阴极)或接正电源(共阳极)。每个数码管的 8 个字段分别与一个 8 位 I/O 口地址相连,I/O 口只要有段码输出,相应字符即显示出来,并保持不变,直到 I/O 口输出新的段码。采用静态显示方式,较小的电流即可获得较高的亮度,且占用 CPU 时间少,编程简单,便于监测和控制,但该方法占用的口线多,硬件电路复杂,成本高,只适合于显示位数较少的场合。

动态显示是一位一位地轮流点亮各位数码管,这种逐位点亮显示器的方式称为位扫描。通常,各位数码管的段选线相应并联在一起,由一个8位的I/O口控制;各位的位选线(公共阴极或阳极)由另外的I/O口线控制。各数码管分时轮流选通,要使其稳定显示必须采用扫描方式,即在某一时刻只选通一位数码管,并送出相应的段码,在另一时刻选通另一位数码管,并送出相应的段码,依此规律循环。虽然这些字符是在不同的时刻分别显示,但由于人眼存在视觉暂留效应,只要每位显示间隔足够短就可以给人同时显示的感觉。采用动态显示方式比较节省I/O口,硬件电路也较静态显示方式简单,但其亮度较低,而且在显示位数较多时,CPU要依次扫描,占用CPU较多的时间。

3. 电路设计

单片机P0口具有带动8个TTL门电路的能力,其余口线具有带动4个TTL门电路的能力,因此,对于一般的数码显示可以直接用单片机口线控制。

单片机控制数码管电路原理图如图1-30所示,电路中采用共阴极LED 7段显示器,用P0口线连接数码管的管脚。P0.0接数码管的7脚(即a段)、P0.1接数码管的6脚(即b段),依此类推,3脚和8脚是公共段接地。因为P0口内部电路没有上拉电阻,所以在口线上外接上拉电阻R2~R9,为防止流过LED的电流过大而将其烧坏,接限流电阻R10~R17。

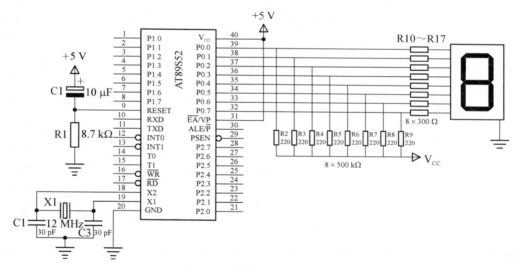

图1-30 单片机控制数码管原理

4. 程序设计思路

因为单片机所接的数码管是共阴极的,显示数据0~9、A、B、C、D、E、F的编码见表1-9所示,利用"MOVC A,@A+DPTR"指令,将显示数据送P0口,即能实现数字和字母的显示。

5. 汇编程序设计

```
                ORG     0000H
                LJMP    START
                ORG     0030H
START:  MOV     DPTR,＃TABLE          ;指针指向表头地址
S1:     MOV     A,＃00H               ;设置地址偏移量
        MOVC    A,@A＋DPTR            ;查表取得段码,送 A 存储
        CJNE    A,＃01H,S2            ;判断段码是否为结束符
        LJMP    START
S2:     MOV     P0,A                 ;段码送 LED 显示
        LCALL   DELAY                ;延时
        INC DPTR                     ;指针加 1
        LJMP    S1
DELAY:  MOV     R5,＃20               ;延时子程序
D2:     MOV     R6,＃20
D1:     MOV     R7,＃248
        DJNZ    R7,$
        DJNZ    R6,D1
        DJNZ    R5,D2
        RET
TABLE:  DB      3FH,06H,5BH,4FH,66H  ;段码表
        DB      6DH,7DH,07H,7FH,6FH
        DB      77H,7CH,39H,5EH,79H
        DB      71H
        DB      01H                  ;结束符
        END
```

6. 应用 Proteus 软件电路仿真

打开 Proteus 的 ISIS 编辑环境,选取如下元器件:AT89C52(单片机)、Res(电阻)、Button(按钮)、Crystal(晶振)、Cap(电容)、Cap - Elec(电解电容)、7Seg - Com(7 段码管)。放置元器件、电源和地、连线,电气原理如图 1 - 31 所示。再点击菜单栏工具下拉的"电气规则检查",当规则检查出现"Netlist Generated OK. No ERC Errors Found"时,表示通过检查。

将编写的程序添加到 Proteus 自带的编译器中,对其编译,生成 HEX 文件,将 HEX 文件加载到 AT89C52 芯片中。

点击【运行】按钮,启动系统仿真,观察到数码管不断地循环点亮 0~9、A、B、C、D、E、F。

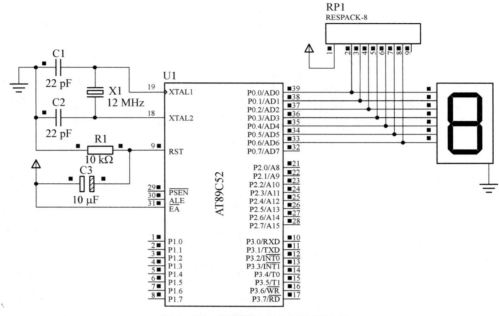

图 1-31 数码管显示控制仿真结果

任务4 认识常用单片机

知识要点:
  常用单片机的功能特性。

能力训练:
  通过实物观察掌握识别各类型单片机的能力。

任务内容:
  了解各个电子厂家的单片机型号分类,掌握其性能特点,学会实际应用。

1. MCS-51 单片机

单片机诞生于 20 世纪 70 年代,1976 年 Intel 公司推出了 MCS-48 单片机,因其体积小、功能全、价格低,得到了广泛的使用。在 MCS-48 单片机的带领下,近 30 多年中各半导体公司相继研制和推出了自己的单片机,已发展成为几百个系列的上万个机种,单片机已发展到高性能阶段。虽然单片机的品种很多,但无论从世界范围或从全国范围来看,使用最为广泛的应属美国 Intel 公司于 1980 年推出的产品 MCS-51 系列单片机,典型产品有 8031

（内部没有程序存储器,已经淘汰）、8051/8052（芯片采用 HMOS 高密度金属氧化物半导体工艺,功耗是 630 mW,已淘汰）和 8751 等通用产品。至今,MCS‑51 内核系列兼容的单片机仍是应用的主流产品（比如目前流行的 89S51/89S52）。MCS‑51 系列单片机以其典型的通用总线式体系结构、特殊功能寄存器的集中管理模式、位操作系统和面向控制功能的丰富的指令系统,为单片机的发展奠定了良好的基础。AT89S51/52 单价为 8.0～9.5 元左右（仅作参考）。

2. AVR 单片机

AVR 单片机是 Atmel 公司于 1997 年推出的配置精简指令集（RISC）的单片机系列。片内采用 Flash 程序存储器,可反复编程修改上千次,便于新产品的开发。这款单片机速度快,大多数指令仅需要一个晶振周期。AVR 单片机已形成系列产品,其中 Attiny、AT90 及 Atmega 分别对应低、中、高档产品。根据用户不同需要,现已推出了 30 多种型号,8～64 引脚,价格从几元到上百元人民币不等,AT90S8535 的单价为 45～65 元。Atmel 公司的 AT90S8535 具有以下特点:

（1）RISC 结构,大部分指令为单周期指令。

（2）片内有 8 kB 的 Flash 程序存储器。

（3）513 B 的静态存储器（SRAM）。

（4）512 B 的 EEPROM（电擦写可编程只读存储器,又称 E^2PROM）。

（5）32 个 I/O 口。

（6）2 个 8 位和 1 个 16 位的定时器/计数器。

（7）内置看门狗（WDT）。

（8）8 路 10 位模数转换器（ADC）,可直接输入模拟信号。

（9）2 路 10 位和 1 路 8 位的脉宽调制（PWM）输出。

（10）通用异步接收发送器（UART）异步串行接口。

（11）串行外设接口（SPI）同步串行接口。

（12）16 种中断源。

3. PIC 单片机

美国 Hicrochip 公司推出的 PIC 单片机系列产品采用 RISC 结构的嵌入式微控制器,具有高速度、低电压、低功耗及大电流 LCD 驱动能力的特点,在计算机外设、家电、控制、信息、智能仪器、汽车电子,以及金融电子等各个领域得到了广泛应用。

PIC 8 位单片机产品共有 3 个系列,即基本级、中级、高级。

（1）基本级　该级系列产品的特点是低价位,如 PIC16C5X 适用于各种对成本要求严格的家电产品选用。PIC12C5XX 是世界上第一个 8 脚的低价位单片机,因其体积很小,所以完全可以应用在以前不能使用单片机的家电产品上。

（2）中级单片机　该级系列产品是 PIC 最丰富的品种系列,它在基本级产品基础上改进,并保持了高度的兼容性。外部结构有 8～68 个引脚的各种封装,如 PIC12C6XX。该级产品性能较高,内部带有 A/D 变换器、EEPROM 数据存储器、比较器输出、PWM 输出、I^2C

和 SPI 等接口。

（3）高级 该级系列产品如 PIC17CXX，其特点是速度快，适用于执行高速数字运算。它具备一个指令周期内完成 8×8（位）二进制乘法运算的能力，可以取代某些 DSP（Digital Signal Processor，数字信号处理器）产品。此外，PIC17CXX 具有丰富的 I/O 控制功能，并可外接扩展 EPROM 和 ROM，适用于高、中档的电子产品。PIC12C672 的价格为 14～25 元，具有以下特点：

① RISC 结构。

② 内置 2048×14 位可擦除的可编程 ROM（EPROM，有 OTP 和掩膜两个版本）。

③ 内置 128×8 位的 RAM。

④ 可在线编程（ISP）。

⑤ 内置看门狗。

⑥ 8 级硬件堆栈。

⑦ 4 通道 8 位的 A/D 转换输入。

⑧ 一个 8 位的定时器/计数器 TIMR0，带 8 位分频器。

4. EMC 单片机

EMC 是台湾义隆电子公司制造的单片机，8 位 EM78 系列单片机已广泛应用于家用电器、工业控制和仪器仪表等方面，其优良的单片机结构和性能为用户所认同。但与 AT89 系列、PIC 系列、Z86 系列单片机比较而言，EM78 进入内地市场稍晚一些，所以很多用户尚不了解。EM78 系列单片机的主要特点为：

（1）采用 8 位数据总线和 13 位指令总线独立分离的哈佛结构设计。

（2）采用 RISC 指令集，共有 57 条单字节指令，其中 99% 为单周期指令（PC 指针执行写操作除外）。

（3）1～4 kB×13 位的程序存储器。

（4）48 个通用数据寄存器可直接寻址使用。

（5）14 个特殊功能寄存器。

（6）5 级堆栈。

（7）两个双向三态 I/O 口，12 个 I/O 线。

（8）3 个硬件中断（定时器中断、I/O 唤醒中断、外部信号输入中断）和一个软件中断。

（9）一个带电 8 位预制器的 8 位定时/计数器。

（10）当电源电压下降到额定值以下时，内置的电压检测器使单片机始终处于复位状态，以此提高系统复位性能。

（11）I/O 唤醒功能，通过 I/O 变化唤醒处于休眠状态的单片机。

5. ARM 处理器

ARM（Advanced RISC Machines）公司是微处理器行业的一家知名企业，设计了大量高性能、廉价、低功耗的 RISC 处理器。该公司将其授权给世界上许多著名的半导体、软件和 OEM 厂商，利用这种合伙关系，ARM 公司很快成为许多全球性 RISC 标准的缔造者。目前,全球总共有30多家半导体公司与ARM公司签定了硬件技术使用许可协议,其中包括Intel、IBM和LG。

ARM公司提供一系列内核、体系扩展、微处理器和系统芯片方案,由于所有产品均采用一个通用的软件体系,所以相同的软件可在所有产品中运行(理论上如此)。其典型产品如下。

(1) ARM7 该产品采用小型、快速、低能耗并且集成式的RISC内核,用于移动通信等领域。

(2) ARM7TDMI(Thumb) 这是授权用户最多的一项带有指令压缩集的ARM7型,将ARM7指令集与压缩指令集(Thumb)扩展组合在一起,以减少内存容量和系统成本。同时,它还利用嵌入式在线仿真(ICE)调试技术来简化系统设计,并用一个DSP增强扩展来改进性能。该产品的典型用途是数字移动电话和硬盘驱动器。

(3) ARM9TDMI 采用5级流水线ARM9内核,同时配备Thumb扩展、调试和哈佛总线。在生产工艺相同的情况下,性能可达ARM7TDMI的两倍以上。AT91R40008的价格为70～90元。AT91系列的ARM的特点如下:

① 采用ARM7TDMI内核。

② 高性能的32位RISC结构。

③ 支持高密度的16位指令集。

④ 内嵌片内调试支持(ICE)。

⑤ 支持8位、16位、32位读写操作。

⑥ 内置最大256 kB的SRAM。

⑦ 可编程的外部总线接口(EBI)。

⑧ 最大64 MB的寻址空间。

⑨ 8个优先级,可屏蔽的中断控制器(AIC)。

⑩ 4个外中断,包含一个快速中断响应中断源(FIQ)。

⑪ 32个可编程的I/O端口线。

⑫ 3个16位的定时器/计数器。

⑬ 2个串口。

⑭ 看门狗定时器。

⑮ 电源管理。

⑯ 外部时钟可达70 MHz。

6. DSP处理器

DSP处理器伴随微电子学、数字信号处理技术,以及计算技术等学科的发展而产生,是体现这3个学科综合科研成果的新器件。它具有特殊的结构设计,可以实时实现数字信号处理中的一些理论和算法,因而在传真、调制解调器、移动电话、语音处理、高速控制及机器人等领域得到了广泛的应用。

DSP主要以数字方式来处理模拟信号。通常为其输入一系列信号值,然后进行过滤或其他处理,例如建立一个待过滤的信号值队列或者转换输入值等。DSP 通常是将常数和值执行加法或乘法运算后,形成一系列串行项,再逐个累加。它可以充当快速倍增器/累加器(MAC),并且可以在一个周期内执行多次 MAC 指令。为了减少在建立串行队列时的额外消耗,DSP 有专门的硬件支持,安排地址提取操作数并建立一些条件,以判断继续计算队列中的元素是否已经到了循环的末尾。DSP 的主要特点是:

(1)用哈佛结构提高运算能力

(2)用管道式设计加快执行速度　所谓管道式设计,即采用流水线技术重叠执行取指令和执行指令操作。DSP 通常有一个短的三级管道(三级流水线)和相对快速的中断执行时间,如 AD 公司的 ADSP 有一个二级管道,TMS320C54 和 Motorola 公司的 568XX 都有 5 级管道(五级流水线)。

(3)在每一时钟周期内执行多个操作　DSP 的每一条指令都是自动安排空间、编址和取数,支持硬件乘法器,使得乘法能用单周期指令完成。这样也有利于提高执行速度,通常 DSP 的指令周期是纳秒级。

(4)支持复杂的 DSP 编址　一些 DSP 有专用硬件支持模数和位翻转编址,以及其他一些运算编址模式。

(5)特殊的 DSP 指令　在 DSP 器件中通常都有些特殊指令,例如 TMS320C10 中的 LTD 指令,可单周期完成加载寄存器、数据移动、同时累加操作。DSP 通过分散的硬件来控制程序循环,一些重复指令还将高时钟频率引入 MAC,以达到或超过 DSP 的运算性能。

(6)面向寄存器和累加器　DSP 使用的不是一般的寄存器文件,而是专用寄存器,较新的 DSP 产品都有类似于 RISC 的寄存器文件。许多 DSP 还有大的累加器,可以在异常情况下处理数据溢出。

(7)支持前、后台处理　DSP 支持复杂的内循环处理,包括建立 X、Y 内存和分址循环计数器。一些 DSP 在内循环处理中屏蔽了中断,另一些则类似于后台处理的方式支持快速中断。许多 DSP 使用硬连线的堆栈来保存有限的寄存器,而有些则用隐蔽的寄存器来加快寄存器的切换时间。

(8)拥有简便的单片内存和内存接口　DSP 设法避免了大型缓冲器或复杂的内存接口,减少了内存访问。一些 DSP 的内循环在其单片内存中重复执行指令或循环操作部分代码,多采用 SRAM 而不是 DRAM。前者接口更简单,只是价格相对高一些。

TMS320F240 是一款采用 16 位定点数的 DSP,它具有事件管理模块、定时器、12 个 PWM 输出口和一个双路的 10 位的 A/D 转换器,多用于数字监控和电机控制场合,其价格为 150～180 元。

任务 5　实训项目与演练

知识要点：

单片机最小系统复位、晶振、ALE 信号，I/O 的使用。

能力训练：

掌握单片机最小系统的使用技巧。

任务内容：

掌握单片机的硬件技术和软件知识，掌握程序编写和调试，掌握单片机开发环境的软件环境。

实训 1　复位、晶振、ALE 信号的观察

1. 电路安装

按照单片机最小系统的原理图，在单片机教学实验箱的自由扩展区内安装好电路（或在电路板上用实物连接好电路），在复位 9 引脚、晶振 18 引脚、ALE30 引脚上安装好接线端子。

2. 信号观察

（1）用示波器观察单片机复位状态电信号　将示波器的探针接到 RST 引脚上（9 脚），上电时观察并记录上电复位电信号波形，上电后观察用按键复位的电信号波形并记录。观察并说明复位高电平持续时间与什么有关。

（2）用示波器观察单片机上电复位后的晶振信号波形　将示波器的探针接到 XTAL2 引脚（18 脚），观察并记录振荡波形，进行周期的测量。

（3）用示波器观察单片机上电复位后的 ALE 信号波形　将示波器的探针接到 ALE 引脚（30 脚），观察并记录振荡波形，进行周期的测量。

说明测得的 XTAL2 引脚和 ALE 引脚上的波形两者之间的周期性关系。

实训 2　伟福编程软件和 I/O 口使用

1. 伟福软件编程

伟福（Wave）仿真软件的 Windows 版本支持伟福公司多种仿真器，支持多种型号的 CPU 仿真。它将编辑、编译、下载、调试全部集中在一个环境下，在这个全集成环境中包含一个项目管理器，一个功能强大的编辑器，汇编 Make、Build 和调试工具，并提供一个第三方编译器的接口。

程序安装完成后，桌面上会出现 Wave 图标，双击 Wave 图标，打开伟福仿真器软件，进入集成调试环境。

（1）打开 Wave 调试环境

（2）建立源程序文件　　选择菜单"文件"→"新建文件"功能，出现一个文件名为 NONAME1 的源程序窗口，在此窗口中输入任务 3 的实例 2 所用的程序。

选择菜单"文件"→"保存文件或另存为"功能，打开保存文件窗口。在此窗口中输入文件名和路径名，例如，F:\WAVE\SAMPLES 文件夹，再给出文件名 MY1. ASM。保存文件后，程序窗口上文件名变成了 F:\WAVE\SAMPLES\MY1. ASM。注意文件名与路径名尽可能短，且扩展名必须为 ASM。

（3）建立新的项目　　选择菜单"文件"→"新建项目"功能，新建项目会自动分 3 步：

① 加入模块文件　　在加入模块文件的对话框中选择刚才保存的文件 MY1. ASM，打开。如果是多模块项目，可以同时选择多个文件再打开。

② 加入包含文件　　在加入包含文件对话框中，选择所要加入的包含文件（可多选）。如果没有包含文件，按取消键。

③ 保存项目　　在保存项目对话框中输入项目名称。MY1 无须加后缀，软件会自动将后缀设成". PRJ"。按保存键将项目保存在与源程序相同的文件夹下。

项目保存好后，如果项目是打开的，可以看到项目中的"模块文件"已有一个模块"MY1. ASM"；如果项目窗口没有打开，可以选择菜单"窗口"→"项目窗口"功能来打开。可以通过仿真器设置快捷键或双击项目窗口第一行选择仿真器和要仿真的单片机。

（4）仿真器设置　　选择菜单"设置"→"仿真器设置"功能或按"仿真器设置"快捷图标或双击项目窗口的第一行来打开"仿真器设置"对话框。在"仿真器"栏中，选择仿真器类型和配置的仿真头以及所要仿真的单片机。在"语言"栏中，根据本例的程序选择"编译器选择"为"伟福汇编器"。如果程序是 C 语言或 INTEL 格式的汇编语言，可根据安装的 Keil 编译器版本选择"Keil C（V4 或更低）"还是"Keil C（V5 或更高）"。按【好】确定。当仿真器设置好后，可再次保存项目。

（5）编译你的程序　　选择菜单"项目"→"编译"功能或按编译快捷图标或[F9]键，编译项目。在编译过程中如果有错，可以在信息窗口中显示出来。双击错误信息，可以在源程序中定位所在行。纠正错误后，再次编译直到没有错误。在编译之前，软件会自动将项目和程序存盘。编译后生成 MY1. HEX 文件，并在下方点击 CODE 窗口，可看到 ROM 中的机器码，也可以通过菜单项"窗口"→"数据窗口（D）"→"CODE"查看。

（6）单步调试程序　　在编译没有错误后，就可调试程序了，首先单步跟踪调试程序。

选择"执行"→"跟踪"功能或点击跟踪快捷图标或按[F7]键进行单步跟踪调试程序。

单步跟踪逐条指令执行程序，若有子程序调用，也会跟踪到子程序中去。可以观察程序每步执行的结果，"=>"所指的就是下次将要执行的程序指令。由于条件编译或高级语言优化，不是所有的源程序都能产生机器指令。源程序窗口最左边的"○"代表此行为有效程序，产生了可以执行的机器指令。

"程序单步跟踪"到"Delay"延时子程序中，在程序行的"R7"符号上单击就可以观察"R7"的值，可以看到"R7"在逐渐减少。因为当前指令要执行 248 次才到下一步，整个延时

子程序要单步执行 $20 \times 20 \times 248$ 次才能完成。

利用"执行到光标处"功能,将光标移到程序想要暂停的地方,本例中为延时子程序返回后的"SJMP　S1"行。选择菜单"执行"→"执行到光标处"功能或[F4]键或弹出菜单的"执行到光标处"功能。程序全速执行到光标所在行。如果下次不想单步调试"Delay"延时子程序里的内容,按[F8]键单步执行就可以全速执行子程序调用,而不会逐步地跟踪子程序,或直接移动光标到暂停行再按[F4]。

如果程序太长,应设置断点。将光标移到源程序窗口的左边灰色区,光标变成"手指圈",单击左键"设置断点"。也可以用弹出菜单的"设置/取消断点"功能或用[Ctrl]+[F8]组合键设置断点。断点有效图标为红圆绿勾,无效断点的图标为红圆黄叉。断点设置好后,就可以全速执行程序,当程序执行到断点时,会暂停下来,这时可以观察程序中各变量的值、各端口的状态及判断程序是否正确。

调试过程还可以观察到相关的 SFR 寄存器、RAM 中的变化。XDATA 表示片外 RAM,DATA 表示片内 RAM,在底部可以观察执行时间。

2. 单片机 I/O 口简单使用实训

从任务 3 的两个实例中选择一个,按下列步骤实训。

(1) 应用伟福仿真软件进行仿真调试　打开伟福仿真软件,将相应功能的设计程序输入到界面上,保存,建立项目文件,加入文件,编译生成目标代码文件*.hex 文件,选择仿真调试器进行实现仿真调试,直至完成相应功能。

(2) 安装电路　根据电路原理图在单片机实验箱上连接好电路。

(3) 编程　应用编程器将实验箱和 PC 机接通,将通过伟福仿真软件将编译生成目标代码文件*.hex 文件固化到单片机中。

(4) 上电运行　将固化好代码的单片机安装在实验箱上,检查无误后,上电运行,观察现象并分析结果。

习　　题

1. AT89S52 单片机片内包含哪些主要逻辑功能部件?
2. 如何简捷地判断 AT89S52 正在工作?
3. 使单片机复位有几种方法? 复位后机器的初始状态如何?
4. 开机复位后,CPU 使用的是哪组工作寄存器? 它们的地址是什么? CPU 如何确定和改变当前工作寄存器组?
5. 程序状态寄存器 PSW 的作用是什么? 常用标志有哪些位? 作用是什么?
6. 简述 AT89S52 汇编指令格式。
7. 在 AT89S52 片内 RAM 中,已知(30H)=38H, (38H)=40H, (40H)=48H, (48H)=90H。请分析下面是什么指令,说明源操作数的寻址方式及按顺序执行后的结果。

```
MOV   A, 40H
MOV   R0, A
MOV   P1, ♯0F0H
MOV   @R0, 30H
MOV   DPTR, ♯3848H
MOV   40H, 38H
MOV   R0, 30H
MOV   P0, R0
MOV   18H, ♯30H
MOV   A, @R0
MOV   P2, P1
```

8. 指出下列指令的本质区别。

```
MOV   A, data
MOV   A, ♯data
MOV   DATA1, DATA2
MOV   74H, ♯78H
```

9. 设 R0 的内容为 32H, A 的内容为 48H, 片内 RAM 的 32H 内容为 80H, 40H 的内容为 08H。请指出在执行下列程序段后各单元内容的变化。

```
MOV   A, @R0
MOV   @R0, 40H
MOV   40H, A
MOV   R0, ♯35H
```

10. 说明十进制调整的原因和方法。

11. 使用位操作指令实现下列逻辑操作。要求不得改变未涉及位的内容。
   (1) 使 ACC.0 置 1。
   (2) 清除累加器高 4 位。
   (3) 清除 ACC.3、ACC.4、ACC.5、ACC.6。

12. 使用单片机最小系统,实现 LED 灯的每两个滚动控制。

项目 ②

【单片机工程应用技术】

实用工程应用程序设计

项目任务

学习单片机控制系统中各种基本程序的编制。

项目要求

(1) 掌握用汇编语言编写程序的步骤、方法和技巧。

(2) 习惯模块化的程序设计方法。

(3) 熟悉汇编语言程序的基本结构类型、语法规则。

(4) 熟练掌握各种实用工程程序编程技巧。

项目导读

(1) 单片机程序设计基础。

(2) 单片机实用工程程序设计,逐次比较法查表程序设计、排序程序设计、数字滤波程序设计、抗干扰技术。

任务1 单片机汇编语言程序基础知识

知识要点：

MCS-51单片机编程方法。

能力训练：

通过实训,了解编程技巧,锻炼分析、解决问题能力。

任务内容：

掌握常用汇编语言编程方法,熟练调试程序。

2.1.1 汇编语言源程序

除了汇编语言外,单片机程序设计语言还有两类:机器语言和高级语言。

(1) 机器语言　机器语言是用二进制代码0和1表示指令和数据的最原始的程序设计语言。

(2) 汇编语言　在汇编语言中,指令用助记符表示,地址、操作数可用标号、符号地址及字符等形式来描述。

单片机汇编语言包含两类不同性质的指令。

① 基本指令　　即指令系统中的指令。它们都是机器能够执行的指令,每一条指令都有对应的机器码。

② 伪指令　　汇编时用于控制汇编的指令。它们都是机器不执行的指令,无机器码。

单片机汇编语言源程序是由汇编语句(即指令)组成的。汇编语言一般由4部分组成。典型的汇编语句格式如下:

指令格式为:	标号:	操作码	操作数;	注释
	START:	MOV	A,30H;	A←(30H)

(3) 高级语言　高级语言接近于人类的自然语言,是面向过程而独立于机器的通用语言,在单片机上最常用的是C语言。

2.1.2 编程的步骤、方法和技巧

2.1.2.1 编程步骤

1. 分析问题

分析问题指正确理解需要解决问题的任务、工作过程、现有条件、已知数据、运算的精度和速度要求,设计的硬件结构是否方便编程等。

2. 确定算法

算法就是将实际问题转化成程序模块的方法和步骤。解决一个问题,常常有几种可选

择的方法。从数学角度来描述,可能有几种不同的算法。在编制程序以前,先要对不同的算法进行分析、比较,找出最适宜的算法。

3. 程序设计流程图

程序流程图是使用各种图形、符号、有向线段等来说明程序设计过程的一种直观的表示方法。一个程序按其功能可分为若干部分,通过流程图把具有一定功能的各部分有机地联系起来。组成流程图的框图和流程线符号见表 2-1。

表 2-1　流程图符号和说明

符号	名称	表示的功能
	起止框	程序的开始或结束
	处理框	各种处理操作,完成一定功能
	判断框	条件转移操作,根据不同的判断结果,执行不同的分支程序
	输入/输出框	输入/输出操作
	流线程	描述程序的流向,表示程序执行的前进方向
	引入引出连接线	流程的连接

2.1.2.2　编程的方法和技巧

1. 模块化的程序设计方法

(1) 程序功能模块化的优点　应用程序一般由一个主程序和多个子程序构成。每一程序模块都能完成一个明确的独立的任务,实现某个具体功能,如发送、接收、延时、显示、打印等。采用模块化的程序设计方法,有以下优点:

① 单个模块结构的程序功能单一,易于编写、调试和修改。

② 便于分工,从而可使多个程序员同时进行程序的编写和调试工作,加快软件研制进度。

③ 程序可读性好,便于功能扩充和版本升级。

④ 对程序的修改可局部进行,其他部分可以保持不变。

⑤ 对于使用频繁的子程序可以建立子程序库,便于多个模块调用。

(2) 划分模块的原则　划分模块应遵循以下原则:

① 每个模块应具有独立的功能,能产生一个明确的结果,因而单模块的内聚性好。

② 模块之间的控制耦合应尽量简单,数据耦合应尽量少,这就是模块间的低耦合性。控制耦合是指模块进入和退出的条件及方式;数据耦合是指模块间的信息交换(传递)方式、交换量的多少及交换的频繁程度。

③ 模块长度适中。模块语句的长度通常在 20～100 条的范围较合适。

2. 编程技巧

一般编程应掌握以下技巧：

（1）尽量采用循环结构和子程序。

（2）尽量少用无条件转移指令。

（3）对于通用的子程序,考虑到其通用性,除了用于存放子程序入口参数的寄存器外,子程序中用到的其他寄存器的内容应压入堆栈,即保护现场。一般不必把标志寄存器压入堆栈。

（4）由于中断请求是随机产生的,所以在中断处理程序中,除了要保护处理程序中用到的寄存器外,还要保护标志寄存器。

（5）累加器是信息传递的枢纽。用累加器传递子程序的入口参数,或向主程序传递返回参数。

2.1.3 单片机程序设计基本方法

1. 简单程序设计

简单程序也就是顺序程序,比较简单,能完成一定的功能任务,是构成复杂程序的基础。特点是程序按编写的顺序依次往下执行每一条指令,直到最后一条。

【例2.1】 将 30H 单元内的两位 BCD 码拆开并转换成 ASCII 码,存入 RAM 两个单元中。程序流程如图 2-1 所示。汇编语言源程序清单如下：

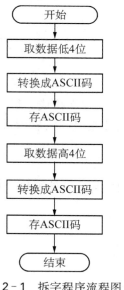

ORG	0000H	
LJMP	MAIN	
ORG	0030H	
MAIN:		
MOV	A,30H	;取值
ANL	A,#0FH	;取低 4 位
ADD	A,#30H	;转换成 ASCII 码
MOV	32H,A	;保存结果
MOV	A,30H	;取值
SWAP	A	;高 4 位与低 4 位互换
ANL	A,#0FH	;取低 4 位(原来的高 4 位)
ADD	A,#30H	;转换成 ASCII 码
MOV	31H,A	;保存结果
SJMP	$	
END		

图 2-1 拆字程序流程图

2. 分支程序设计

计算机具有逻辑判断的能力,它能根据条件判断并根据判断结果选择相应程序入口。

根据不同的条件,要求进行相应的处理,此时就应采用分支程序结构。项目 1 中介绍的条件转移指令、比较转移指令和位转移指令都可以实现分支程序。

【例 2. 2】　统计自 P1 口输入的数串中正数、负数和零的个数。设 R0、R1、R2 三个工作寄存器分别为累计正数、负数、零的个数的计数器,其流程图如图 2-2 所示。汇编语言源程序清单如下:

```
              ORG      0000H
              LJMP     MAIN
              ORG      0030H
MAIN:
              CLR      A
              MOV      R0, A
              MOV      R1, A
              MOV      R2, A
ENTER: MOV      A, P1        ; 自 P1 口取 1 个数
              JZ       ZERO         ; 该数为零,转 ZERO
              JB       P1.7, NEG    ; 该数为负,转 NEG
              INC      R0           ; 该数不为零,不为负,则必为正数; R0 内容加 1
              SJMP     ENTER
ZERO:  INC      R2
              SJMP     ENTER
NEG:   INC      R1
              SJMP     ENTER
              END
```

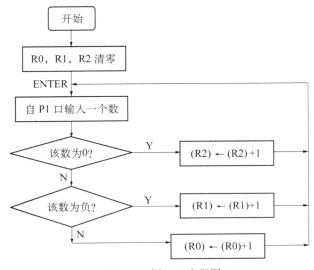

图 2-2　例 2.2 流程图

3. 循环程序

当程序处理的对象具有某种重复性时,需要用到循环程序。MCS-51型系统的汇编语言没有设置专门的循环语句,循环任务实质上是由"反转"结构的分支程序来完成。循环程序可以缩短程序句段,减少所占有的内存。循环程序一般由以下4个部分组成,有两种结构方式,其结构如图2-3所示。

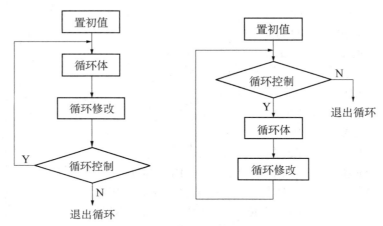

图2-3 循环程序组织形式

(1) 置循环初值　在进入循环之前,要对循环中需要使用的寄存器和存储器赋予其规定的初始值,如循环次数、循环中工作单元的初值等。

(2) 置循环体　循环体是程序中需要重复执行的部分,是循环结构中的主要部分。

(3) 循环修改　每执行一次循环,就相应地修改有关参数,使指针指向下一数据所在的位置,为进入下一轮循环做准备。

(4) 循环控制　在程序执行中需要根据循环计数器的值或其他条件,来判断控制循环是否结束。

【例2.3】　在内部RAM 40H开始的存储区有若干个字符和数字,已知最后一个字符"$"(并且只有一个),试统计这些字符数字的个数,结果存入50H单元。

采用CJNE指令与关键字符比较,比较时用关键字符"$"的ASCII码24H。汇编语言源程序清单如下:

```
            ORG     0000H
            LJMP    STATR
            ORG     0030H
STATR:
            MOV     R1,#40H         ;R1 作为地址指针
            CLR     A               ;A 作为计数器
LOOP:  CJNE     @R1,#24H,NEXT   ;与"$"号比较,不等转移
```

```
                SJMP      NEXT1                ; 找到"$",结束循环
NEXT:   INC     A                              ; 计数器加1
        INC     R1                             ; 指针加1
        SJMP    LOOP                           ; 循环
NEXT1:  INC     A                              ; 再加入"$"这个字符
        MOV     50H,A                          ; 存结果
        SJMP $
        END
```

本例中,循环结束的条件是是否已查到关键字"$",所以循环次数是不确定的。

4. 散转程序

可以简便地实现很多分支出口的转移,称为散转。散转多用于打印机等计算机外围设备的单片机处理技术,如图 2-4 所示。

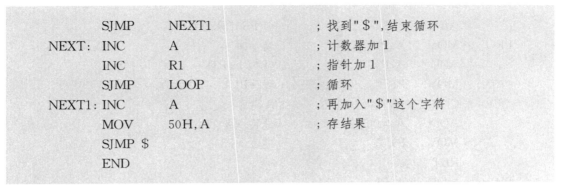

图 2-4　分支程序的示意

【例 2.4】　单片机四则运算系统。在单片机系统中,设置＋、－、×、÷的 4 个运算键,键号分别为 0、1、2、3,操作数可由 P1 和 P3 输入、输出。P1 口输入被加数、被减数、被乘数、被除数,输出运算结果的低 8 位或商;P3 口输入加数、减数、乘数和除数,输出进位(借位)、运算结果的高 8 位或余数。键号放在 A 中。汇编语言源程序清单如下:

```
        ORG       0100H
XUL4:
        MOV       P1,#0FFH         ; P1 口置输入态
        MOV       P3,#0FFH         ; P3 口置输入态
        MOV       DPTR,#TBJ        ; 置"＋－×÷"表首地址
        RL        A                ; 相当于 A(×2)→A
        JMP       @A+DPTR          ; 散转
TBJ:    AJMP      PRO              ; 转 PRO(加法)
        AJMP      PR1              ; 转 PR1(减法)
        AJMP      PR2              ; 转 PR2(乘法)
```

```
                 AJMP    PR3              ; 转 PR3(除法)
        PRO:     MOV     A,P1             ; 读加法
                 ADD     A,P3             ; (P1)＋(P3)
                 MOV     P1,A             ; 和→P1
                 CLR     A                ; A 清 0
                 ADDC    A,＃00H          ; 进位→A
                 MOV     P3,A             ; 进位→P3
                 RET
        PR1:     MOV     A,P1             ; 读被减数
                 CLR     C                ; Cy 清 0
                 SUBB    A,P3             ; (P1)－(P3)
                 MOV     P1,A             ; 差→P1
                 CLR     A                ; A 清 0
                 RLC     A                ; 借位→A
                 MOV     P3,A             ; 借位→P3
                 RET
        PR2:     MOV     A,P1             ; 读被乘数
                 MOV     B,P3             ; 置乘数
                 MUL     AB               ; (P1)×(P3)
                 MOV     P1,A             ; 积低 8 位→P1
                 MOV     P3,B             ; 积高 8 位→P3
                 RET
        PR3:     MOV     A,P1             ; 读被除数
                 MOV     B,P3             ; 置除数
                 DIV     AB               ; (P1)÷(P3)
                 MOV     P1,A             ; 商→P1
                 MOV     P3,B             ; 余数→P3
                 RET
```

5. 子程序

用汇编语言编程时,往往会遇到重复多次地执行某程序段。如果把重复的程序编写为一段子程序,然后通过主程序调用它,就可以减少程序编制工作。实际上,通常把一些运算程序写成子程序,随时调用,为广大用户提供方便。主程序调用子程序以及子程序与子程序间的调用关系如图 2-5 所示。

调用和返回构成了子程序调用的完整过程。为了实现这一过程,必须有子程序调用和返回指令,调用指令在主程序中使用,返回指令应该是子程序的最后一条指令。执行完这条指令后,程序返回主程序断点后继续执行。LCALL 和 ACALL 为调用指令,RET 为子程序

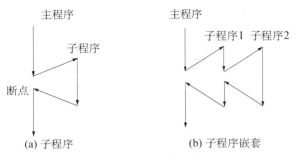

图 2-5　子程序及嵌套

返回指令,在应用子程序编制程序时,一定要注意有调用指令,也必须要有返回指令。对于多个子程序嵌套,更应注意这一点。

在编制比较复杂的子程序中,还可能再调用另一个子程序,这种子程序再次调用子程序的情况,称为子程序的嵌套。

【例 2.5】　用程序实现 $c = a^2 + b^2$。设 a、b、c 存于片内 RAM 的 3 个单元 31H、32H、33H。汇编语言源程序清单如下:

```
            ORG     0000H
            LJMP    MAIN
            ORG     0030H
MAIN:
            MOV     A,31H               ;取第一个操作数
            ACALL   SQR                 ;第一次调用
            MOV     R1,A                ;暂存 a² 于 R1
            MOV     A,32H               ;取第二个操作数
            ACALL   SQR                 ;再次调用
            ADD     A,R1                ;完成 a²+b²
            MOV     33H,A               ;存 a²+b²→c
            SJMP    $                   ;暂停
SQR:        INC     A                   ;查表位置调整
            MOVC    A,@A+PC             ;查平方表
            RET                         ;返回
TAB:        DB      0,1,4,9,16,25,36,64,81
            END
```

通过两次调用查平方表子程序来得到 a^2、b^2 的值。

6. 查表程序

查表程序用来完成数据计算及转换等功能。查表程序具有程序简单、使用便捷、执行速度快等特点。通常数据表格存放在程序存储器 ROM 中,在编制程序时,可以用 DB 伪指令

将表格中内容存入 ROM。常用查表指令有以下两种使用方法:

(1) MOVC　A,@A+PC　用 PC 作为基地寄存器时,由于 PC 是一个程序计数器,所以查表时操作可分 3 步:

① 变址值存于累加器 A 中。

② 偏移量加上累加器 A→累加器 A 中。

③ 执行指令 "MOVC　A,@A+PC"。

(2) MOVC　A,@A+DPTR　该指令用 DPTR 作基址寄存器,查表时分以下 3 步:

① 基址值赋给 DPTR。

② 变址值存于累加器 A 中。

③ 执行指令 "MOVC　A,@A+DPTR"。

【例2.6】 将 1 位十六进制数转换为 ASCII 码。设 1 位十六进制数存放在 R0 的低 4 位,转换后的 ASCII 码仍送回 R0 中。

方法 1:

```
        ORG     0200H
        MOV     A,R0            ;读数据
        ANL     A,#0FH          ;屏蔽高 4 位
        MOV     DPTR,#TAB       ;置表格首地址
        MOVC    A,@A+DPTR       ;查表
        MOV     R0,A            ;回存
        SJMP    $
TAB:    DB   30H,31H,32H,33H,34H,35H,36H,37H,38H,39H   ;0~9 ASCII 码
        DB   41H,42H,43H,44H,45H,46H                    ;A~F ASCII 码
        END
```

方法 2:

```
        ORG     0000H
        LJMP    START
        ORG     0030H
START:
        MOV     A,R0            ;读数据
        ANL     A,#0FH          ;屏蔽高 4 位
        CJNE    A,#0AH,BS       ;与 10 比较,在 C 中产生<10 或≥10 标志
BS:     JC      BS1             ;C=1,<10
        ADD     A,#37H          ;C=0,≥10,则加 37H
        SJMP    BS2
BS1:    ADD     A,#30H          ;若<10,则加 30H
```

```
BS2:    MOV      R0,A                    ;回存
        SJMP     $
        END
```

通过上述两种程序比较可知,用查表程序显得更简单、直观。

任务 2　单片机实用工程程序

知识要点:

　　编制实用工程程序方法。

能力训练:

　　通过实训,学会在单片机工程应用开发系统中实际使用工程程序实例,锻炼收集科技信息能力。

任务内容:

　　了解实用工程程序编程的技巧和思路,熟练编制基本常用工程程序,并调试。

2.2.1　延时程序

　　在单片机应用系统中,经常需要在应用程序的执行过程中插入一段较短的时间延时。这种要求不太精确的延时程序,常采用软件实现,一般设计成具有通用性的循环结构延时子程序。延时的最小单位是机器周期,所以要注意晶振频率。在延时时间较长且精确,又不便多占用 CPU 时间的情况下,一般采用单片机定时器实现,这在后面的项目中会学习。

　　【例 2.7】　实现 1 s 延时子程序。采用 3 重循环嵌套实现。汇编语言源程序清单如下:

```
;程序名:TIME1S
;功能:实现 1 s 延时
;入口参数:实现循环的次数放在 R5、R6、R7 中
TIME1S: MOV      R7,#10          ;1 个机器周期,预置外循环控制常数 10
TL3:    MOV      R6,#200         ;1 个机器周期,预置内循环控制常数 200
TL2:    MOV      R5,#250         ;1 个机器周期,预置内重循环控制常数 250
        DJNZ     R5,$            ;2 个机器周期,内重循环 250 次
        DJNZ     R6,TL2          ;2 个机器周期,内循环 200 次
        DJNZ     R7,TL3          ;2 个机器周期,外循环 10
        RET                      ;2 个机器周期
```

若单片机 $f_{osc} = 12\,MHz$,则一个机器周期 $T = 1\,\mu s$。延时时间为

$$t = \{1 + \{1 + [1 + 2 \times 250 + 2] \times 200 + 2\} \times 10 + 2\} \times 1\,\mu s = 1\,006\,033\,\mu s \approx 1\,s.$$

要实现更长时间的延时,可以在循环程序中调用该子程序来实现。

注意:使用软件延时占用了 CPU 的运行时间。

2.2.2 代码转换类程序

在计算机内部,任何数据最终都是以二进制形式出现的。但是通过外部设备与计算机交换数据采用的常常又是一些别的形式。例如,标准的编码键盘和标准的 CRT 显示器使用的都是 ASCII 码;人们习惯使用的是十进制,在计算机中表示为 BCD 码等。因此,汇编语言程序设计中经常会碰到代码转换的问题,这里提供了 BCD 码、ASCII 码与二进制数相互转换的基本方法和子程序代码。

【例 2.8】 ASCII 码转换为二进制数,将累加器 A 中的十六进制数的 ASCII 码(0～9,A～F)转换成 4 位二进制数。在单片机汇编程序设计中主要涉及十六进制的 16 个符号 0～F 的 ASCII 码数值的转换。ASCII 码是按一定规律表示的,数字 0～9 的 ASCII 码为该数值加上 30H,而字母 A～F 的 ASCII 码即为该数值加上 37H。0～F 对应的 ASCII 码如下:

0～F	0	1	2	3	4	5	6	7	8	9	A	B	C	D	E	F
ASCII 码(十六进制)	30	31	32	33	34	35	36	37	38	39	41	42	43	44	45	46

汇编语言源程序清单如下:

```
;程序名:ASCZBIN
;功能:ASCII 码转换为二进制数
;入口参数:要转换的 ASCII 码(30H～39H,41H～46H)存在 A 中
;出口参数:转换后的 4 位二进制数(0～F)存放在 A 中
ASCZBIN:   PUSH    PSW              ;保护现场
           PUSH    B
           CLR     C                ;清 Cy
           SUBB    A,♯30H           ;ASCII 码减 30H
           MOV     B,A              ;结果暂存 B 中
           SUBB    A,♯0AH           ;结果减 10
           JC      SB10             ;如果 Cy=1,表示该值小于等于 9
           XCH     A,B              ;否则该值大于 9,必须再减 7
           SUBB    A,♯07H
           SJMP    FINISH
SB10:      MOV     A,B
```

FINISH:	POP	B	;恢复现场
	POP	PSW	
	RET		

【例 2. 9】 BCD 码转换为二进制数。把累加器 A 中的 BCD 码转换成二进制数,结果仍存放在累加器 A 中。A 中存放的 BCD 码数的范围是 0~99,转换成二进制数后是 00H~63H,所以仍然可以存放在累加器 A 中。本例采用将 A 中的高半字节(十位)乘以 10,再加上 A 的低半个字节(个位)的方法,计算公式是 $A_{7-4} * 10 + A_{3-0}$。汇编语言源程序清单如下:

```
;程序名:BCDZBIN
;功能:BCD 码转换为二进制数
;入口参数:要转换的 BCD 码存在累加器 A 中
;出口参数:转换后的二进制数存放在累加器 A 中
;占用资源:寄存器 B
BCDZBIN: PUSH    B          ;保护现场
         PUSH    PSW
         PUSH    ACC        ;暂存 A 的内容
         ANL     A,#0F0H    ;屏蔽掉低 4 位
         SWAP    A          ;将 A 的高 4 位与低 4 位交换
         MOV     B,#10
         MUL     AB         ;乘法指令,A * B→BA,A 中高半字节乘以 10
         MOV     B,A        ;乘积不会超过 256,因此乘积在 A 中,暂存到 B
         POP     ACC        ;取原 BCD 数
         ANL     A,#0FH     ;屏蔽掉高 4 位
         ADD     A,B        ;个数与十位数相加
         POP     PSW
         POP     B          ;恢复现场
         RET
```

【例 2. 10】 二进制数转换为 BCD 码。将累加器 A 中的二进制数 0~FFH 内的任一数转换为 BCD 码(0~255)。BCD 码是每 4 位二进制数表示一位十进制数,本例所要求转换的最大 BCD 码为 255,表示成 BCD 码需要 12 位二进制数,超过了一个字节(8 位)。因此把高4 位存放在 B 的低 4 位,高 4 位清零,低 8 位存放在 A 中:

$$\underset{B}{0000} \quad \underset{A}{\underline{0010 \quad 0101 \quad 0101}}$$

转换的方法是将 A 中二进制数除以 100、10,所得商即为百、十位数,余数为个位数。汇编语言源程序清单如下:

```
;程序名:BINZBCD
;功能:二进制数转换为 BCD 码
;入口参数:要转换的二进制数存在累加器 A 中(0～FFH)
;出口参数:转换后的 BCD 码存放在 B(百位)和 A(十位和个位)中
BINZBCD:  PUSH    PSW
          MOV     B,#100
          DIV     AB              ;除法指令,A/B→商在 A 中,余数在 B 中
          PUSH    ACC             ;把商(百位数)暂存在堆栈中
          MOV     A,#10
          XCH     A,B             ;余数交换到 A 中,B=10
          DIV     AB              ;A/B→商(十位)在 A 中,余数在 B(个位)中
          SWAP    A               ;十位数移到高半字节
          ADD     A,B             ;十位数和个位数组合在一起
          POP     B               ;百位数存放到 B 中
          POP     PSW
          RET
```

2.2.3 算术运算类子程序

单片机指令系统中只提供了单字节二进制数的加、减、乘、除指令,多字节数和 BCD 码的四则运算则必须由用户自己编程实现。加减法相对比较简单,在指令的学习中已经涉及,这里提供一些简单乘除的算法子程序。

【例2.11】 双字节无符号数乘法。设被乘数存放在 R2、R3 寄存器中,乘数存放在 R6 R7 中,乘积存放在以 R0 内容为首地址的连续的 4 个单元内。设被乘数为 6,乘数为 5,乘法如下:

$$
\begin{array}{r}
1\ 1\ 0 \quad (b_2\ b_1\ b_0)\\
\times\quad 1\ 0\ 1 \quad (c_2\ c_1\ c_0)\\
\hline
1\ 1\ 0\\
0\ 0\ 0\\
+\quad 1\ 1\ 0\\
\hline
1\ 1\ 1\ 1\ 0
\end{array}
$$

把乘数($c=c_2c_1c_0=101$)的每一位分别与被乘数($b=b_2b_1b_0=110$)相乘,操作过程如下:

(1) 相乘的中间结果称为部分积,假设为 x、y(x 保存低位,y 保存高位),Cy=0,x=0,y=0。

(2) $c_0=1$,$x=x+b=b_2\ b_1\ b_0$。

(3) x,y 右移一位,Cy→x→y→Cy,把 x 的低位移入 y 中,x=0 $b_2\ b_1$,y=b_0。

(4) $c_1=0$,x=x+000。

（5）Cy→x→y→Cy，x＝00 b2，y＝b1 b0。

（6）c2＝1，x＝x＋b＝00 b2＋b2b1b0＝111，Cy＝0，y＝b1b0＝10。

（7）右移一次 Cy→x→y→Cy。

乘数的每一位都计算完毕，x 和 y 中的值合起来即为所求乘积。

由以上分析可见，3 位二进制乘法，部分积 x、y 均为 3 位寄存器即可，这种方法称为部分积右移计算方法。部分积右移算法归纳如下：

（1）将存放部分积的寄存器清 0，设置计数位数，用来表示乘数位数。

（2）从最低位开始，检验乘数的每一位是 0 还是 1。若该位是 1，部分积加上被乘数，若该位为 0，就跳过去不加。

（3）部分积右移 1 位。

（4）判断计数器是否为 0，若计数器不为 0，重复步骤（2），否则乘法完成。

部分积右移方法的程序流程图如图 2-6 所示。汇编语言源程序清单如下：

```
;程序名:DMUL
;功能:双字节无符号数乘法
;入口参数:被乘数存放在 R2 R3(R2 高位,R3 低位)寄存器中
;乘数存放在 R6 R7(R6 高位,R7 低位)中
;出口参数:乘积存放在 R4、R5、R6、R7 寄存器中(R4 为高位,R7 为低位)
DMUL: PUSH    ACC             ;保护现场
      PUSH    PSW
      MOV     R4,#0           ;部分积清 0
      MOV     R5,#0
      MOV     R0,#16          ;置计数器移位次数 16
      CLR     C               ;Cy＝0
NEXT: ACALL   RSHIFT          ;部分积右移一位,Cy→R4→R5→R6→R7→Cy
      JNC     NEXT1           ;判断乘数中相应的位是否为 0,若是,转移到 NEXT1
      MOV     A,R5            ;否则,部分积加上被乘数(双字节加法)
      ADD     A,R3
      MOV     R5,A
      MOV     A,R4
      ADDC    A,R2
      MOV     R4,A
NEXT1: DJNZ   R0,NEXT         ;移位次数是否为 0,若不为 0 转移到 NEXT
      ACALL   RSHIFT          ;部分积右移一位
      POP     PSW             ;恢复现场
      POP     ACC
      RET
```

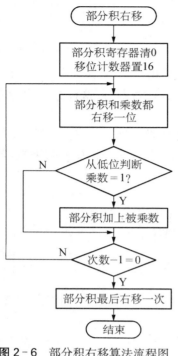

图 2-6 部分积右移算法流程图

```
;程序名:RSHIFT
;功能:部分积右移一位
;入口参数:部分积 R4、R5、R6、R7
;出口参数:Cy→R4→R5→R6→R7→Cy
RSHIFT:   MOV    A,R4
          RRC    A              ; Cy→R4→Cy
          MOV    R4,A
          MOV    A,R5
          RRC    A              ; Cy→R5→Cy
          MOV    R5,A
          MOV    A,R6
          RRC    A              ; Cy→R6→Cy
          MOV    R6,A
          MOV    A,R7
          RRC    A              ; Cy→R7→Cy
          MOV    R7,A
          RET
```

【例 2.12】 16 位/8 位无符号数除法。被除数存放在 R6、R5(R6 高 8 位,R5 低 8 位)中,除数存放在 R2,商存放在 R5 中,余数存放在 R6 中。与实现双字节乘法的部分积右移算法类似,双字节除法采用部分余数左移的算法。该算法仿照手算的思想编制,基本思想如下:

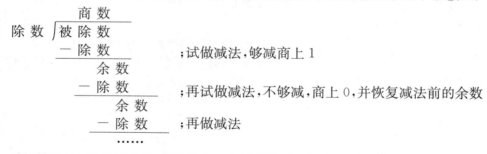

手工算法中,习惯将余数右移对齐。在计算机中,保留了手工算法的特点,但采用部分余数左移的方法,流程图如图 2-7 所示。汇编语言源程序清单如下:

```
;程序名:DDIV
;功能:16 位/8 位无符号数除法
;入口参数:被除数存放在 R6、R5(R6 高 8 位,R5 低 8 位)中,除数存放在 R2 中
;出口参数:商存放在 R5 中,余数存放在 R6 中
```

```
;占用资源:位地址单元07H作为标志位暂存单元
DDIV:   PUSH    PSW
        MOV     R7,#08H          ; R7为计数器初值寄存器,R7=08
DDIV1:  CLR     C                ; 清Cy
        MOV     A,R5             ; 部分余数左移一位(第一次为被除数移位)
        RLC     A                ; Cy←R5←R6←0
        MOV     R5,A
        MOV     A,R6
        RLC     A
        MOV     07H,C            ; 位地址单元07H用作标志位单元,存放中间结果
        CLR     C
        SUBB    A,R2             ; 高位余数一除数
        JB      07H,NEXT         ; 若标志位为1,则够减
        JNC     NEXT             ; 没有借位,也说明够减
        ADD     A,R2             ; 否则,不够减,恢复余数
        SJMP    NEXT1
NEXT:   INC     R5               ; 够减,商上1
NEXT1:  MOV     R6,A             ; 保存余数
        DJNZ    R7,DDIV1
        POP     PSW
        RET
```

2.2.4 工程数据处理技术程序

在控制系统中实现闭环控制,需测量系统的输出量,并与给定值比较。采集到的数据需要经过必要的处理后才能显示。所以在单片机小系统中必须进行数据排序、数字滤波、标度变换等,才能显示。

1. 排序处理程序

【例2.13】 查找无符号数据块中的最大值。内部RAM有一无符号数据块,工作寄存器R1指向数据块的首地址,其长度存放在工作寄存器R2中。求出数据块中最大值,并存入累加器A中。本题采用比较交换法求最大值。先使累加器A清0,然后把它和数据块中数逐一比较。累加器中的数比数据块中的某个数大则,比较下一个数,否则把数据块中的大数传送到A中,再比较下一个数,直到A与数据块中的每个数都比较完,此时A中便得到最大值。程序流程图如图2-8所示。汇编语言源程序清单为:

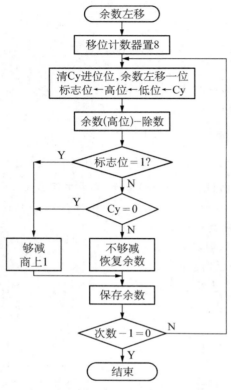

图 2-7 部分余数左移算法流程图

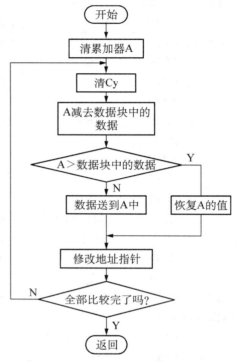

图 2-8 查找无符号数据块中的最大值
流程图

```
;程序名:FINDMAX
;功能:查找内部 RAM 中无符号数据块的最大值
;入口参数:R1 指向数据块的首地址,数据块长度存放在工作寄存器 R2 中
;出口参数:最大值存放在累加器 A 中
;占用资源:R1,R2,A,PSW
FINDMAX:   PUSH    PSW
           CLR     A              ;清 A 作为初始最大值
LP:        CLR     C              ;清进位位
           SUBB    A,@R1          ;最大值减去数据块中的数
           JNC     NEXT           ;小于最大值,继续
           MOV     A,@R1          ;大于最大值,则用此值作为最大值
           SJMP    NEXT1
NEXT:      ADD     A,@R1          ;恢复原最大值
```

```
NEXT1:  INC     R1          ;修改地址指针
        DJNZ    R2,LP
        POP     PSW
        RET
```

【例2.14】 片内RAM中数据块排序程序。内部RAM有一无符号数据块,工作寄存器R0指向数据块的首地址,其长度存放在工作寄存器R2中。将它们按照从小到大顺序排列。

数据排序的方法很多,常用的算法有插入排序法、快速排序法、选择排序法等,本例以冒泡排序法为例。

冒泡排序法是一种相邻数互换的排序方法,由于其过程类似水中的气泡上浮,故称为冒泡法。执行时从前向后比较相邻数,若数据的大小顺序与要求的顺序不符(逆序),就将这两个数交换,否则为正序,不互换。如果是升序排列,则通过这种相邻数互换的排序方法使小的数向前移,大的数向后移,如此从前向后冒泡一次,就会把最大的数换到最后,再冒泡一次,会把次大的数排到倒数第二的位置上。如此下去,直到排序完成。

若原始数据有顺序为50、38、7、13、58、44、78、22,第一次冒泡的过程是:

50,**38**,7,13,58,44,78,22(逆序,互换)
38,**50**,**7**,13,58,44,78,22(逆序,互换)
38,7,**50**,**13**,58,44,78,22(逆序,互换)
38,7,13,**50**,**58**,44,78,22(正序,不互换)
38,7,13,50,**58**,**44**,78,22(逆序,互换)
38,7,13,50,44,**58**,**78**,22(正序,不互换)
38,7,13,50,44,58,**78**,**22**(逆序,互换)
38,7,13,50,44,58,22,**78**(第一次冒泡结束)

各次冒泡的结果是:

第一次冒泡:38,7,13,50,44,58,22,78
第二次冒泡:7,13,38,44,50,22,58,78
第三次冒泡:7,13,38,44,22,50,58,78
第四次冒泡:7,13,38,22,44,50,58,78
第五次冒泡:7,13,22,38,44,50,58,78
第六次冒泡:7,13,22,38,44,50,58,78

可以看出,冒泡排序到第五次已实际完成。针对上述冒泡排序过程,有两个问题需要说明:

(1) 由于每次冒泡都是从前向后排定一个大数(假定按升序冒泡),因此之后的比较次数都递减1。如果有n个数排序,则第一次冒泡需比较(n−1)次,第二次冒泡则需(n−2)……,依此类推。但在实际编程时有时为了简化程序,往往把各次的比较次数都固定为

（n—1）。

（2）n个数排序,需(n—1)次冒泡才能完成排序。实际上并不需要这么多,比如在该例中,第五次排序时就完成了。判断排序是否完成的最简单方法是,看各次冒泡中有无互换发生。如果有数据互换,说明排序还没完,否则表明已排序好了。

流程图如图 2-9 所示。汇编语言源程序清单如下：

```
;程 序 名:BUBBLE
;功    能:片内 RAM 中数据块排序程序
;入口参数:R0 指向数据块的首地址,数据块长度存放在工作寄存器 R7 中
;出口参数:排序后数据仍存放在原来位置
;占用资源:A,PSW,F0,2BH,2AH,位单元 F0H 作为交换标志存放单元
```

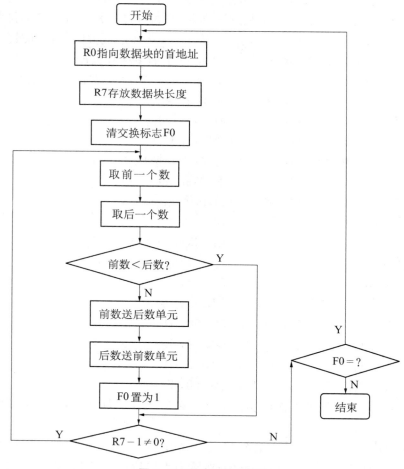

图 2-9 排序程序流程图

```
BUBBLE:  MOV    R0,#DATA      ; 置数据存储区首单元地址
         MOV    R7,#N         ; 置每次冒泡比较次数
         CLR    F0            ; 交换标志清 0
LOOP:    MOV    A,@R0         ; 取前数
         MOV    2BH,A         ; 存前数
         INC    R0            ; R0←R0+1
         MOV    2AH,@R0       ; 取后数
         CLR    C             ; Cy 清 0
         SUBB   A,@R0         ; 前数减后数
         JC     NEXT          ; Cy=1 表明前数＜后数,不互换
         MOV    @R0,2BH       ; Cy=0 前数≥后数,前数存入后数位置(存储单元)
         DEC    R0            ; R0←R0-1
         MOV    @R0,2AH       ; 后数存入前数位置(存储单元)
         INC    R0            ; 恢复 R0 值,准备下一次比较
         SETB   F0            ; 置交换标志
NEXT:    DJNZ   R7,LOOP       ; R7-1(0 返回,下一次比较)
         JB     F0,LOOP       ; F0=1 返回,下一轮冒泡
         RET                  ; F0=0,无交换,排序结束
```

2. 数字滤波技术程序

在实际工程控制中,一般进入微机控制系统前向通道中的信号常混有噪音和干扰信号,它们来自被测信号源的形成过程和传送过程。用混有干扰的信号作为控制信号,将引起系统误动作,危害极大。

干扰噪声分为周期性和随机性两大类。电路中加入 RC 低通滤波器可以抑制周期性的工频或高频干扰,能有效地消除其影响;对于低频周期性干扰和随机性干扰,硬件就无能为力,需用数字滤波技术解决该问题。所谓数字滤波,就是通过软件计算或判断来减少干扰在有用信号中的比重,达到减弱或消除干扰的目的。数字滤波是用程序实现的,不需要增加硬件投入,成本低、可靠性高、稳定性好,还可以根据不同的干扰情况,随时修改滤波程序和滤波方法,具有很强的灵活性。

数字滤波技术主要采用中值滤波法、算术平均值滤波法、防脉冲干扰平均值滤波法等。这些数字滤波方法各有特点,在选用时,除考虑滤波效果外,还应考虑滤波速度,也可根据实际情况组合使用,要灵活处理,最重要的是经得起实践检验。

【例 2.15】　中值滤波法。中值滤波是对某一参数连续采样 n 次,然后把 n 次的采样值从小到大或从大到小排列,再取中间值作为本次采样值。该算法的采样次数常为 3 次或 5 次。对于变化很慢的参数可增加采样次数。

设已采样 3 次,采样的值分别存放在 R1、R2、R3 中,程序运行后,将 3 次采样值从小到

大排列,中值存放在 R0 中。其程序流程图如图 2－10 所示。汇编语言源程序清单如下:

```
;程  序  名:ZCX
;功       能:连续采样3次,取中间值
;入口参数:3次采样的值分别存放在 R1、R2、R3 中
;出口参数:排序后数据中间值存放在 R0 位置
;占用资源:A,PSW
ZCX:    PUSH    PSW         ;堆栈保护 PSW、A
        PUSH    ACC
        MOV     A,R1        ;R1<R2?
        CLR     C
        SUBB    A,R2
        JC      FILT1
        MOV     A,R1        ;R1>R2,交换 R1 和 R2 的内容
        XCH     A,R2
        MOV     R1,A        ;小采样值在 R1
FILT1:  MOV     A,R2        ;R2<R3?
        CLR     C
        SUBB    A,R3
        JC      FILT3
        MOV     A,R2        ;R2>R3,交换 R2 和 R3 的内容
        XCH     A,R3
        MOV     R2,A
        CLR     C
        SUBB    A,R1
        JC      FILT4
        MOV     A,R2
        MOV     R0,A
FILT2:  POP     ACC
        POP     PSW
        RET
FILT3:  MOV     A,R1
        MOV     R0,A
        AJMP    FILT2
FILT4:  MOV     A,R2
        MOV     R0,A
        AJMP    FILT2
```

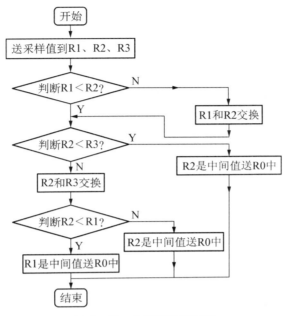

图 2-10 中值滤波流程图

注意,采样在 5 次以上时,排序复杂,可采用常规的排序算法,如冒泡算法。

中值滤波法可以有效去除偶然因素引起的波动或采样器不稳定而造成的脉动干扰。此法适用于变量变化比较缓慢的情况,快速变化过程的参数不宜采用。

【例 2.16】 算术平均值滤波法。算术平均值滤波法的原理是,对连续采样的 n 个数据 $x_i(i=1, 2, \cdots, n)$,找到一个算术平均值 y_k,使 y_k 与各个采样值之差最小。算术平均值的计算公式为

$$y_k = \frac{1}{n} \sum_{i=1}^{n} x_i 。$$

设本例中采样次数为 8 次,采集到的数据已依次存放在 40H～47H 单元中,平均值求出后,存放到 50H 单元。汇编语言源程序清单如下:

```
;程 序 名:SSPJZFILT
;功    能:算术平均值滤波
;入口参数:8 次采样的值分别存放 40H～47H 单元中
;出口参数:测量值存放在 50H 单元中
;占用资源:A, PSW, R0, R1, R2, R3, R4, R5, R6

SSPJZFILT:  CLR    C
```

```
            CLR     A
            MOV     R5,A
            MOV     R6,A
            MOV     R4,#08H
            MOV     R0,#40H        ;设置存放采样数据的首地址
FILT1:      MOV     A,@R0          ;取第一个采样值
            ADDC    A,R5           ;采样值相加
            MOV     R5,A           ;保存和的低 8 位在 R5 中
            CLR     A
            ADDC    A,R6
            MOV     R6,A           ;保存和的高 8 位在 R6 中
            CLR     C
            INC     R0
            DJNZ    R4,FILT1       ;8 次是否已到,未到继续
            MOV     R2,#08H
            LCALL   DDIV           ;16 位 / 8 位无符号数除法子程序
            MOV     50H,R5         ;求得的平均值送 50H 中
            RET
```

;16 位 / 8 位无符号数除法子程序,参考例 2.12。

注意,算术平均值滤波法实际是将干扰影响程度平摊到每个测量值中,使平均值受干扰影响的程度降低到原来的 1/n。因此,采样次数 n 就决定了抗干扰的程度,n 越大,抗干扰效果越好。但 n 太大,系统的灵敏度降低,调节过程变慢。一般 n 取 8～16,对动态过程要求不高时,n 还可取得更大。算术平均值滤波法对周期性干扰有较好的抑制作用,但对脉冲性干扰作用不大。

该方法虽然能抑制周期性干扰,但在每计算一次 y_k 值时,必须采样 n 次。由于 A/D 转换速度较慢,采样次数越多,处理用时就越多,系统的实时性就越差。为了解决这个问题,可以将采样后的数据按采样时刻的先后顺序存放到 RAM 中,在每次计算前先顺序移动数据,将队列前最先采样的数据移出,然后将最新采样的数据补充到队列的尾部,以保证数据缓冲区中总有 n 个数据。并且数据仍按采样的先后顺序排列,这时计算队列中各数据的算术平均值就是测量值 y_k。这样实现了每采样一次,就计算一个 y_k,这种方法称为移动平均滤波法。请读者参照算术平均值滤波法自行设计程序。

【例 2.17】 防脉冲干扰平均值滤波法。在一些控制应用中,现场的强电设备较多,不可避免地会产生尖脉冲干扰(如强电设备的启动和停车)。这种干扰是随机性的,一般持续时间短,峰值较大,所以在采样时得到的受干扰数据会与其他数据有明显的区别。如果采用算术平均值和移动平均滤波法,尽管对其进行了 1/n 处理,但其剩余值仍然较大。这时最好的

办法是将受干扰的信号数据去掉。

防脉冲干扰平均值滤波就是,连续采集 N 次后累加求和,同时找出其中的最大值和最小值,再从累加和中减去最大值和最小值,按 N－2 个采样值求平均,即得有效采样值。

设连续进行 4 次数据采集,去掉其中的最大值和最小值,然后求剩下两个数据的平均值。R2、R3 中存放最大值,R4、R5 中存放最小值,R6、R7 中存放累加和及结果。程序流程框图如图 2－11 所示。汇编语言源程序清单如下:

```
;程 序 名:FMCGRFILT
;功    能:防脉冲干扰平均值滤波
;入口参数:采样的值分别存放在 A、B 单元中,R2、R3 中存放最大值,R4、R5 中存放最小值
;出口参数:R6、R7 中存放累加和及结果
;占用资源:A,B,PSW,R0,R2,R3,R5,R6,R7
```

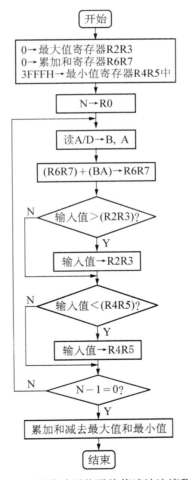

图 2－11 防脉冲干扰平均值滤波法流程框图

FMCGRFILT:	CLR	A	
	MOV	R2, A	
	MOV	R3, A	
	MOV	R6, A	
	MOV	R7, A	
	MOV	R4, ♯3FH	
	MOV	R5, ♯0FFH	
	MOV	R0, ♯04H	; 采样次数
DAV1:	LCALL	RDXP	; 读 A/D→B, A(调采样子程序)
	MOV	R1, A	; 采样值低位存 R1, 高位存 B
	ADD	A, R7	
	MOV	R7, A	; 低位加到 R7
	MOV	A, B	
	ADDC	A, R6	
	MOV	R6, A	; 高位加到 R6
	CLR	C	
	MOV	A, R3	
	SUBB	A, R1	
	MOV	A, R2	
	SUBB	A, B	
	JNC	DAV2	; 输入值大于(R2、R3)否
	MOV	A, R1	
	MOV	R3, A	
	MOV	R2, B	; 输入值送 R2、R3
DAV2:	CLR	C	
	MOV	A, R1	
	SUBB	A, R5	
	MOV	A, B	
	SUBB	A, R4	
	JNC	DAV3	; 输入值小于(R4、R5)否
	MOV	A, R1	
	MOV	R5, A	; 输入值送(R4、R5)
	MOV	R4, B	
DAV3:	DJNZ	R0, DAV1	; 采样次数到否
	CLR	C	
	MOV	A, R7	; N个采样值减去最大值和最小值

```
        SUBB      A,R3
        XCH       A,R6
        SUBB      A,R2
        XCH       A,R6
        SUBB      A,R5
        XCH       A,R6
        SUBB      A,R4
        CLR       C            ;剩下数据求平均值
        RRC       A
        XCH       A,R6
        RRC       A
        MOV       R7,A
        RET
```

【例 2.18】　一阶滞后滤波法。在模拟量输入通道中,常用模拟电路 RC 低通滤波器来抑制低频干扰。在工作过程中常需要滤波器有大的时间常数和高精度的 RC 网络,但时间常数 T 越大,要求 R、C 值越大,这就必然加大漏电流,使 RC 网络的精度降低。用一阶滞后的数字滤波程序替代,能克服这种模拟滤波器的缺点。一阶滞后滤波算法为

$$y_k = Kx_k + (1-K)y_{k-1},$$

式中,y_k 为滤波后的输出值;x_k 为未经滤波的第 n 次采样值;y_{k-1} 为上一次滤波后的输出值;$K = \dfrac{1}{1 + \dfrac{T_f}{T}}$,$K < 1$;T 为采样周期;$T_f$ 为滤波时间常数。汇编语言源程序清单如下:

```
;程  序  名:FILTER
;功     能:抑制低频干扰
;入口参数:采样值 xk 存放在 R3R2 单元中,上一次滤波后的输出值 yk-1 存放在 R5R4 单元
  中,K 值存放在 A 中
;出口参数:滤波后的输出值 yk 中存放 R5R4
;占用资源:A,B,PSW,R0,R1,R2,R3,R4,R5,R6,R7

FILTER: CLR   C
        MOV   R0,A            ;暂存 K
        MOV   B,R3            ;计算 K×xk
        MUL   AB              ;K 乘 xk 的高位字节
        MOV   R3,B
```

```
        MOV      B, R2
        MOV      R2, A
        MOV      A, R0
        MUL      AB              ; K 乘 x_k 的低位字节
        MOV      R1, A
        MOV      A, B
        ADD      A, R2
        MOV      R2, A           ; 结果存入到 R3R2R1、R1 存小数
        JNC      FILT1
        INC      R3
FILT1:  MOV      A, R0           ; 开始计算(1-K)×y_{k-1}
        CPL      A               ; 求(1-K)
        MOV      B, R5
        MUL      AB              ; (1-K)×y_{k-1} 的高位字节
        MOV      R7, B
        MOV      R6, A
        MOV      A, R0
        CPL      A               ; 求(1-K)
        MOV      B, R4
        MUL      AB              ; (1-K)×y_{k-1} 的低位字节
        ADD      A, R1           ; 小数相加
        MOV      A, B
        ADDC     A, R6           ; 加小数进位,舍去小数
        MOV      R6, A
        JNC      FILT2
        INC      R7
FILT2:  LCALL    NADD            ; (R3R2)+(R7R6)=(R5R4)
        MOV      A, R0           ; 还原 A
        RET
NADD:   MOV      A, R2
        ADD      A, R6
        MOV      R4, A
        MOV      A, R3
        ADDC     A, R7
        MOV      R5, A
        RET
```

注意：一阶滞后滤波法会使有用信号产生相位滞后，滞后的程度取决于 K 的大小。另外它不能滤除频率高于采样频率 1/2 的干扰信号。例如采样频率为 200 Hz，则不能滤除 100 Hz 以上的干扰信号。

2.2.5　软件抗干扰技术程序设计

随着工业自动化程度的提高和数字化、智能化仪器仪表的广泛采用，单片机系统的应用越来越广泛和深入，为提高生产效率、改善工作条件、提高控制质量与经济效益起到了很大的作用。但一些单片机及计算机应用控制系统的工作环境比较恶劣和复杂，其应用的可靠性和安全性成为一个非常突出的问题。系统必须适应现场环境才能正常运行，否则不能长期稳定可靠地运行，经常发生故障，轻则影响产品质量和产量，重则导致生产事故，造成重大经济损失。

干扰可通过各种途径侵入到单片机控制应用系统中，可以以场的形式（如高压电、大电流、电火花等）从空中侵入，电网中各种浪涌电压入侵，系统的接地装置不良或不合理等，都是引入干扰的重要途径。

干扰对单片机控制应用系统影响可以分为 3 个部分，前向通道、CPU 内核和后向通道。对前向通道中的干扰会使输入的模拟信号失真，数字信号出错。这部分的抗干扰，硬件方面采用光电隔离、硬件滤波电路等措施，在软件方面采用前面所讲的数字滤波技术。

对 CPU 内核三总线上的干扰会使数字信号错乱，CPU 得到错误的地址信号，引起程序失控、乱飞或死循环，使后向通道的输出控制信号混乱，不能正常反映控制系统的真实输出，导致一系列严重后果。

1. 指令冗余技术

MCS-51 单片机的所有指令均不超过 3 个字节，且单字节最多。CPU 读取指令的过程是先取操作码，后取操作数。如何区别某个数是操作码还是操作数，完全由取指令顺序决定。一条完整指令执行完后，紧接着取下一条指令的操作码、操作数。这些操作时序完全由程序计数器 PC 控制。因此，一旦 PC 受到干扰，程序便脱离正常运行轨道，出现乱飞。当程序恰巧飞到某个单字节指令时，可以继续运行。当飞到双字节或三字节指令的操作数上时，程序紊乱。因此，为了使乱飞的程序在程序区迅速纳入正轨，应该多用单字节指令，并在关键地方人为地插入一些单字节指令 NOP，或将有效单字节指令重写，称为指令冗余。

具体的用法是在双字节和三字节指令之后插入两个 NOP 指令，这样可以保证其后的指令不被拆散。对程序流向起决定作用的指令（如 RET、RETI、ACALL、LJMP、JZ、JNZ、JC、JNC、DJNZ）和某些对系统工作状态起重要作用的指令（如 SETB、EA 等）之前插入两条 NOP 指令，均可使乱飞程序迅速恢复正常，确保这些重要指令正确执行。

2. 软件陷阱技术

指令冗余使乱飞的程序安定下来是有条件的，首先乱飞的程序必须落到程序区，其次必须执行到冗余指令。当乱飞的程序落到非程序区（如 EPROM 中未使用的空间、程序中的数据表格区）时前一个条件即不满足；乱飞的程序在没有碰到冗余指令之前，已经形成一个死循环，这时第二个条件也不满足。对付前一种情况采取的措施就是设立软件陷阱，对于后一

种情况采取的措施是建立程序运行监视系统（WatchDog）。

所谓软件陷阱，就是一条引导指令，强行将捕获的程序引向程序出错处理程序。如果把这段程序的入口标号称为 ERR，软件陷阱即为一条 LJMP ERR 指令。为加强其捕捉效果，一般还在它前面加两条 NOP 指令，因此，真正的软件陷阱由 3 条指令构成：

```
NOP
NOP
LJIMP ERR
```

软件陷阱设置的位置可以安排在下列 4 种地方。

（1）未使用的中断向量区　　当干扰使未使用的中断开放，并激活这些中断时，就会进一步引起混乱。在这些地方布上陷阱，就能及时捕捉到错误中断。

假设一个系统使用了 3 个中断，即 INT0、T0 和串行口，3 个中断的服务程序分别为 PZINT0、PZT0、PZTIRI，则可以按如下方法设置软件陷阱：

		ORG	0000H	
0000	START:	LJMP	MAIN	; 主程序入口
0003		LJMP	PZINT0	; 中断 INT0 服务程序 PZINT0 入口
0006		NOP		; 冗余指令
0007		NOP		
0008		LJMP	ERR	; 软件陷阱
000B		LJMP	PZT0	; 定时器 T0 服务程序 PZT0 入口
000E		NOP		; 冗余指令
000F		NOP		
0010		LJMP	ERR	; 软件陷阱
0013		LJMP	ERR	; 中断 INT1 未使用，设置软件陷阱
0016		NOP		; 冗余指令
0017		NOP		
0018		LJMP	ERR	; 软件陷阱
001B		LJMP	ERR	; 定时器 T1 未使用，设置软件陷阱
001E		NOP		; 冗余指令
001F		NOP		
0020		LJMP	ERR	; 软件陷阱
0023		LJMP	PZTIRI	; 串行口中断服务程序 PZTIRI 入口
0026		NOP		; 冗余指令
0027		NOP		
0028		LJMP	ERR	; 软件陷阱

```
002B                LJMP    ERR         ;定时器 T2 未使用,设置软件陷阱
002E                NOP                 ;冗余指令
002F                NOP
```

（2）未使用的大片 ROM 空间　现在使用 EPROM 都很少将其全部用完。剩余的大片未编程的 ROM 空间,一般均维持原状（0FFH）。对于指令系统,0FFH 是一条单字节指令"MOV R7,A",程序弹飞到这一区域后将顺序而下,不再跳跃（除非受到新的干扰）。只要每隔一段设置一个陷阱,就一定能捕捉到乱飞的程序。软件陷阱一定要指向出错处理过程 ERR。可以将 ERR 字排在 0030H 开始的地方,不管怎样修改程序,编译后 ERR 的地址总是固定的（因为它前面的中断向量区是固定的）。这样就可以用 00 00 02 00 30 这 5 个字节作为陷阱来填充 ROM 中的未使用空间,或者每隔一段设置一个陷阱（02 00 30）,其他单元保持 0FFH 不变。

（3）表格　有两类表格,一类是数据表格,供"MOVC A,@A＋PC"指令或"MOVC A,@A＋DPTR"指令使用,其内容完全不是指令。另一类是散转表格,供"JMP @A＋DPTR"指令使用,其内容为一系列的三字节指令 LJMP 或两字节指令 AJMP。由于表格内容和检索值有一一对应关系,在表格中间安排陷阱将会破坏其连续性和对应关系,只能在表格的最后安排 5 字节陷阱（NOP、NOP、LJMP、ERR）。由于表格一般较大,安排在最后的陷阱不能保证一定捕捉乱飞的程序,因此有可能再次跑飞。

（4）程序区　程序区由一串串执行指令构成,在这些指令串之间常有一些断裂点。正常执行的程序到此便不会继续往下执行了,这类指令有 JMP、RET 等。这时 PC 的值应发生正常跳变。如果还要顺次往下执行,必然出错。当然,乱飞来的程序刚好落到断裂点的操作数上或落到前面指令的操作数上（又没有在这条指令之前使用冗余指令）,则程序就会越过断裂点,继续执行。在这种地方安排陷阱,就能有效地捕捉住它,而又不影响正常执行的程序流程。例如,

```
        AJMP    ABC
        NOP
        NOP
        LJMP ERR
        ...
ABC:    MOV A,R2
        RET
        NOP
        NOP
        LJMP ERR
ERR:    ...
```

由于软件陷阱都安排在程序正常执行不到的地方,故不会影响程序执行效率。

3. 软件看门狗

如果跑飞的程序落到一个临时构成的死循环中,冗余指令和软件陷阱都无法解决,这时可以采用人工复位的方法使系统恢复正常。实际上可以设计一种模仿人工监测的程序运行监视器,俗称看门狗(WatchDog)。

看门狗有如下特征:

(1) 本身能独立工作,基本上不依赖 CPU。CPU 只在一个固定的时间间隔内与之打一次交道,表明整个系统"目前尚属正常"。

(2) 当 CPU 落入死循环时,能及时发现并使整个系统复位。目前很多单片机如AT89S52 内部已经集成了片内的硬件看门狗电路,使用起来更为方便。也可以用软件程序实现看门狗。

看门狗软件完成的功能是:一旦程序跑飞,便不能喂狗,定时器 T0 溢出,进入中断矢量地址 000BH,执行"LJMP TOP"指令,进入空弹程序 TOP。执行完 TOP 程序后,将 0000H送入 PC,实现软件复位。

采用软件看门狗有一个弱点,就是如果乱飞的程序使某些操作数变形成为了修改 T0 功能的指令,则执行这种指令后软件看门狗就会失效。因此软件看门狗的可靠性不如硬件高。

【例 2.19】 软件看门狗程序。将 T0 的溢出中断设为高级中断,其他中断均设置为低级中断。若采用 6 MHz 的时钟,则可用以下程序,使 T0 定时约 10 ms 来实现软件看门狗:

```
MOV      TMOD,  ＃01H        ;置 T0 为 16 位定时器
SETB     ET0                 ;允许 T0 中断
SETB     PT0                 ;设置 T0 为高级中断
MOV      TH0,   ＃0B1H       ;定时约 10 ms
MOV      TL0,   ＃0E0H
SETB     TR0                 ;启动 T0
SETB     EA                  ;开中断
```

软件看门狗启动后,系统工作程序必须每隔不到 10 ms 的时间执行一次"MOV TH0,＃0B1H"指令,重新设置 T0 的计数初值。如果程序乱飞后执行不到这条指令,则在 10 ms 之内即会产生一次 T0 溢出中断。在 T0 的中断向量区安放一条转移到出错处理程序的指令"LJMP ERR",由出错处理程序来处理各种善后工作。

看门狗程序包括模拟主程序、喂狗程序和空弹返回 0000H(TOP)程序。汇编语言源程序清单如下:

```
ORG      0000H
LJMP     MAIN
ORG      000BH
```

```
            LJMP    TOP
            ORG     0030H
MAIN: MOV   SP,#60H
      MOV   PSW,#00H        ;模拟硬件复位,可根据系统对资源使用情况增减
      MOV   SCON,#00H
      ...
      MOV   IE,#00H
      MOV   IP,#00H
      MOV   TMOD,#01H
      LCALL DOG             ;调用喂狗程序的时间间隔应小于定时器时间

      ...
DOG:  MOV   TH0,#0B1H       ;定时约 10 ms
      MOV   TL0,#0E0H
      SETB  TR0
      RET
TOP:  POP   ACC             ;空弹断点地址
      POP   ACC
      CLR   A
      PUSH  ACC             ;将返回地址换成0000H,实现软件复位
      PUSH  ACC
      RETI
```

4. 软件设计的其他注意事项

(1) 尽量采用单字节指令,以减少因干扰而使程序乱飞的可能性。

(2) 慎用堆栈。从抗干扰的角度来说,栈区的设置应远离程序区、数据区,最好单独设置,避免影响程序的其他部分。

(3) 屏蔽中断是受 CPU 内部中断允许控制寄存器控制的中断。不可屏蔽的中断则不受 CPU 内部中断允许寄存器控制。当系统受到干扰时,很可能使中断允许控制器失效,从而使中断关闭。因此,看门狗发出的故障信号应接到复位信号 Reset 端。

(4) 对系统中采用的可编程 I/O 芯片,原则上在上电启动后初始化一次即可,但工作模式控制字可能因干扰等原因而受到破坏,使系统输入/输出状态发生混乱。因此,在实际应用中,每次用到这种接口时,都要对有关功能重新设定一次,以确保接口正常工作。

任务3 实训项目与演练

知识要点：

Wave 或 Keil 仿真环境。

能力训练：

通过实训，掌握工程程序编写和调试技巧，锻炼分析问题、解决问题的能力，以及再学习能力。

任务内容：

学会观察各个片内 RAM 存储单元的变化情况，以及将源程序汇编后形成的机器码的变化情况。掌握修改完善程序的方法。

实训3 数据的搬移和变换

1. 建立一个工程，加入以下程序：

```
        ORG    0000H        ; 起始地址伪指令
        LJMP   START        ; 跳转到程序代码区
        ORG    0030H        ; 伪指令，指定程序代码区存储地址
START:  MOV    R2, #32H      ; 变换的数据存放到片内 RAM 的地址 R2 中
        MOV    A, R2        ; 将变换的数据交换到 A 中
        SWAP   A           ; A 中的数据高低 4 位互换
        ANL    A, #0FH      ; 屏蔽变换数据的低 4 位
        MOV    B, #0AH
        MUL    AB          ; 将变换数据的高 4 位乘10
        MOV    R3, A        ; 保存
        MOV    A, R2        ; 取变换数据到 A 中
        ANL    A, #0FH      ; 屏蔽变换数据的高 4 位
        ADD    A, R3        ; 变换数据的高低 4 位相加
        MOV    20H, A       ; 变换后的数据保存到片内 RAM 的地址 20H 中
        SJMP   $           ; 原地踏步
        END                ; 程序结束伪指令
```

（1）汇编、连接、生成可执行文件。利用单步、执行到光标处两种方法运行程序。

（2）观察结果，分析程序，说明功能。

（3）修改程序，完成相应的反向转换。

2．建立一个工程，加入以下程序：

```
            ORG     0000H           ; 起始地址伪指令
            LJMP    START           ; 跳转到程序代码区
            ORG     0030H           ; 伪指令，指定程序代码区存储地址
    TABLE:  DB      "HELLO"         ; 数据代码段，段地址用 TABLE 标示
    START:  MOV     R0,#30H         ; 数据变换后存储段开始地址
            MOV     R1,#00H         ; 计数，变换 5 次，同时给 A 提供偏移增量
                                    ; 向后查找数据
            MOV     DPTR,#TABLE     ; DPTR 指向数据代码段
    LOOP:   MOV     A,R1            ; 给 A 指示偏移增量
            MOVC    A,@A+DPTR       ; 查表，取出数据
            SWAP    A               ; 高低 4 位互换
            MOV     @R0,A           ; 把交换的数据保存
            INC     R0              ; 修改保存代码数据地址
            INC     R1              ; 增加计数，同时修改偏移量
            CJNE    R1,#05H,LOOP    ; 判断是否满 5 次循环
            SJMP    $               ; 原地踏步
            END                     ; 程序结束伪指令
```

（1）汇编、连接、生成可执行文件。利用单步、执行到光标处两种方法运行程序。

（2）观察结果，分析程序，在程序代码区找到"HELLO"，看数据是怎样存放的，在什么位置。

（3）用"MOVC　A,@A+DPTA"设置断点，然后执行 STEP 依次观察下边的 3 条指令。先看执行这条指令 A 中的数据变成了什么。

执行"SWAP　A"，观察 A 中数据发生了什么变化，并和变换前对比。

执行"MOV　@R0，A"，看这条指令把数据放到了什么位置。

（4）程序执行完毕后，查看 30H 开始的连续的 5 个位置单元存放的数据。

（5）重新修改程序，将在原来位置存放的"HELLO"变换位置。

3．将任务 2 中的单片机实用程序进行仿真调试分析

（1）选择其中的延时程序，通过输入程序、建立工程项目、汇编、连接、生成可执行文件。利用单步、执行到光标处两种方法运行程序后，观察时间和延时时间的调试。延时子程序的延时时间除与设计程序有关外，还与单片机振荡频率有关。

（2）选择其中的算术运算子程序，通过输入程序、建立工程项目、汇编、连接、生成可执行文件。利用单步、执行到光标处两种方法运行程序后，观察数据的变化和演算过程，以及结果和保存的位置。

（3）选择其中的工程数据处理技术程序设计子程序，通过输入程序、建立工程项目、汇编、连接、生成可执行文件。利用单步、执行到光标处两种方法运行程序后，观察数据入口出口的存储位置，以及数据结果的演变和保存。

习　　题

1. 常用程序结构有哪几种？有什么特点？

2. 编写程序，将片内 RAM 的 R0～R7 内容传送到 20H～27H 单元。

3. 编写程序，实现两个 16 位数的减法：6F5DH－13B4H，结果存入片内 RAM 的 30H 和 31H 单元，30H 存差的低 8 位。

4. 编写子程序，将 R1 中两个十六进制数转换成 ASCII 码后存放到 R3 和 R4 中。

5. 编写程序，查找在片内 RAM 中的 20H～50H 单元中是否有 0AAH 这一数据。若有，则 51H 单元置为 01H；若未找到，则 51H 单元中置为 00H。

6. 片外 RAM 中有一个数据块，存有若干字符、数字，首地址为 SOURCE。要求将数据块传送到片内 RAM 以 DIST 开始的区域，直到遇到字符"＄"时结束（"＄"也要传送，它的 ASCII 码为 24H）。

7. 已知 30H 和 31H 中存有一个 16 位的二进制数，高位在前，低位在后。编写程序将其乘 2，并存回原处。

8. 内存中有两个 4 B 以压缩 BCD 码形式存放的十进制数，一个存放在 30H～33H 的单元中，一个存放在 40H～43H 的单元中。编写程序求它们的和，结果存放在 30H～33H 的单元中。

9. 编写程序，将片外 RAM 的 3000H 开始的 20 B 的数据传送到片内 RAM 的 30H 开始的单元中去。

10. 若 AT89S52 的晶振频率为 6 MHz，试计算以下延时子程序的延时时间。

```
TIME1S: MOV   R7, ♯0F7H
   TL2:  MOV   R6, ♯0FAH
   TL1:  DJNZ  R6, $
         DJNZ  R7, TL2
         RET
```

项目 ③

【 单 片 机 工 程 应 用 技 术 】

流水灯控制的 C 语言程序设计

项目任务

学习用 C 语言设计程序,利用单片机最小系统实现 LED 的控制。

项目要求

(1) 掌握单片机 C 语言程序设计的基本语法和常用编程技巧。

(2) 在 Keil μVision3 中设计和编译单片机的 C 语言程序。

(3) 应用单片机最小系统控制 LED,实现流水灯的控制。

项目导读

(1) 单片机 C 语言程序的基本构成。

(2) 工具软件 Keil 的使用。

(3) 键控双向流水灯设计。

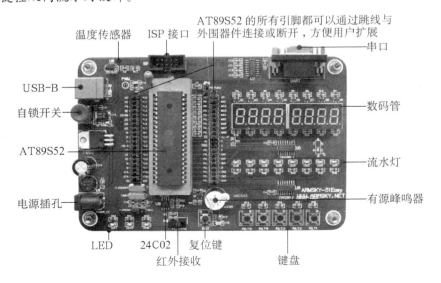

任务1　单片机C语言的基本构成

知识要点：
　　单片机C语言编程的基本方法。
能力训练：
　　通过简单的C语言实例，掌握单片机C语言程序编程的技巧。
任务内容：
　　掌握C语言的特点，熟练利用C语言对单片机控制系统进行编程、编译和调试。

3.1.1　C语言和汇编语言的区别

汇编语言的优点是比较灵活，效率很高，但是用汇编语言编写单片机应用程序的周期往往较长，而且调试和排错也比较困难，程序可读性较差，对产品的移植、升级不太有利。

随着单片机技术的不断发展，采用C语言编程已经被更多的工程师和单片机爱好者所喜爱。C语言是一种结构化高级程序设计语言，它层次清晰，便于以模块化方式组织程序，易于调试和维护，使用方便、灵活。C语言既具有一般高级语言的特点，又能直接操作计算机的硬件，具有低级语言的优势。C语言有功能丰富的库函数，运算速度快，编译效率高，它可以用于系统软件的开发，也适用于应用软件的开发。而且采用C语言设计单片机程序时不必对单片机和硬件接口的结构有很深入的了解，程序开发人员可以专注于应用软件部分的设计，大大加快了软件的开发速度。但是这并不能说明程序设计人员可以放弃汇编语言，很多实时系统都采用C语言和汇编语言联合开发的手段，在一些时间上要求比较严格的程序，还是应该采用汇编语言。

针对单片机的C语言编程，一般称为C51。C51语言的编译器很多，目前使用最为广泛的编译器是德国Keil公司的Keil C51编译器，已嵌入到了Keil μVision集成开发环境中。

3.1.2　C程序介绍

如图3-1所示，使用AT89S52单片机作为主芯片，除必要的复位电路和晶振电路以外，在AT89S52的P1.0引脚上接一个LED，我们的任务是让接在P1.0引脚上的LED按要求发光。

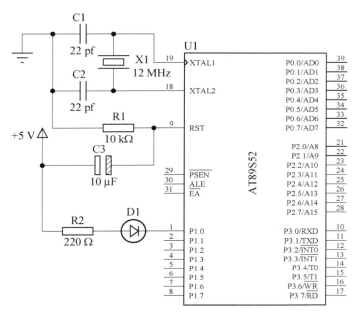

图 3-1 简单的 C 程序实现电路

【例3.1】 让接在 P1.0 引脚上的 LED 发光。C 语言源程序清单如下：

```
//---------------------------------------------------------------
//名称:dddl.c
//作用:使 P1.0 引脚上的 LED D1 点亮
//---------------------------------------------------------------
#include "reg52.h"
sbit P1_0=P1^0;
void main()
{    P1_0=0;
}
```

1. 文件包含处理

程序的第一行是一个文件包含处理。所谓文件包含是指一个文件将另外一个文件的内容全部包含进来，所以这里的程序虽然只有 4 行，但编译器在处理的时候却要处理几十或几百行。程序中包含 reg52.h 文件的目的是为了使用 P1 这个符号，即通知编译器，程序中所写的 P1 是指 AT89S52 单片机的 P1 端口而不是其他变量。打开 reg52.h 可以看到如下内容：

```
/* ------------------------------------------------------
REG52.H
------------------------------------------------------ */

#ifndef __REG52_H__
#define __REG52_H__

/* BYTE Registers */
sfr P0        =0x80;
sfr P1        =0x90;
sfr P2        =0xA0;
sfr P3        =0xB0;
sfr PSW       =0xD0;
sfr ACC       =0xE0;
sfr B         =0xF0;
sfr SP        =0x81;
sfr DPL       =0x82;
sfr DPH       =0x83;
sfr PCON      =0x87;
sfr TCON      =0x88;
sfr TMOD      =0x89;
sfr TL0       =0x8A;
sfr TL1       =0x8B;
sfr TH0       =0x8C;
sfr TH1       =0x8D;
sfr IE        =0xA8;
sfr IP        =0xB8;
sfr SCON      =0x98;
sfr SBUF      =0x99;

/* 8052 Extensions */
sfr T2CON     =0xC8;
sfr RCAP2L    =0xCA;
sfr RCAP2H    =0xCB;
sfr TL2       =0xCC;
sfr TH2       =0xCD;
```

```
/* BIT Registers */
/* PSW */
sbit CY        =PSW^7;
sbit AC        =PSW^6;
sbit F0        =PSW^5;
sbit RS1       =PSW^4;
sbit RS0       =PSW^3;
sbit OV        =PSW^2;
sbit P         =PSW^0;//8052 only


/* TCON */
sbit TF1       =TCON^7;
sbit TR1       =TCON^6;
sbit TF0       =TCON^5;
sbit TR0       =TCON^4;
sbit IE1       =TCON^3;
sbit IT1       =TCON^2;
sbit IE0       =TCON^1;
sbit IT0       =TCON^0;


/* IE */
sbit EA        =IE^7;
sbit ET2       =IE^5;//8052 only
sbit ES        =IE^4;
sbit ET1       =IE^3;
sbit EX1       =IE^2;
sbit ET0       =IE^1;
sbit EX0       =IE^0;


/* IP */
sbit PT2       =IP^5;
sbit PS        =IP^4;
sbit PT1       =IP^3;
sbit PX1       =IP^2;
sbit PT0       =IP^1;
sbit PX0       =IP^0;
```

```
/* P3 */
sbit RD          =P3^7;
sbit WR          =P3^6;
sbit T1          =P3^5;
sbit T0          =P3^4;
sbit INT1        =P3^3;
sbit INT0        =P3^2;
sbit TXD         =P3^1;
sbit RXD         =P3^0;

/* SCON */
sbit SM0         =SCON^7;
sbit SM1         =SCON^6;
sbit SM2         =SCON^5;
sbit REN         =SCON^4;
sbit TB8         =SCON^3;
sbit RB8         =SCON^2;
sbit TI          =SCON^1;
sbit RI          =SCON^0;

/* P1 */
sbit T2EX        =P1^1;//8052 only
sbit T2          =P1^0;//8052 only

/* T2CON */
sbit TF2         =T2CON^7;
sbit EXF2        =T2CON^6;
sbit RCLK        =T2CON^5;
sbit TCLK        =T2CON^4;
sbit EXEN2       =T2CON^3;
sbit TR2         =T2CON^2;
sbit C_T2        =T2CON^1;
sbit CP_RL2      =T2CON^0;

#endif
```

这里都是一些符号的定义,即规定符号名与地址的对应关系。注意,其中

```
sfr P1＝0x90;
```

一行,定义 P1 与地址 0x90 对应,P1 口的地址就是 0x90(0x90 是 C 语言中十六进制数的写法,相当于汇编语言中写 90H)。sfr 并不是标准 C 语言的关键字,而是 Keil 为能直接访问单片机中的 SFR 而提供的关键词,其用法是:sfr　变量名＝地址值。

2. 符号 P1_0 表示 P1.0 引脚

如果直接写 P1.0,C 编译器并不能识别,而且 P1.0 也不是一个合法的 C 语言变量名,这里使用了 Keil C 的关键字 sbit 来定义。sbit 的用法有 3 种:

(1) sbit　位变量名＝地址值。

(2) sbit　位变量名＝SFR 名称^变量位地址值。

(3) sbit　位变量名＝SFR 地址值^变量位地址值。

例如,定义 PSW 中的 OV 可以用以下 3 种方法:

(1) sbit OV＝0xd2　0xd2 是 OV 的位地址值。

(2) sbit OV＝PSW^2　其中 PSW 必须先用 sfr 定义好。

(3) sbit OV＝0xD0^2　0xD0 就是 PSW 的地址值。

因此这里用 sbit　P1_0＝P1^0;定义符号 P1_0 表示 P1.0 引脚。也可以用其他符号。

3. main 主函数

每一个 C 语言程序有且只有一个主函数 main,主函数后面一定有一对大括号"{}",在大括号里面书写程序的具体内容,main 主函数是执行这个文件的入口。

【例 3.2】　让接在 P1.0 引脚上的 LED D1 闪烁发光。C 语言源程序清单如下:

```
//----------------------------------------
//名称:ddss.c
//作用:使 P1.0 引脚上的 LED D1 点亮并闪烁
//----------------------------------------
#include "reg52.h"
#define uchar unsigned char
#define uint    unsigned int
   sbit P1_0＝P1^0;


//延时程序,由 Delay 参数确定延迟时间

void msDelay(unsigned int Delay)
{    unsigned int i;
        for(;Delay＞0;Delay－－)
        {
```

```
        for(i=0;i<124;i++)
          {;}
        }
}
//主程序
void main()
{   while (1)
      {  P1_0=!P1_0;   //取反 P1.0 引脚
       msDelay(1000);
       }
}
```

主程序 main 中第二行是"P1_0=! P1_0;",在 P1_0 前有一个符号"!",符号!是 C 语言的一个运算符,意义是"取反",即将该符号后面的那个变量的值取反。取反运算只是对变量的值而言的,并不会改变变量本身。可以认为 C 编译器在处理"! P1_0"时,将 P1_0 的值给了一个临时变量,然后对这个临时变量取反,而不是直接对 P1_0 取反。因此取反完毕后还要使用赋值符号(=)将取反后的值再赋给 P1_0。如果原来 P1.0 是低电平(LED 亮),那么取反后,P1.0 就是高电平(LED 灭);反之,如果 P1.0 是高电平,取反后,P1.0 就是低电平。这条指令被反复地执行,接在 P1.0 上灯就会不断亮、灭。

在主程序 main 中的第一行程序是"while (1)",while 语句是 C51 的循环语句,它的一般形式为

　　　　while(条件表达式){语句;}

与其后的一对大括号"{}"构成了无限循环语句。大括号"{}"的语句根据 while (1)的功能被反复执行。若条件表达式执行的结果为真(非 0 值),程序重复执行后面的语句;若条件表达式执行的结果为假(0 值),则停止执行后面的语句。

while (1) 也可以用 for(;;)替代。for 语句也是 C51 的循环语句,它的一般形式为

　　for([初值表达式];[条件表达式];[更新表达式]){语句;}

该语句执行时,先计算初值表达式,作为循环控制变量的初值,再检查条件表达式的结果,当满足条件时执行循环语句并更新表达式,然后根据更新表达式的计算结果判断循环条件是否满足,直到循环条件表达式的结果为假(0 值)时退出循环体。

第三行程序"msDelay (1000);"的用途是延时 1 s 时间。由于单片机执行指令的速度很快,如果不延时,灯亮灭速度太快,人眼根本无法分辨。

这里 msDelay (1000)并不是由 Keil C 提供的库函数,而是由用户自己编制的功能函数。用户编制的功能函数开始第一句是 void　msDelay (…),msDelay 是函数名,由用户自

已定义。紧跟着的大括号"{}"内的语句就是执行的延时指令。如果程序中没有这一段函数程序,就不能使用 msDelay(1000)。msDelay 这个名称可自行更改。更改后,在 main()函数中应用时名字也要相应更改。

任务 2　工具软件 Keil 的使用

知识要点:
　　单片机 C 语言的编译调试,Keil 软件的使用。
能力训练:
　　通过实践操作,掌握 Keil 工具软件的使用技巧。
任务内容:
　　熟练使用 Keil 软件,掌握单片机程序的开发、调试,并能修改源程序中的错误。

3.2.1　Keil 软件介绍

　　Keil 软件是目前最流行的 MCS-51 系列单片机的开发软件,Keil 提供了包括 C 编译器、宏汇编、连接器、库管理和一个功能强大的仿真调试器等在内的完整开发方案,通过一个集成开发环境(μVision)将各部分组合在一起。使用 Keil 开发嵌入式软件,开发周期和其他的平台软件开发周期差不多,大致有以下几个步骤:

　　(1)创建一个工程,选择一块目标芯片,并且做一些必要的工程配置。

　　(2)编写 C 或者汇编源文件。

　　(3)编译应用程序。

　　(4)修改源程序中的错误。

　　(5)联机调试。

3.2.2　Keil 软件的使用

1. 工程的建立

　　启动 μVison,点击"File"→"New . . .",在工程管理器的右侧打开一个新的文件输入窗口,在窗口里输入例 3.2 中的源程序。注意大小写及每行后的分号,不要错输及漏输。

　　输入完毕,选择"File"→"Save",给文件取名并保存,注意必须要加上扩展名。一般 C 语言程序均以".C"为扩展名,这里将其命名为 ddss.c。保存完毕后可以将该文件关闭。

　　Keil 不能直接处理单个的 C 语言源程序,还必须选择单片机型号,确定编译、汇编、连接的参数,指定调试的方式。而且一些项目中往往有多个文件,为管理和使用方便,Keil 使用工程(Project)这一概念,将这些参数设置和所需的所有文件都加在一个工程中,只能对工程

而不能对单一的源程序进行编译和连接等操作。

　　点击"Project"→"New Project . . ."菜单,输入工程名,这里起名为 ddss,不需要输入扩展名。点击【保存】按钮,出现第二个对话框,如图 3-2 所示。选择目标 CPU(这里选择 AT89S52)。点击 Atmel 前面的"+"号,展开该层,点击其中的"AT89S52",然后点击【确定】按钮,回到主窗口。此时,在工程窗口的文件页中,出现了"Target 1",点击"+"号展开,可以看到下一层的"Source Group1",这时还是一个空的工程。点击"Source Group1"使其反白显示,然后,点击鼠标右键,出现一个下拉菜单,如图 3-3 所示。选择 Add file to Group "Source Group 1",出现一个对话框,要求寻找源文件。

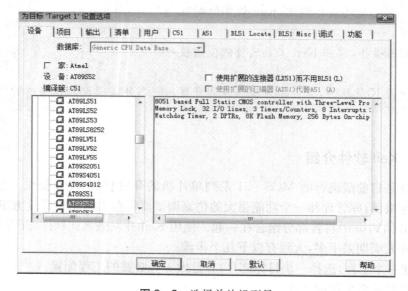

图 3-2　选择单片机型号

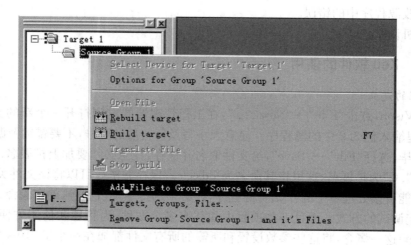

图 3-3　在项目中加入编写好的 C 语言源文件

双击 ddss.c 文件,将文件加入项目。注意,在文件加入项目后,该对话框并不消失,等待继续加入其他文件。但初学时常会误认为操作没有成功而再次双击同一文件,这时会出现如图 3-4 所示的对话框,提示所选文件已在列表中。此时应点击【确定】,返回前一对话框,然后点击【Close】即可返回主接口。点击"Source Group 1"前的加号,ddss.c 文件已在其中。双击文件名,即打开该源程序。

图 3-4　在项目中加入已加入过的文件后的提示

2. 工程的设置

工程建立以后,还要对工程进行进一步的设置,以满足要求。首先点击左边 Project 窗口的 Target 1,然后使用菜单"Project"→"Option for target 'target1'",即出现对工程设置的对话框,这个对话框共有 11 个页面,大部分设置项取默认值。

"设备(Device)"页面在建立工程时已经设置好了,进入"项目(Target)"页面,如图 3-5 所示。时钟频率(MHz)后面的数值是晶振频率值,默认值是所选目标 CPU 的最高可用频率值,该值与最终产生的目标代码无关,仅用于软件模拟调试时显示程序执行时间。正确设置该数值可使显示时间与实际所用时间一致,一般将其设置成与所用晶振频率相同(12 MHz),如果没必要了解程序执行的时间,也可以不设。

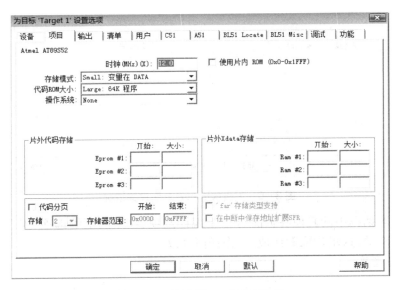

图 3-5　项目(Target)页面设置

存储模式用于设置 RAM 使用情况,有 3 个选择项:

(1) Small　所有变量都在单片机的内部 RAM 中;

(2) Compact　可以使用一页(256 B)外部扩展 RAM;

单片机应用技术

（3）Larget　可以使用全部外部的扩展 RAM。

代码 ROM 大小用于设置 ROM 空间的使用，同样也有 3 个选择项：

（1）Small　只用低于 2 k 的程序空间；

（2）Compact　单个函数的代码量不能超过 2 k，整个程序可以使用 64 k 程序空间；

（3）Larget　可用全部 64 k 空间；

这些选择项必须根据硬件决定，由于本例是单片机应用，所以均不重新选择，按默认值设置。

"操作系统"（Operating）用以选择是否使用操作系统。可以选择 Keil 提供的两种操作系统：Rtx tiny 和 Rtx full，也可以不用操作系统（None），这里使用默认项 None。

如图 3 - 6 所示，在"输出（Output）"页面中，"产生 HEX 文件（Creat Hex file）"，用于生成可执行代码文件，该文件可以用编程器写入单片机芯片，其格式为 intel HEX 格式，文件的扩展名为. HEX，默认情况下该项未被选中。要对编译过的文件仿真，就必须选中该项。

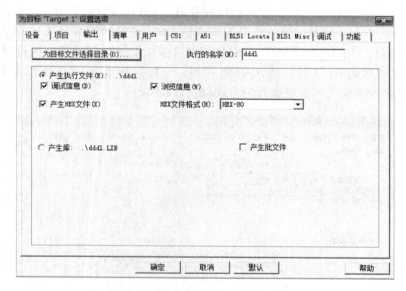

图 3 - 6　输出（Output）页面设置情况

工程设置对话框中的其他各页面与 C51 编译选项、A51 的汇编选项、BL51 连接器的连接选项等用法有关，这里均取默认值，不作任何修改。

3. 编译与连接

输入下面例 3.3 设计的源程序，命名为 lsd. c，并建立名为 lsd 的工程文件（请读者仔细区分工程名和源程序名的差别），将 lsd. c 文件加入该工程中，设置工程，在"Target"页将 Xtal 后的值由 33.0 改为 12.0，以便调试时观察延时时间是否正确。

【例 3.3】　让接在 P2 端口的 8 个 LED 轮流闪烁发光。C 语言源程序清单如下：

```
//------------------------------------------------
//名称:lsd.c
//作用:使 P2 引脚上的 8 个 LED 轮流点亮并闪烁
//------------------------------------------------
#include "reg52.h"
#include "intrins.h"
#define uchar unsigned char
#define uint   unsigned int

/* 延时程序
由 msDmlay 参数确定延迟时间       */

void msDelay(unsigned int Delay)
{    unsigned int i;
     for(;Delay>0;Delay--)
     {   for(i=0;i<124;i++)
          {;}
     }
}

//主程序
void main()
{   P2=0xFE;                    //16 进制的数表示方式

    while (1)
      {P2 =_crol_(P2,1);         //P2 口的值向左循环移动一位
        msDelay(1000);
      }
}
```

　　设置好工程后,即可编译、连接。选择菜单"Project"→"Build target",对当前工程进行连接。如果当前文件已修改,将先对该文件进行编译,然后再连接以产生目标代码;如果选择"Rebuild all target files"将会重新编译当前工程中的所有文件,然后再连接,确保最终生成的目标代码是最新的。而"Translate . . . ."项则仅编译当前文件,不连接。以上操作也可以通过工具栏按钮直接进行。图 3 - 7 所示是有关编译、设置的工具栏按钮,从左到右分别是编译、编译连接、全部重建、停止编译和工程设置。

　　编译过程中的信息将出现在输出窗口中的"Build"页中,如果源程序中有语法错误,会

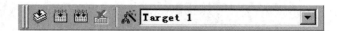

图 3-7　有关编译、设置的工具栏按钮

有错误报告出现，双击该行，可以定位到出错的位置，修改源程序之后再次编译，最终得到如图 3-8 所示的结果，提示获得了名为 lsd.hex 的文件，该文件即可被编程器读入并写到芯片中。同时还可看到该程序的代码量（code=71）、内部 RAM 的使用量（data=9）、外部 RAM 的使用量（xdata=0）等一些信息。除此之外，编译、连接还产生了一些其他相关的文件，可用于 Keil 和 Proteus 的仿真与调试。

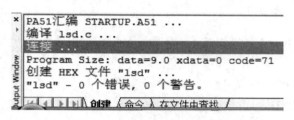

图 3-8　编译"Build"窗口信息

4. 程序的调试

按[Ctrl]+[F5]或者使用菜单"Debug"→"Start/Stop Debug Session"即可进入调试状态。Keil 内建了一个仿真 CPU 用来模拟执行程序。该仿真 CPU 功能强大，可以在没有硬件和仿真机的情况下调试程序。

进入调试状态后，"Debug"菜单项中原来不能用的命令现在可以使用了，多出一个用于运行和调试的工具条，如图 3-9 所示。"Debug"菜单上的大部分命令可以在此找到对应的快捷按钮，从左到右依次是复位、运行、暂停、单步、过程单步、执行完当前子程序、运行到当前光标处、显示当前状态、打开跟踪、观察跟踪、反汇编窗口、观察窗口、代码作用范围分析、串行窗口、内存窗口、性能分析、工具按钮等命令。

图 3-9　调试"Debug"窗口信息

使用菜单单步（STEP）或相应的命令按钮或使用快捷键[F11]都可以单步执行程序，使用菜单过程单步（STEP OVER）或功能键[F10]可以以过程单步形式执行命令。所谓过程单步，是指把 C 语言中的一个函数作为一条语句来全速执行。

按下[F11]键，可以看到源程序窗口的左边出现了一个黄色调试箭头，指向源程序的第一行。每按一次[F11]，即执行该箭头所指程序行，然后箭头指向下一行。当箭头指向"msDelay(1000);"行时，再次按下[F11]，会发现箭头指向了延时子程序 msDelay 的第一行。不断按[F11]键,即可逐步执行延时子程序。

如果 msDelay 程序有错误,可以通过单步执行来查找错误。但是如果 msDelay 程序已正确,每次调试程序都要反复执行这些程序行,会使得调试效率很低。为此可以在调试时使用[F10]来替代[F11],在 main 函数中执行到 msDelay(1000)时将该行作为一条语句快速执行完毕。

Keil 软件还提供了一些窗口,用以观察系统中一些重要的寄存器或变量的值,这也是很重要的调试方法。以下通过对延时程序的延迟时间的调整,简单介绍这些调试方法。这个程序中用到了延时程序 msDelay,如果使用汇编语言编程,每段程序的延迟时间可以非常精确地计算出来,而使用 C 语言编程,就没有办法事先计算了。为此,可以使用观察程序执行时间的方法来了解。进入调试状态后,窗口左侧是寄存器和一些重要的系统变量的窗口,其中有一项是"sec",即统计从开始执行到目前为止用去的时间。按[F10],以过程单步的形式执行程序,执行到 msDelay(1000)行之前停下,查看 sec 的值(把鼠标停在 sec 后的数值上即可看到完整的数值),记下该数值,然后按下[F10],执行完 msDelay(1000)后再次观察 sec 值。这里前后两次观察到的值分别是 0.000 404 00 和 1.014 426 00,其差值为 1.014 022 s。如果将 i 值改为 124 可获得更接近于 1 s 的数值,而当该值取 123 时所获得的延时值将小于 1 s,因此,最佳的取值应该是 124。

调试后生成 HEX 可执行文件,用 Proteus 软件仿真运行,如项目 1 图 1-26 所示。验证程序和我们构建的单片机外围电路的正确度。可以看到,P2 口所接的 8 个 LED 从左到右循环依次点亮(1 s 间隔),产生了流水灯效果,由此可以验证,例 3.3 的程序和对应的外围电路设计是正确的。

读者可以通过对程序的改动,使之产生不同的效果,如 P2=_crol_(P2,1)改为 P2=_crol_(P2,2),如果再把 msDelay(1000)改为 msDelay(500),会产生什么样的效果?如果想从右到左移动,程序应该怎么修改?这些疑问留给读者自己试验和摸索。

任务 3   键控双向流水灯设计

知识要点:

单片机 C 51 语言的程序结构,以及分支程序设计(if 和 switch 语句)。

能力训练:

通过实训,了解 C 程序分支编程的技巧。

任务内容:

理解 if 和 switch 选择语言,学习分支程序设计方法。

3.3.1　设计任务

利用 AT89S52 单片机实现 8 个 LED 流水灯控制,用 4 个按钮 K1~K4 实现以下功能:当 K1 按下时,开始流动;K2 按下时停止流动,全部灯灭;K3 按下使灯由左往右下流动;K4 按下使灯由右往左流动。用 C 语言编写可键控的流水灯程序。

3.3.2　单片机 C 语言结构

1. 标准 C 语言程序结构

C 语言程序采用函数结构,函数是 C 语言中的一种基本模块。每个 C 语言程序由一个或多个函数组成。一个 C 源程序有且只有一个名为 main() 的函数,还可以包含其他功能函数。无论 main() 的函数放在何处,C 语言程序总是从主函数 main() 开始执行,执行到 main() 函数结束。main() 函数是一个控制程序流程的特殊函数,它是程序的起点,它可以调用其他函数,其他函数也可以相互调用。从使用者的角度来看,有两种功能函数:标准库函数和用户自定义功能函数。标准库函数是编译器提供的,用户不必自己定义这些函数。

在编制 C 程序时,一般程序结构包括预处理命令、函数说明、变量定义、功能函数 1、主函数、功能函数 2 等。C 语言程序结构中函数定义的一般形式为

```
函数类型标识符    函数名    (形式参数表列)
{
局部变量定义
函数体语句
}
```

其中:

"函数类型标识符"说明了函数返回值的类型,缺省时默认为整型。

"函数名"是程序设计人员自己定义的名字。

"形式参数表列"中列出在主调用函数与被调用函数之间传递数据的形式参数,如果定义的是无参函数,函数类型标识符用 void(空类型,不需要返回值的函数)注明;如果定义的是有参函数,函数类型标识符用数据类型表示。

"局部变量定义"定义函数内部使用的局部变量。

"函数体语句"是为完成该函数的特定功能而设置的各种语句。例如,

```
void HSMing()                              //无参数无返回值的函数定义
{
}
int HSMing (unsigned char A, unsigned char B) //带参数函数定义,返回值是 int 类型
```

```
{
    int temp;                          //存放返回值
    …
    return temp;                       //给出实际返回值
}
```

C 语言书写格式自由,可以在一行写多个语句,也可以把一个语句写在多行。没有行号(但可以有标号),缩进没有要求。但是建议读者自己按一定的规范来写。每个语句和函数调用定义的最后必须有一个分号,分号是 C 语句的必要组成部分。程序中可以用"/ * ..... * /"或"//"对程序的任何一部分作注释,以增加程序的可读性。

2. C51 程序结构

C51 程序结构、语法规定、程序设计方法都与标准的 C 语言程序设计相同。但用 C 语言编写单片机应用程序时,必须注意单片机存储结构及内部资源定义相应的数据类型和变量(见附录 1)。还需注意 C51 的库函数、变量的存储模式是根据单片机的相应情况来定义的,Keil C 提供了 100 多个库函数供编程时直接使用(附录 2);而标准的 C 语言定义的库函数是按通用微型计算机定义的。C51 中还有专门的中断函数(见项目 5)。

3.3.3　电路设计

AT89S52 单片机的 P0 口接有 8 个 LED,每个 LED 接 220 Ω 分流电阻,当某一端口输出为 0 时,相应的 LED 点亮。P3.2、P3.3、P3.4、P3.5 分别接有 4 个按钮 K1～K4,按下按钮时,相应引脚接地。当 K1 按下时,开始流动;K2 按下时停止流动,全部灯灭;K3 使灯由左往右流动;K4 使灯由右往左流动。电路如图 3-10 所示。

3.3.4　程序设计

源程序清单如下:

```
//------------------------------------------------
//名称: sxlsd.c
//作用: 利用 4 个按键实现单片机 P0 口 8 个 LED 的流动灯光。
//------------------------------------------------
#include "reg52.h"
#include "intrins.h"
#define uchar unsigned char

//延时子程序
```

```
void msDelay(unsigned int DelayTime)
    {   unsigned int   j=0;
           for(;DelayTime>0;DelayTime――)
        {   for(j=0;j<124;j++)
               {;}
        }
    }
```

//按键判断子程序
```
uchar Key()
    {   uchar KeyV;
        P3=P3|0x3c;                          //4个按键所接位置
        KeyV=P3;
        if((KeyV|0xc3)==0xff)                //无键按下
                return(0);
            msDelay(10);                     //延时,去键抖
            KeyV=P3;
        if((KeyV|0xc3)==0xff)
                return(0);
        else

        return(KeyV);
        }
```

//主程序
```
void main()
    {   unsigned char OutData=0xfe;
        bit UpDown=0;
        bit   Start=0; uchar KValue;
        for(;;)
            {KValue=Key();
                switch (KValue)
                    {case 0xfb:                    //P3.2=0,Start
                        {Start=1;   break;  }
                      case 0xf7:                    //P3.3=0,Stop
                        {Start=0;   break;  }
```

```
                                case 0xef:                        //P3.4=0 Up
                                    {UpDown=0;    break;  }
                                case 0xdf:                        //P3.5=0 Down
                                    {UpDown=1;    break;  }
                            }
                        if(Start)
                        {   if(UpDown) OutData=_cror_(OutData,1);
                            else
                            OutData=_crol_(OutData,1);  P0=OutData;
                        }
                        else
                                P0=0xff;                          //否则灯全灭
                        msDelay(1000);
                    }
            }
```

输入源程序,保存为 sxlsd. c,建立名为 sxlsd 的工程文件,选择的 CPU 型号为 AT89S52,频率改为 12 MHz。其他按默认设置。正确编译、连接后产生 HEX 文件,在 Protues 软件对应电路中(如图 3 - 10 所示)仿真运行(全速运行)。此时实验仿真没有变化,鼠标点击上方的 K1 按钮,松开后即可看到 LED"流动"起来。初始状态是由左往右流动,点击 K4 按钮,可改变 LED 的流动方向,改为由右往左流动;点击 K3 按钮,可将流动方向变换回来;点击 K2 按钮,可使流动停止,所有 LED 熄灭。

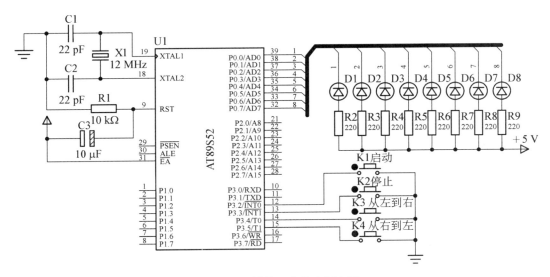

图 3 - 10   键控双向流水灯电路

单片机应用技术

3.3.5 分支程序分析

1. 关系运算符和关系表达式

所谓关系运算实际上是两个值比较,判断其比较的结果是否符合给定的条件。关系运算的结果只有两种可能,即"真"和"假"。例如,3>2的结果为真,而3<2的结果为假。C语言一共提供了6种关系运算符:<(小于)、<=(小于等于)、>(大于)、>=(大于等于)、==(等于)和!=(不等于)。

用关系运算符将两个表达式连接起来的式子,称为关系表达式。例如,a>b,a+b>b+c,(a=3)>=(b=5)等都是合法的关系表达式。关系表达式的值只有两种可能,即"真"和"假"。在C语言中,没有专门的逻辑型变量,如果运算的结果是"真",用数值"1"表示,而运算的结果是"假"则用数值"0"表示。如式子x1=3>2的结果是x1等于1,原因是3>2的结果是"真",即其结果为1,该结果被"="号赋给了x1。这里须注意,"="不是等于之意(C语言中等于用"=="表示),而是赋值号,即将该号后面的值赋给该号前面的变量,所以最终结果是x1等于1。式子x2=3<=2的结果是x2=0,请读者自行分析。

2. 逻辑运算符和逻辑表达式

用逻辑运算符将关系表达式或逻辑量连接起来的式子就是逻辑表达式。C语言提供了3种逻辑运算符:&&(逻辑与)、||(逻辑或)和!(逻辑非)。逻辑运算的结果,用"1"表示真,而用"0"表示假。但是在判断一个量是否是"真"时,以0代表"假",而以非0代表"真",这一点务必注意。例如,

(1) 若a=10,则!a的值为0,因为10被作为真处理,取反之后为假,系统给出的假的值为0。

(2) 如果a=−2,结果与上完全相同,原因同上。初学时常会误以为负值为假,所以这里特别提醒注意。

(3) 若a=10,b=20,则a&&b的值为1,a||b的结果也为1,逻辑运算时不论a与b的值是什么,只要是非零,就被当作"真","真"与"真"相与或者相或,结果都为真,系统给出的结果是1。

3. if语句

if语句用来判定所给定的条件是否满足,根据判定的结果(真或假),再决定选择执行给出的两种操作之一,即分支二选一。C语言提供了3种形式的if语句:

(1)　　if(表达式)　语句

如果表达式的结果为真,则执行语句,否则不执行。

(2)　　if(表达式)　语句1　else　语句2

如果表达式的结果为真,则执行语句1,否则执行语句2。

(3)　　　if（表达式 1）　　　语句 1

　　　　　　　else if（表达式 2）　　　语句 2

　　　　　　　else if（表达式 3）　　　语句 3

　　　　　　　...

　　　　　　　else if（表达式 m）　　　语句 m

　　　　　　else　语句 n

　　这条语句执行的过程就是在 n 个分支中选择。

上述例程中的

```
if((KeyV|0xc3)==0xff)        //无键按下
    return(0);
```

就是第一种 if 语句的应用。该语句中"|"符号是 C 语言中的位运算符,按位相或,相当于汇编语言中 ORL 指令。该语句将读取的 P3 口的值 KeyV 与 0xc3（即 11000011B）按位或,如果结果为 0xff（即 11111111B）说明没有键按下。因为中间 4 位接有按键（按键的另一端接地）,如果有键按下,那么 P3 口值的中间 4 位中必然有一位或更多位是 0。该语句中的 return(0)是返回,相当于汇编语言中的 ret 指令。通过该语句可以带返回值,即括号中的数值,返回值就是这个函数的值。函数被调用时,用了形式:KValue＝Key()；因此,返回的结果值赋给 KValue 这个变量。因此,如果没有键按下,则直接返回,并且 KValue 的值将变为 0。如果有键按下,那么 return(0)将不会被执行。

　　程序中

```
if(Start)
    {... 灯流动显示的代码  }
else    P0=0xff；  //否则灯全灭
```

就是 if 语句的第二种用法,其中 Start 是一个位变量。该变量在 main 函数中定义,并赋以初值 0。该变量在按键 K1 按下后置为 1,而 K2 按下后清 0,用来控制灯流动是否开始。这里就是判断该变量并决定灯流动是否开始的代码。观察 if 后面括号中的写法,与其他语言中写法不同,没有关系表达式,而仅有一个变量名。程序根据这个量是 0 还是 1 决定程序的走向,如果为 1 则执行灯流动显示的代码,如果为 0,则执行 P0＝0xff;语句。可见,在 C 语言中,数据类型的概念比其他编程语言要"弱",或者说 C 语言更着重从本质的角度去考虑问题。if 后面的括号中可以是关系表达式,也可以是算术表达式,还可以是一个变量,甚至是一个常量。

　　在键盘处理函数 Key 中,如果没键按下,返回值是 0,如果有键按下,经过去键抖的处理,将返回键值,程序中的"return(KeyV)；"即返回键值。当 K1 被按下（P3.2 接地）时,返回值是 0xfb（11111011B）；而 K2 被按下（P3.3 接地）时,返回值是 0xf7（11110111B）；K3 被按下（P3.4 接地）时,返回值是 0xef（11101111B）；K4 被按下（P3.5 接地）时,返回值是 0xdf

（11011111B），该值将被赋给主程序中调用键盘程序的变量 KValue。如果用 if 语句的第三种用法来实现，可以用 if 语句来改写：

```
if(KValue==0xfb)  {Start=1;}
    else if(KValue==0xf7)     {Start=0;}
    else if(KValue==0xef)     {UpDown=1;}
    else if(KValue==0xdf)     {UpDown=0;}
  else  {//意外处理}
 …
```

程序中第一条语句判断 KValue 是否等于 0xfb，如果是，执行 Start＝1；。执行完毕即退出 if 语句，执行之后的程序。如果 KValue 不等于 0xfb 就转去下一个 else if，即判断 KValue 是否等于 0xf7，如果等于则执行 Start＝0；，并退出 if 语句……这样一直到最后一个 else if 后面的条件判断完毕为止。如果所有的条件都不满足，执行 else 后面的语句（通常这意味着出现了异常）。

4. if 语句的嵌套

if 语句中包含一个或多个 if 语句，称作 if 语句的嵌套。嵌套语句的一般形式为

```
if()
    if()  语句 1
    else  语句 2
else
    if()  语句 3
    else  语句 4
```

应当注意 if 与 else 的配对关系，else 总是与它上面的最近的 if 配对。如果写成

```
if()
    if()  语句 1
else
    语句 2
```

编程者的本意是外层的 if 与 else 配对，缩进的 if 语句为内嵌的 if 语句，但实际上 else 将与缩进的那个 if 配对，因为两者最近，因而造成歧义。为避免这种情况，建议编程时使用花括号将内嵌的 if 语句括起来，形成一段语意明确的程序段，就可以避免出现这类问题，例如，

```
if()
    {
    if()  语句 1
```

```
          else   语句 2
              }
      ...
```

5. swich 语句

当程序中有多个分支时,可以使用 if 嵌套实现,但是当分支较多时,则嵌套的 if 语句层数多,程序冗长而且可读性降低。C 语言提供了 switch 语句直接处理多分支选择,一般格式为

```
switch(表达式)
    { case 常量表达式 1: 语句 1
      case 常量表达式 2: 语句 2
      ...
      case 常量表达式 n: 语句 n
      default: 语句 n+1
    }
```

根据 ANSI 标准,允许 switch 后面括号内的表达式为任何类型。当表达式的值与某一个 case 后面的常量表达式相等时,就执行此 case 后面的语句;若所有的 case 中的常量表达式的值都没有与表达式值匹配,就执行 default 后面的语句;每一个 case 的常量表达式的值必须不相同;各个 case 和 default 的出现次序不影响执行结果。

另外特别需要说明的是,执行完一个 case 后面的语句后,并不会自动跳出 switch,转而去执行其后面的语句,若上述例子中改写为

```
switch (KValue)
  {case 0xfb:    Start=1;
   case 0xf7:    Start=0;
   case 0xef:    UpDown=1;
   case 0xdf:    UpDown=0;
}
  if(Start)
{...}
```

假如 KValue 的值是 0xfb,则在转到此处执行"Start=1;"后,并不是转去执行 switch 语句下面的 if 语句,而是将从这一行开始,依次执行下面的语句,即 Start=0; UpDown=1; UpDown=0;。显然,这样不能满足要求,因此,通常在每一段 case 的结束加入 break 语句,使程序退出 switch 结构,即终止 switch 语句的执行。

任务4 实训项目与演练

知识要点：

C语言编程方法及开发环境。

能力训练：

通过实训，根据技术指标掌握C程序编写和调试的方法和技巧。

任务内容：

熟练掌握单片机C语言项目程序设计，熟练掌握单片机I/O口的控制技术。

实训4 K1～K4控制LED移位

1. 功能

在运行本程序时，要求每次按下独立按键K1～K4，可分别控制连接在P0、P2端口的LED移位显示一次。外围电路如图3-11所示。

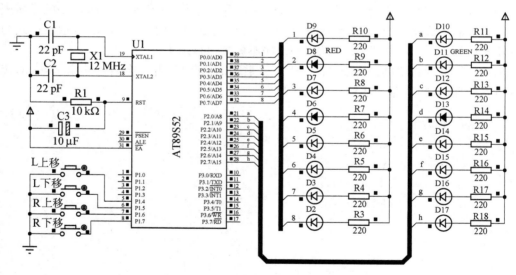

图3-11 K1～K4控制LED移位显示

2. 程序设计思路和实现过程

（1）因为K1～K4连接在P1端口的高4位，在识别按键时，将P1端口的值分别与0x10、0x20、0x40、0x80进行与操作，如果其中之一与操作后的结果为0，则表明对应按键被按下。这4个数的高4位分别是0001(1)、0010(2)、0100(4)、1000(8)。

（2）每当有键按下时，都会立即使 LED 移位显示，但按键未释放时并不会形成 LED 连续移位显示（移动且只移动一位）。因为按键后变量 Recent_Key 保存了 P1 端口的按键状态信息，在下一个循环中，如果 P1 端口的按键尚未释放，则 P1 与 Recent_Key 相等。if 语句内的代码不会执行，Move_LED 函数不会被调用，LED 不会继续出现移位显示。

（3）每当按键释放时，P1 变成 0xFF，此时 P1 与 Recent_Key 不相等。if 语句内的代码又再次执行，Recent_Key 也变成 0xFF，Move_LED 函数被调用。但由于 Move_LED 函数内部 P1 和 0x10、0x20、0x40、0x80 与操作时均不等于 0，因此不会导致移位显示。

（4）当再次有键按下时，由于 P1 不等于值为 0xFF 的 Recent_Key，LED 继续移位显示，如此反复。

3. 思考题

将 K1～K4 连接在 P1 端口的低 4 位时，代码该如何修改？ 如果想每次一隔一的移位显示，则程序该如何修改？

4. 源程序代码

```
//-------------------------------------------------
//名称：K1～K4 控制 LED 移位
//作用：  按下 K1 时，P0 端口的 LED 上移一位
//        按下 K2 时，P0 端口的 LED 下移一位
//        按下 K3 时，P2 端口的 LED 上移一位
//        按下 K4 时，P2 端口的 LED 下移一位
//-------------------------------------------------
#include "reg52.h"
#include "intrins.h"
#define uchar unsigned char
#define uint unsigned int


//延时子程序
void msDelay(unsigned int DelayTime)
  {  unsigned int  j=0;
        for(;DelayTime>0;DelayTime--)
      {  for(j=0;j<124;j++)
            {;}
      }
  }
```

```
//根据 P1 端口的按键来移动 LED

void Move_LED()
{
    if         ((P1&0x10)==0)      P0=_cror_(P0,1)      ;//K1
    else if    ((P1&0x20)==0)      P0=_crol_(P0,1)      ;//K2
    else if    ((P1&0x40)==0)      P2=_cror_(P2,1)      ;//K3
    else if    ((P1&0x80)==0)      P2=_crol_(P2,1)      ;//K4

}

//主程序
void main()
{
    uchar Recent_Key;
    P0=0xFE;
    P2=0xFE;
    P1=0xFF;
    Recent_Key=0xFF;
    while (1)
      {
          if (Recent_Key!=P1)
            {Recent_Key=P1;
              Move_LED();
              msDelay(50);
            }
      }
}
```

实训 5　K1～K4 按键状态显示

1. 功能

要求每次单独按下 K1 或 K2 时,D1 或 D2 点亮,松开时对应的 LED 熄灭;按下 K3 或 K4 后释放,D3 或 D4 点亮,再次按下并释放后熄灭。外围电路图如图 3-12 所示。不同于实训 4,本程序中均单独 sbit 定义各按键和 LED,便于单独控制。

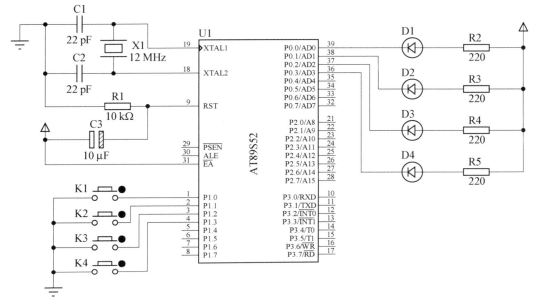

图 3-12 K1～K4 按键状态显示电路

2. 程序设计思路和实现过程

(1) 在实训 4 学习了按键和 LED 移动的配合功能编程,在本实训中,重点利用 LED 灯的状态来显示按键的动作状态,学习更加细致地控制按键和 LED。

(2) 由于 D1、D2 是否导通与 K1、K2 是否按下完全一致,因此代码中有语句 D1=K1 和 D2=K2。而 LED3、LED4 是在 K3、K4 按下并释放后切换显示,因此用 K3 和 K4 是否为 0 来判断是否按下。用 while(K3==0) 和 while(K4==0) 等待释放按键。在释放后 D3 和 D4 分别求反,实现切换显示。

3. 思考题

要使 K3、K4 按下时随即实现 LED 切换,代码该如何修改? 实训 4 中的程序能否使用本实训的方法判断按键? 程序该如何修改?

4. 源程序代码

```
//----------------------------------------------
//名称:K1～K4 按键状态显示电路
//作用:按下 K1,K2 时,LED 亮,松开时灭
//      K3,K4 按下一次后,LED 亮,再按下后灭
//----------------------------------------------
#include "reg52. h"
#include "intrins. h"
```

```
#define uchar unsigned char
#define uint unsigned int

sbit LED1=P0^0;
sbit LED2=P0^1;
sbit LED3=P0^2;
sbit LED4=P0^3;
sbit K1=P1^0;
sbit K2=P1^1;
sbit K3=P1^2;
sbit K4=P1^3;

//延时子程序
void msDelay(unsigned int DelayTime)
  {   unsigned int  j=0;
        for(;DelayTime>0;DelayTime--)
      {   for(j=0;j<124;j++)
              {;}
      }
  }

//主程序
void main()
{
  P0=0xFF;
  P1=0xFF;
   while (1)
      {
        LED1=K1;
        LED2=K2;
        if (K3==0)
           {   while(K3==0);
                LED3=~LED3;
           }
          if (K4==0)
            {   while(K4==0);
```

```
            LED4＝～LED4；
        }

        msDelay(50)；
    }
}
```

习　　题

1. C51 应用程序具有什么结构形式?

2. C51 支持的数据类型有哪些?

3. C51 支持的存储器类型有哪些? 与单片机存储器有何对应关系?

4. 关键字 sfr 与 sbit 的意义有何不同?

5. 中断函数是如何定义的? 各种选项的意义是什么?

6. 一般指针与基于存储器的指针有何区别?

7. C51 应用程序的参数传递有哪些方式? 特点是什么?

8. 编程:输入两个整数 x 和 y,经比较后按大小顺序输出。

9. 编程递归求数的阶乘 n!。

10. 输入 3 个学生的语文、数学、英语的成绩,分别统计他们的总成绩并输出。

11. 编写 BCD 码转十六进制、十六进制转 BCD 码的程序。

项目 ④

【 单 片 机 工 程 应 用 技 术 】

单片机 I/O 接口电路与应用

项目任务

学习单片机输入输出电路的设计要求;掌握单片机输入输出接口的应用技术。

项目要求

(1) 在熟悉单片机 I/O 结构技术的基础上,设计输入输出电路。

(2) 设计单片机用开关控制 LED 显示。

(3) 设计单片机与 LED 数码管动态显示。

(4) 设计单片机与矩阵式键盘的接口技术。

(5) 设计汽车转向控制器并仿真。

项目导读

(1) 单片机 I/O 口的结构,掌握它们的使用技术。

(2) 实际工程设计中输入输出电路的设计以及技术目标。

(3) LED 动态显示的接口电路及动态扫描显示程序的设计方法。

(4) 键盘/LED 与 MCS - 51 单片机接口及键盘扫描子程序的设计方法。

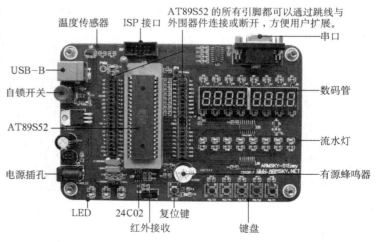

温度传感器　ISP 接口　AT89S52 的所有引脚都可以通过跳线与外围器件连接或断开,方便用户扩展。

串口

USB-B

自锁开关

AT89S52

数码管

流水灯

有源蜂鸣器

电源插孔

LED　24C02　复位键

红外接收　键盘

任务 1　输入/输出接口电路基础知识

知识要点：
　　单片机输入/输出端口结构，输入/输出接口电路设计要求。
能力训练：
　　掌握实际工程中单片机输入/输出口的使用技巧。
任务内容：
　　掌握单片机输入/输出端口的结构特点和使用特征，熟悉端口的外接电路设计要求。

4.1.1　单片机 I/O 端口

1. 单片机 I/O 口

　　MCS-51/52 系列单片机有 4 组 8 位输入/输出（I/O）端口。其中，P0 是一个 8 位漏极开路的双向 I/O 口，它既可作通用的 I/O 口使用，也可作地址/数据总线使用。作通用的 I/O 口使用时须接 5～10 kΩ 的上拉电阻；作数据/地址总线使用时，与 P2 口构成 16 位地址总线。P1 口只能作通用的 I/O 口使用。P2 口既可作为通用的 I/O 使用，也可用作地址总线使用。P2 口作地址总线使用时，与 P0 口一起构成 16 位地址信号。值得注意的是，当 P2 口作地址总线使用时就不能再作通用的 I/O 口使用。P3 口除了作通用的 I/O 使用外，还具备第二功能，通过设置相应的寄存器实现。

　　(1) P0 口的结构　P0 口每一位的结构由一个输出锁存器、两个三态输入缓冲器和输出驱动电路及控制电路组成，如图 4-1 所示。驱动电路由上拉场效应管（FET）V1 和驱动场效应管（FET）V2 组成，其工作状态受控制电路与门、反相器和转换开关（多路开关）控制。

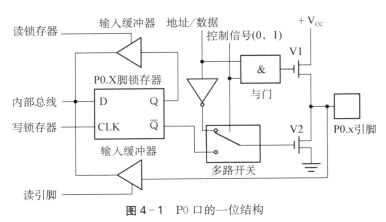

图 4-1　P0 口的一位结构

当执行 MOV 或 $\overline{EA}=1$ 时,执行 MOVC 指令,CPU 使控制信号为 0,多路开关被拨向 $\overline{Q}$ 输出端位置,P0 口为通用 I/O 口;

当执行 MOVX 或 $\overline{EA}=0$ 时,执行 MOVC 指令,CPU 使控制信号为 1 时,多路开关拨向反相器的输出端,P0 口分时作为地址/数据总线使用和输入口使用。

在 Flash 存储器编程时,P0 口接收指令字节;而在程序校对时,输出指令字节,校验时要求外接上拉电阻。

① P0 口用作地址/数据总线   以 P0 口引脚输出低 8 位地址或数据信息,多路开关把 CPU 内部地址/数据线经反向器与驱动场效应管 V2 栅极接通。上下两个 FET 反相,构成推拉式的输出电路(V1 导通时上拉,V2 导通时下拉),提高了负载能力。使用时,先输出低 8 位地址,该地址被 ALE(地址锁存允许)信号送入外部地址锁存器,此后 P0 口又作为数据总线,传送数据信息。当 P0 口被地址/数据总线占用时,就无法再作普通 I/O 口使用了。

② P0 口作普通 I/O 口使用   P0 口作为输出口使用时,内部的控制信号为低电平,封锁与门,将输出驱动电路上面的场效应管 V1 截止,同时使多路转接开关 MUX 接通锁存器端的输出通路。输出锁存器在 CP 脉冲的配合下,将内部总线传来的信息反映到输出端并锁存。由于输出电路是漏极开路电路,必须外接 10 kΩ 上拉电阻才能有高电平输出。

P0 口作为输入口使用时,应区分读引脚和读锁存器两种情况。所谓读引脚就是直接读取 P0.X 引脚的状态,这时在读引脚信号的控制下把缓冲器打开,将端口引脚上的数据经缓冲器通过内部总线读进来。为了驱动读引脚和读端口两种情况,在电路中设置了两个三态缓冲器用于读操作。图中下面一个缓冲器用于读端口引脚的数据,当执行一条输入指令时,读引脚脉冲把三态缓冲器打开,于是引脚上的数据将经过缓冲器输入到内部总线上;上面一个缓冲器读取锁存器中 Q 端的数据。Q 端的数据实际上与引脚上的数据是一致的,结构上的这种安排是为了适应读-修改-写这类指令(如"ANL   P0,A"指令)的需要。这类指令不直接读引脚而读锁存器是为了避免错读引脚上的电平信号。如果端口负载是一个晶体管的基极,当向此口写 1 时,晶体管导通,并把引脚的电平拉低,这时若直接从引脚上读取数据,就会把 1 错认为 0。但从锁存器 Q 端读,就能避免这样的错误,得到正确的数据。单片机的控制器会根据执行指令的不同而自动选择相应的输入方式。应当指出,P0 口在作为一般输入口使用时,在读取管脚之前还应向锁存器写入 1,使上下两个场效应管均处于截止状态,使外接的状态不受内部信号的影响,然后再来读取。

(2) P1 口的结构   P1 口是一个准双向 I/O 口(即在输入时需要附加条件的双向 I/O 口),如图 4-2 所示,每一位 I/O 口内包含 1 个锁存器、两个三态缓冲器、1 个驱动器(带内部上拉电阻)。输出驱动部分与 P0 口不同,内部有上拉负载电阻与电源相连。实质上,电阻是两个场效应管并在一起,一个为负载管,其电阻固定,另一个可工作在导通或截止两种状态,使其总电阻值变化近似为 0 或阻值很大两种情况。当阻值近似为 0 时,可将引脚快速上拉至高电平;当阻值很大时,P1 口为高阻输入状态。

P1 口的每一位均可独立地用作输入或输出。输出 1 时,将 1 写入 P1 口的某一位锁存

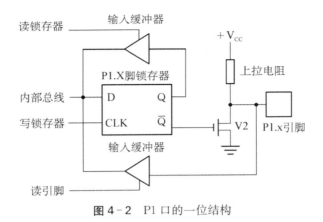

图 4 - 2　P1 口的一位结构

器,使输出场效应管截止,该位的输出引脚由上拉电阻拉成高电平,输出为 1。输出为 0 时,将 0 写入到锁存器,使输出场效应管导通,则输出引脚为低电平。当 P1 的某引脚作为输入时,应事先向该位的锁存器写 1,使驱动管截止,该入口线被上拉成高电平,这时才可从引脚读入正确电平。

(3) P2 口的结构　P2 口某位的结构与 P1 口类似,驱动部分与 P1 口相同,但比 P1 口多了多路开关和转换控制部分,如图 4 - 3 所示。每一位 I/O 口内包含 1 个锁存器、两个三态缓冲器、1 个驱动器(带内部上拉电阻)、1 个多路开关和与门。

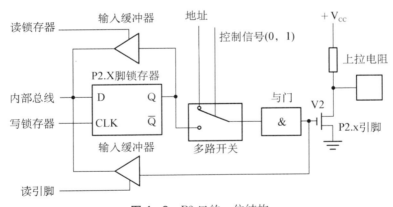

图 4 - 3　P2 口的一位结构

当单片机系统扩展片外 ROM 和 RAM,CPU 对片外存储器和 I/O 口读/写(执行 MOVX 或 $\overline{EA}=0$ 时执行 MOVC 指令)时,多路开关倒向上边,P2 口输出高 8 位地址,作地址总线的高 8 位($AB_{15\sim8}$)使用;当单片机的 CPU 对片内存储器和 I/O 口读/写(执行 MOV 或 $\overline{EA}=1$ 时执行 MOVC 指令)时,由内部硬件自动使控制信号为 0,多路开关倒向存储器的 Q 端,作通用 I/O 口使用;在单片机不需要外扩展 ROM,只要扩展 256 B 的片外 RAM 的系统中,使用"MOVX　@Ri"类指令访问片外 RAM 时,只需低 8 位地址总线,P2 口不受该指

令影响,仍可作通用 I/O 口使用。

(4) P3 口的结构   P3 口是一个多功能口,结构与 P1 口类似,增加了一个与非门和一个缓冲器,如图 4-4 所示。与非门的作用实际上是一个开关,决定是输出锁存器 Q 端的数据,还是使用各引脚所具有的第二功能。当 CPU 对 P3 口进行 SFR 寻址时,Q 端保持高电平,P3 口作通用 I/O 口用。当 CPU 不对 P3 口 SFR 寻址访问时,即作第二功能用,内部硬件使锁存器 Q=1。

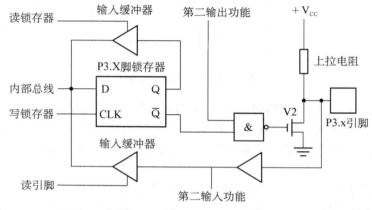

图 4-4   P3 口的一位结构

P3 口作通用 I/O 用时工作原理与 P1 口类似。P3 口作输出口时,即对 SFR 寻址,"第二输出功能"保持高电平,打开与非门,D 锁存器输出端 Q 的状态可通过与非门送至场效应管 V2 输出;P3 口作输入口使用时,与 P0~P2 口使用一样。

P3 口作第二功能用时,因锁存器 Q 被硬件自动置 1,与非门对"第二输出功能"端是通行的,第二输出功能的控制信号(如 TXD、$\overline{RD}$、$\overline{WR}$)状态通过与非门和 V2 输出到引脚端;由于锁存器 Q 已置 1,"第二输出功能"端也保持 1,所以 V2 截止,该位引脚为高阻输入。又由于此时该端口不作通用 I/O 口用,读引脚信号无效,相应的三态锁存器不导通。此时第二输入功能的控制信号(如 RXD、$\overline{INT0}$、$\overline{INT1}$、T0 和 T1)通过该位引脚经过缓冲器送入"第二输入功能"端。

2. 单片机 I/O 口读写

(1) 作通用 I/O 口使用时,数据读写操作如下:

① 汇编语言读数据:

```
MOV   P0,♯0FFH;读数据时先要使端口置 1
MOV   A,P0
```

② C 语言读数据:

```
P0＝0xFF;
a＝P0;//a 是保存数据的变量
```

③ 汇编语言写数据：

```
MOV P0,A;将累加器 A 的数据送往 P0 口
```

④ C 语言写数据：

```
P0＝a;
```

（2）作数据总线使用时,数据读写操作如下：

① 汇编语言读数据：

```
MOVX A,@DPTR;将外部 RAM 中以 DPTR 的内容为地址数据送往累加器 A。执行
```

此指令时,单片机 P3.7 引脚($\overline{\text{RD}}$)拉成低电平

② C 语言读数据：

```
a＝XBYTE[0x1000];//将外部 RAM 中 1000H 字节单元内容送 A 中
```

③ 汇编语言写数据：

```
MOVX @DPTR,A;将累加器 A 中的数据送往外部 RAM 以 DPTR 的内容为地址的存
```

储单元。单片机 P3.6 引脚($\overline{\text{WR}}$)拉成低电平

④ C 语言写数据：

```
＃define VAR XBYTE[0x1000]
VAR＝a;
```

4.1.2　接口电路设计要求

1. 输入电路设计要求

单片机只能接收标准的 TTL 电平,P0 口的每一位以吸收电流方式可驱动 8 个 LS TTL 输入(1 个 LS TTL 输入:高电平时为 20 mA,低电平时为 0.36 mA);P1～P3 口的每一位以吸收电流方式可驱动 4 个 LS TTL 输入。在稳定状态下,每个引脚最大的吸收电流 $I_{OL}＝10$ mA,P0 端口 8 个引脚的最大 $\sum I_{OL} ＝26$ mA, P1～P3 端口 8 个引脚的最大 $\sum I_{OL} ＝15$ mA,所以在实际应用时,单片机 I/O 接口的外接器件输入电流小于 10 mA。当单片机 I/O 接口有开关量输入时,采用以低电平来确认开关量有效。

2. 输出电路设计要求

单片机属于信号级的输出,其驱动能力十分有限,正常情况下,所有输出引脚的 I_{OL} 总和最大为 $\sum I_{OL} = 71\,mA$。在设计时,可以认为每个口线输出 5 mA 以下的电流,为标准的 TTL 电平。

任务 2 单片机 I/O 接口电路

知识要点:

  工业用典型输入电路,继电器驱动接口电路,光电耦合器(隔离器)驱动电路。

能力训练:

  通过对单片机 I/O 口外接电路的认识,学会正确使用单片机 I/O 接口外接电路的技巧。

任务内容:

  熟悉单片机 I/O 口的接口外接输入电路和输出电路的电气要求和抗干扰要求,掌握实际工程中 I/O 口的接口电路设计原则。

4.2.1 输入电路设计

单片机输入的是 TTL 电平,因此,输入到其引脚的开关量必须符合 TTL 电平要求(低电平 $0\sim0.8\,V$,高电平 $1.4\sim5\,V$)。然而在实际的单片机应用系统中真正符合输入条件的信号很少,要么信号太弱,要么信号太强。

1. 标准开关信号输入电路

标准的 TTL 信号,如按键、拨盘等标准开关信号输入电路设计时,可以直接与单片机的 I/O 口线相连,如图 4-5 所示。从工程经验来看,一般采用低电平有效,所以在设计电路时,在单片机 I/O 接口的每一位口线上都接有上拉电阻。当开关没有接通时所有的单片机接口线拉成高电平,当开关接通时为低电平,很容易判断信号的情况。

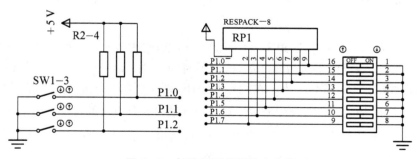

图 4-5 标准的开关量输入电路

2. 弱开关信号输入电路

较弱的开关信号输入电路,可通过图4-6所示的开关放大电路使之符合单片机输入电平要求。图中输入信号的频率为10 Hz,幅值为0~1 V开关量,经放大后信号的频率为10 Hz,幅值为0~5 V,符合单片机的输入信号要求。输入的高电平必须≥0.7 V,才能打开三极管 Q3。如果输入信号是低于0.7 V的开关量,则在输入端要增加一级运算放大器,使微弱信号得到放大。

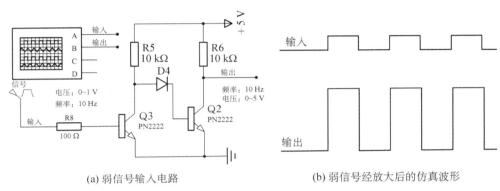

(a) 弱信号输入电路　　　　　　　(b) 弱信号经放大后的仿真波形

图4-6　弱电平信号输入电路和仿真波形

3. 强开关信号输入电路

强信号或不同电压等级的输入信号,例如0~24 V的开关量,一般采用光电隔离 U1 实现输入信号的处理。图4-7所示是典型的强信号光电隔离电路设计。图中输入开关 SW1 闭合,U1 导通,在输出端测得输出为低电平;开关 SW1 打开,U1 处于截止状态,在输出端测得为高电平。这样开关 SW1 的通断与变换电路的输出一一对应。

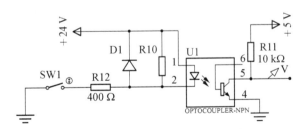

图4-7　强信号光电隔离变换电路

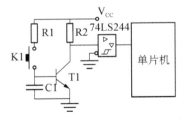

图4-8　具有耐噪能力的输入电路

4. 工业用典型输入电路

(1) 具有耐噪能力的输入电路　图4-8所示是工业用典型的具有耐噪能力的输入电路。开关 K1 闭合,三极管打开,输入到单片机的是低电平信号;K1 打开,三极管关闭,输出到单片机的是高电平。该电路具有较强的耐噪声能力。

(2) 输入保护电路　为了防止外界尖峰干扰和静电影响损坏输入引脚,可以在输入端增加防脉冲的二极管,形成电阻双向保护电路,如图4-9所示。保护电路能把输入电压限制在输入端所能承受的范围之内。

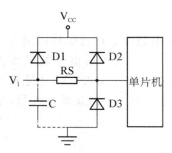

图 4－9 具有保护的输入电路

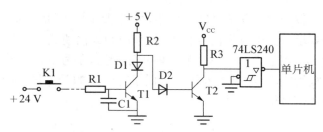

图 4－10 开关信息远程传送电路

（3）远程输入电路 开关信号在远距离传输中，为避免受到外界干扰，通常将输入信号提高到＋24 V，在单片机入口处将信号转换成 TTL 信号。采用这种传送方式不仅提高了耐噪声能力，而且开关的触点接触良好，运行可靠，如图 4－10 所示是典型电路。它是强开关信号输入与耐噪声电路的结合。

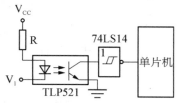

图 4－11 输入端光电隔离

（4）光电隔离电路 图 4－11 是带光电隔离的开关输入电路，R 为输入限流电阻，限制输入电流在 10～20 mA。采用这种电路，既能起到隔离作用，也能起到电平匹配作用。

4.2.2 输出电路设计

由于单片机口线驱动能力较低，一般只能用来驱动发光二极管、数码管等，因此电磁铁、继电器等功率器件必须加驱动电路。

1. 直接驱动电路

单片机 P0 口具有带动 8 个 TTL 门电路的能力，其余口线具有带动 4 个 TTL 门电路的能力，因此，对于一般的数码显示，LED 可以直接用单片机口线控制，图 4－12 所示是典型应用电路。

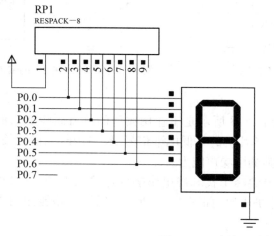

图 4－12 直接驱动负载

2. 继电器驱动接口电路

单片机用于输出控制时,用得最多的功率开关器件是固态继电器。

(1) 单片机与继电器的接口 当单片机控制系统控制继电器 RL 器件时,继电器的工作电压为 +12 V 或 +24 V,而单片机的工作电压≤5 V,且 RL 工作时具有很强的噪声,所以需要单片机控制电路具有驱动能力、电源变换的作用和隔离作用。图 4－13 为单片机输出控制继电器的典型电路,图(a)具有电源变换的作用,图(b)具有隔离作用。采用继电器驱动的电路形式中,继电器的线圈电压宜高不宜低,这主要是为了提高可靠性。如果继电器线圈电压低,由于三极管本身具有一定压降,当三极管 Q2 导通时,加在线圈两端的电压要减去三极管的压降,这样就难以使线圈导通。如线圈电压为 5 V,三极管饱和导通时压降为 0.7 V,当三极管导通时,实际加在线圈两端的电压为 5－0.7＝4.3(V),所以加在线圈上的电压选取了 12 V。图(a)中,P1.0＝0 时,Q1 驱动管导通,Q2 驱动管导通,正 12 V 电源、继电器 RL1 的线圈和 Q2、接地端形成电路通路,线圈得电,RL1 的常开点闭合,图中 D1 二极管具有续流保护作用。图(b)中 U1 是光电隔离开关,当 P1.1＝0 时,U1 工作,使 Q3 驱动管导通,继电器 RL2 线圈得电,RL2 的常开点闭合。

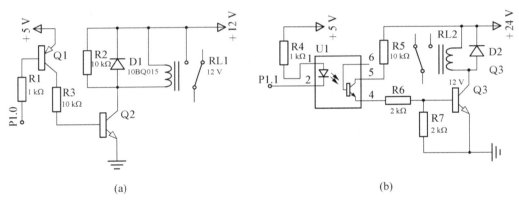

(a)   (b)

图 4－13 继电器控制典型电路

(2) 单片机与固态继电器接口电路 固态继电器简称 SSR(solid state relay),是一种四端器件,两端输入、两端输出,之间用光耦合器隔离。它是一种新型的无触点电子继电器,其输入端仅要求输入很小的控制电流,与 TTL、HTL、CMOS 等集成电路具有较好的兼容性。输出则用双向晶闸管接通和断开负载电源。具有开关速度快、工作频率高、体积小、重量轻、寿命长、无机械噪声、工作可靠、耐冲击等一系列特点,适用于需要抗腐蚀、抗潮湿、抗振动和防爆的场合。由于输入控制端与输出端用光电耦合器隔离,所需控制驱动电压低、电流小,非常方便与计算机控制输出接口。其设计接口电路如图 4－14 所示。当单片机的 P1.0 线输出低电平时,SSR 输出相当于开路;当 P.0 线输出高电平时,SSR 输出相当于通路,电源给负载加电,

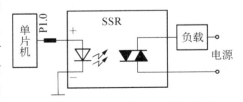

图 4－14 I/O 口线与 SSR 接口电路

从而实现开关量控制。

3. 光电耦合器(隔离器)驱动电路

后向通道往往所处环境恶劣,控制对象多为大功率伺服驱动机构,电磁干扰较为严重。为防止干扰窜入,保证系统的安全,采用光电耦合器传输信号,将系统与现场隔开。

(1) 晶体管输出型光电耦合器驱动电路 晶体管输出型光电耦合器的受光器是光电晶体管,如图 4-15 中 4N25 器件,用光作为晶体管的输入。当 4N25 的发光体发光时,光电晶体管受光的影响在 c、b(5 脚是光电晶体管的集电极 c,6 脚是光电晶体管的基极 b)间和 c、e(4 脚是光电晶体管的发射集 e)间会有电流流过,这两个电流受光照度的控制。光电耦合器在传输脉冲信号时,输入信号和输出信号之间有一定的时间延迟,不同结构的光电耦合器的输入/输出延迟时间相差很大。光电耦合器 4N25 的导通延迟 t_{ON} 是 2.8 μs,关断延迟 t_{OFF} 是 4.5 μs;4N33 的导通延迟 t_{ON} 是 0.6 μs,关断延迟 t_{OFF} 是 45 μs。

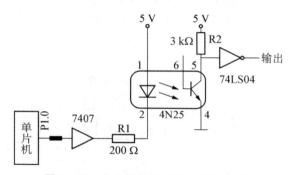

图 4-15 光电耦合器 4N25 的接口电路

晶体管输出型光电耦合器可用作开关。使用 4N25 的光电耦合器接口电路图如图 4-15 所示,若 P1.0 输出一个脉冲,则在 74LS04 反相驱动器输出端输出一个相位相同的脉冲。4N25 输入/输出端的最大隔离电压大于 2 500 V。接口电路中,同相驱动器 OC 门 7407 作为光电耦合器输入端的驱动。R1 是限流电阻,光电耦合器输入端的电流 I_F 一般为 10~15 mA,发光二极管的压降为 1.2~1.5 V,限流电阻 R 的计算公式为

$$R = \frac{V_{CC} - (V_F + V_{CS})}{I_F},$$

式中,V_{CC} 为电源电压;V_F 为输入端发光二极管的压降,取 1.5 V;V_{CS} 为驱动器 7407 的压降取 0.5 V。图 4-15 电路要求 I_F 为 15 mA,则计算得 R1 的值 200 Ω。

当 P1.0 端输出为高电平时,4N25 输入端电流为 0,三极管 c、e 截止,74LS04 的输入端为高电平,74LS04 输出为低电平;当 P1.0 端输出为低电平时,7407 输出端为低电平,4N25 输入电流为 15 mA,输出端可以流过不小于 3 mA 的电流,三极管 c、e 导通,c、e 间相当于一个开关,74LS04 输出为高电平。

光电耦合器可用于开关量控制,又常用于较远距离的信号隔离传送。一方面,光电耦合

器可以起到隔离两个系统地线的作用,使两个系统的电源相互独立,消除地电位不同所产生的影响;另一方面,光电耦合器的发光二极管是电流驱动器件,可以形成电流环路的传送形式。由于电流环路是低阻抗电路,对噪音的敏感度低,因此,提高了通信系统的抗干扰能力。常用于有噪音干扰的环境下传输信号,最大传输距离为 900 m。图 4 - 16 所示是用光电耦合器组成的电流环发送和接收电路。

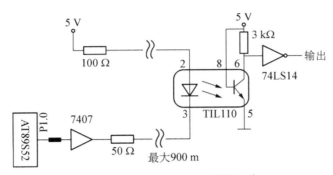

图 4 - 16　电流环发送与接收电路

(2) 光电耦合驱动晶闸管(可控硅)功率开关驱动电路　晶闸管输出型光电耦合器的输出是光敏晶闸管或光敏双向晶闸管。当光电耦合器的输入端有一定的电流流入时,晶闸管即导通。有的光电耦合器的输出端还配有过零检测电路,用于控制晶闸管过零触发,以减少电器在接通时对电网的影响。

如图 4 - 17 所示,常用的单向晶闸管输出型光电耦合器是 4N40,即固态继电器。当输入端有 15~30 mA 的电流时,输出端的晶闸管导通,输出端的额定电压为 400 V,额定电流为 300 mA。输入、输出端的隔离电压为 1 500~7 500 V。如果输出端的负载是电热丝,即可用于温度控制。4N40 的第 6 脚是输出晶闸管的控制端,不使用此端时,可对阴极接一个电阻。

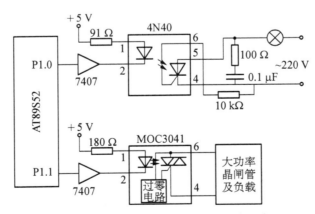

图 4 - 17　光电耦合驱动晶闸管驱动电路

常用的双向晶闸管输出型光电耦合器是 MOC3041,带过零触发电路,输入端的控制电流为 15 mA,输出端的额定电压为 400 V,最大重复浪涌电流为 1 A,输入、输出端隔离电压为 7 500 V。MOC3041 的第 5 脚是器件的衬底引出端,使用时不需要接线。

任务 3　单片机 I/O 接口电路实例

知识要点:

各种输入输出接口电路的接口条件、器件的选择,工程程序设计方法。

能力训练:

通过实例分析,加强汇编语言和 C 语言的软件设计技巧,培养创新能力和实际电气控制工程开发能力。

任务内容:

掌握实际工程中输入/输出口的使用指标和要求,熟悉汇编和 C 语言两种程序设计方法的区别和使用难易。

4.3.1　开关控制 LED 显示

1. 设计任务

按键分组控制 LED:

(1) 每次按下 K1 时递增点亮一只 LED。全亮时再按下则循环再次开始;

(2) K2 按下时点亮上面 4 只 LED;

(3) K3 按下时点亮下面 4 只 LED;

(4) K4 按下时关闭所有的 LED。

2. 电路原理图设计

这是标准的输入/输出电路设计问题,使用单片机最小系统的 P0 口外接 LED,P0 口结构电路内没有上拉电阻,所以需外接上拉电阻,并通过限流电阻排 RN1 接 LED。以低电平方式表示开关接通,电路中采用拨动开关作为单片机输入控制开关 K1～K4,与 P2口的 P2.4～P2.7 连接。电路原理如图 4 - 18 所示,单片机选择 AT89S52,晶振为 12 MHz。

3. 程序设计

(1) 汇编程序设计　程序设计的目的是判断 4 个开关的状态来实现各自的功能。按键的判断要执行一个 10 ms 的延时程序以消除键抖动影响,点亮 LED 需要一个 500 ms 的延时以消除闪烁,程序设计的流程图如图 4 - 19 所示。

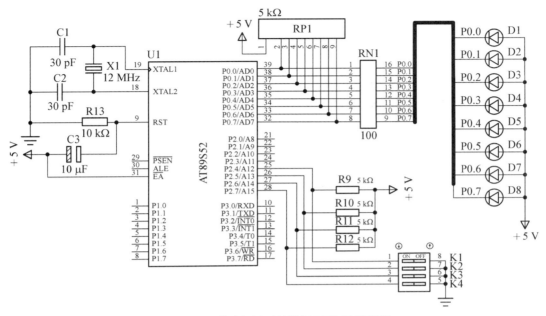

图 4 – 18　单片机用开关控制 LED 显示原理

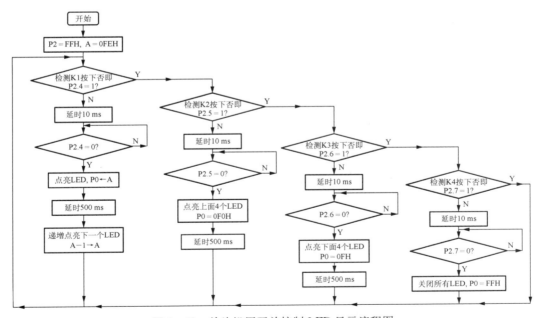

图 4 – 19　单片机用开关控制 LED 显示流程图

汇编语言源程序清单如下:

```
            ORG     0000H
            JMP     START
            ORG     0030H
START:      MOV     SP,#5FH
            MOV     P2,#0FFH    ;P2 口写 1,为输入信号的采集作准备
            MOV     A,#0FEH     ;K1 有效时点亮一只 LED
KEY1:       JB      P2.4,KEY2   ;判断 K1 是否按下,没按下转判断 K2 按下否
            LCALL   D10ms       ;延时,消除键抖动
            JNB     P2.4,$      ;K1 没有按下,继续判断,按下执行递增点亮一只 LED
            MOV     P0,A
            LCALL   D500ms      ;延时 0.5s,消除闪烁
            DEC     A           ;为执行递增点亮 LED 作准备
            JMP     KEY1
KEY2:       JB      P2.5,KEY3   ;判断 K2 是否按下,没按下转判断 K3 按下否
            LCALL   D10ms       ;延时,消除键抖动
            JNB     P2.5,$      ;K2 没有按下,继续判断,按下时点亮上面 4 只 LED
            MOV     P0,#0F0H    ;点亮上面 4 只 LED
            LCALL   D500ms      ;延时 0.5s,消除闪烁
            JMP     KEY1
KEY3:       JB      P2.6,KEY4   ;判断 K3 是否按下,没按下转判断 K4 按下否
            LCALL   D10ms       ;延时,消除键抖动
            JNB     P2.6,$      ;K3 没有按下,继续判断,按下时点亮下面 4 只 LED
            MOV     P0,#0FH     ;点亮下面 4 只 LED
            LCALL   D500ms      ;延时 0.5s,消除闪烁
            JMP     KEY1
KEY4:       JB      P2.7,KEY1   ;判断 K4 是否按下,没按下转判断 K1 按下否
            LCALL   D10ms       ;延时,消除键抖动
            JNB     P2.7,$      ;K4 没有按下,继续判断,按下关闭所有 LED
            MOV     P0,#0FFH    ;关闭所有 LED
            JMP     KEY1        ;返回 KEY1
```

注意:在此程序中需要读者自己设计 500 ms、10 ms 的延时子程序 D500ms、D10ms。参考项目 2 中的例 2.7 内容。

(2) C 语言程序设计　C 语言源程序清单如下:

```
//--------------------------------------------------------------------
//名称:单片机用开关分组控制 LED 显示
//--------------------------------------------------------------------
#include 〈reg52.h〉
#define uchar unsigned char
#define uint  unsigned int
//--------------------------------------------------------------------
//延时
//--------------------------------------------------------------------
void  Delay(uint x)
{
    uint  i;
    while(x——) for (i=0;i<120;i++);
}
//--------------------------------------------------------------------
//主程序
//--------------------------------------------------------------------
void main()
{
  uchar k, t,  key_state;
  P0=0xFF;
  P2=0xFF;
   while (1)
   {
      t=P2;
      if  (t!=0xFF)
      {
        Delay(10);
        //再次检查按键
        if   (t!=P2)  continue;
        //取得 4 位按键值,由模式 XXXX1111(X 中有一为 0,其他均为 1)
        //变为模式 0000XXXX(X 中有一为 1,其他均为 0)
        key_state=~t>>4;
        k=0;
        //检查 1 所在位置,累加获取按键号 k
        while   (key_state!=0)
```

```
        {
            k  ++;
            key_state  >>=1;
        }
        //根据按键号 k 进行 4 种处理
        switch(k)
        {
            case  1:  if  (P0==0xFF)  P0=0xFF;
                        P0<<=1; Delay(200); break;
            case  2:  P0=0xF0; break;
            case  3:  P0=0x0F; break;
            case  4:  P0=0xFF;
        }
    }
  }
}
```

4.3.2 LED 数码管动态显示接口技术

1. 设计任务

在数码管上稳定地显示"123456",要求不闪烁。

2. LED 数码管的基础知识

在单片机应用系统中,LED 数码管作为显示器得到广泛的应用。LED 数码管的显示原理及其静态显示应用在项目 1 的实例中已经讲述。本例主要讲述 LED 数码管的动态显示应用技术。

(1) LED 数码管的动态显示 LED 数码管静态显示稳定,但占用单片机 I/O 口线多。有多位数码管显示时,为节省口线,简化电路,将所有 LED 数码管的段选线一一对应,并联在一起,由(有时通过驱动元件)同一个单片机的 8 位 I/O 口控制;而位选线分别独立,分别(一般通过驱动元件)由各单片机 I/O 口线控制。如图 4-20 所示,在数码管动态显示电路原理图中,6 个数码管的段选码共用一个 I/O 口 P1,在每个瞬间,数码管的段码相同。要实现多位显示,就要在每一瞬间只有一个数码管选通。在各位数码管轮流选通时,该位显示的字符段码由共用 I/O 口线送来,并保持一段延时时间,以适应视觉暂留时间。

(2) 延时时间的估算 由于人的视觉暂留时间为 0.1 s,所以每位显示的时间间隔不能超过 20 ms。试验证实,每位延时超过 18 ms,则可以观察到明显的闪烁。本例中,在 6 个 LED 数码管逐位轮流点亮,每一位保持 1 ms,在 10~20 ms 之内再一次点亮,不断重复。这样,利用人的视觉暂留,感觉到 6 位 LED 数码管同时点亮。

(3) 数码管 LED 限流(保护)电阻的估算 一般 LED 的典型工作点(V_{LED})约为 1.75 V,

数码管每段LED的电流为10 mA,如电源电压为5 V,则估算的限流电阻阻值为

$$R = (V - V_{LED})/0.01 = 325\ \Omega。$$

要求不高的场合可以采用直接驱动方法,考虑到并口的驱动能力,限流电阻大,LED的亮度不够理想,在此案例中取220 Ω。如果要求较高的亮度,可在单片机I/O接口电路和LED数码管之间加入驱动器件。

3. 电路原理图设计

LED数码管动态显示电路原理如图4-20所示。AT89S52的P1口和P2口控制6位共阴极LED动态显示,图中P1口输出段选码,P2口输出位选码,位选码占用输出口的线数取决于显示器的位数,6位LED数码管就要6条I/O口线。74HC04是反相驱动器,单片机P1口正逻辑输出的位控与共阴极LED要求低电平点亮正好相反,即P1口位控线输出高电平,点亮一位LED。RN1为电阻排作为共阴极数码管的分流电阻。

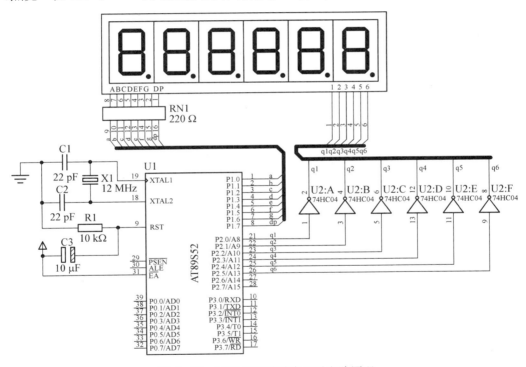

图4-20 LED数码管动态显示电路原理

4. 程序设计

在6个数码管上从左到右显示"123456",显示的内容存放在片内RAM以79H地址开始的缓冲区内。在每一瞬间,6位LED会显示相同的字符,要想每位显示不同的字符,必须采用扫描方法轮流点亮各位LED。例如,要显示1,必须在单片机P1口送1的段选码06H;在P2口送位选码01H点亮最左边的LED数码管,依次显示其余的字符段选码、位选码,见表4-1。段选码、位选码每送入一次后延时1 ms保持点亮,完成显示"123456"整个过程大

约需要 20 ms 左右,之后重复整个工程不止。

表 4 - 1　6 位动态扫描显示状态

段选码(字型码)	位选码	显示器显示状态					
06H	01H	1					
5BH	02H		2				
4FH	04H			3			
66H	08H				4		
6DH	10H					5	
7DH	20H						6

动态扫描显示子程序的流程如图 4 - 21 所示。

(1) 汇编语言源程序清单如下:

```
            ORG     0000H
            LJMP    START
            ORG     0030H
        ;主程序清单
START:  MOV     SP,#50H
            MOV     A,#1
            MOV     R7,#06H
            MOV     R1,#79H
LOOP:   MOV     @R1,A
        ;将显示数据存入 7EH 为末地址的显示缓冲区
            INC     R1
            INC     A
            DJNZ    R7,LOOP
LOOP1:  LCALL   DIS             ;调用显示子程序
            SJMP    LOOP1


        ;DIS 显示子程序清单如下
DIS:    MOV     R0,#7EH         ;显示缓冲区末地址→R0
            MOV     R2,#20H         ;位控字,先点亮最高位(右边)
            MOV     A,R2
            MOV     DPTR,#TAB       ;字型表头地址→DPTR
```

```
LP0:    MOV     P2,A                ; 点亮最右边的数码管
        MOV     A,@R0               ; 取显示数据
        MOVC    A,@A+DPTR           ; 取出字形码
        MOV     P1,A                ; 送出显示
        ACALL   D1MS                ; 调延时子程序
        DEC     R0                  ; 数据缓冲区地址减 1
        MOV     A,R2
        JB      ACC.0,LP1           ; 扫描到最左面的显示器了吗?
        RR      A                   ; 没有到,右移 1 位
        MOV     R2,A
        AJMP    LP0
LP1:    RET
; 共阴极 7 段 LED 数码管显示字型"0~9""A~F""一"和熄灭的编码表
TAB:    DB      3FH,06H,5BH,4FH,66H,6DH
        DB      7DH,07H,7FH,6FH,77H,7CH
        DB      39H,5EH,79H,71H,40H,00H
; 延时 1 ms 子程序清单
D1MS:   MOV     R7,#02H
DL:     MOV     R6,#0FFH
DL1:    DJNZ    R6,$
        DJNZ    R7,DL
        RET
        END
```

（2）C 语言源程序清单如下：

```
//-----------------------------------------------------------------
//名称:在 6 个数码管上从左到右稳定显示"123456"
//-----------------------------------------------------------------
#include "reg52.h"
#define uchar unsigned char
#define uint unsigned int
uchar code BIE_CODE[]={0x00,0x01,0x02,0x04,0x08,0x10,0x20};//位码表
uchar code   disbuffer[7]={0,1,2,3,4,5,6};       //定义显示缓冲区
uchar code   DSY_CODE[]=                          //0~F 的字段码表
{0x3F,0x06,0x5B,0x4F,0x66,0x6D,0x7D,0x07,0x7F,0x6F,0x77,0x7C,0x39,0x5E,0x79,
0x71};
```

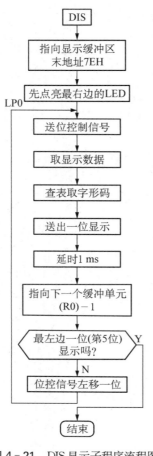

图 4-21　DIS 显示子程序流程图

```
//---------------------------------------------------
//延时子程序
//---------------------------------------------------
void    msDelay(uint DelayTime)
{      uchar     i=0;
      while(DelayTime－－)      for (i=0;i<120;i++);
}
//---------------------------------------------------
//主 程 序
//---------------------------------------------------
void main()
{
      uchar   i;   p1=0xFF;   p2=0x00
            while (1)
              {
                for (i=0;i<7;i++)
                  {
                    P2＝BIE_CODE[i];
                    P1＝DSY_CODE[disbuffer[i]];
                    msDelay(1);
                  }
              }
}
```

4.3.3　单片机与矩阵式键盘的接口技术

1. 设计任务

数码管显示 4×4 键盘矩阵按键序号。

2. 键盘的基础知识

按键、键盘是单片机应用程序中最常用的输入设备,在控制系统中,一般都是通过键盘向单片机系统输入指令、地址和数据,实现简单的人机通信。

按照结构原理,按键可分为两类,一类是触点式开关按键,如机械式开关、导电橡胶式开关等;另一类是无触点开关按键,如电气式按键、磁感应按键等。前者造价低,后者寿命长。目前,微机系统中最常见的是触点式开关按键。

键盘是一组按键开关的集合,每个按键都是一个常开开关电路。如图 4-22(a)所示,当按键开关未按下时,开关处于断开状态,P1.0 端口为高电平,当按键开关按下时,开关处于闭合状态,P1.0 端口为低电平。通常按键开关采用机械式,由于机械触点的弹性作用,在闭合时不会马上稳定地接通,断开时也不会马上断开,因而在闭合和断开的瞬间会伴随一连串的抖动,如图 4-22(b)所示。抖动时间的长短由按键的机械特性决定,一般为 5～10 ms。人感觉不到这种抖动,但对于敏感的单片机系统,不能忽略。

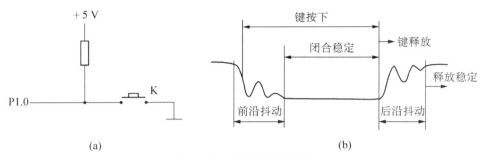

图 4-22　键盘开关及波形

键盘的结构可以分为独立连接式和矩阵式两类,每一类按其译码方法又可分为编码及非编码两种类型。

(1) 独立式按键结构　独立式按键是指直接用 I/O 口线构成的单个按键电路。每根I/O 口线上按键的工作状态不影响其他 I/O 口线的工作状态,如图 4-18 中所示。当需要按键数量比较少时,可采用这种方法,优点是电路简单;缺点是当键数较多时,要占用较多的I/O 线。

独立式按键软件常采用查询式结构。先逐位查询每根 I/O 口线的输入状态,如某一根I/O 口线输入为低电平,则可确认该 I/O 口线所对应的按键已按下,然后,再转向该键的功能处理程序。

(2) 矩阵式键盘结构　为了减少键盘与单片机连接时所占用 I/O 线的数目,在键数较多时,通常都将键盘排列成如图 4-23 所示的形式。利用这种矩阵形式只需 N 条行线和 M条列线,可形成具有 N×M 个按键的键盘。

行、列线分别连接到按键开关的两端,行线通过上拉电阻接到 +5 V 上。当无键按下时,行线处于高电平状态;当有键按下时,行、列线将导通,此时,行线电平将由与此行线相连的列线电平决定。这是识别按键是否按下的关键。然而,矩阵键盘中的行线、列线和多个键相连,各按键按下与否均影响该键所在行线和列线的电平,各按键间将相互影响,因此,必须将行线、列线信号配合起来作适当处理,才能确定闭合键的位置。

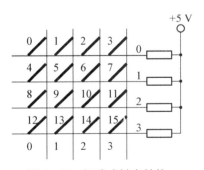

图 4-23　矩阵式键盘结构

根据以上内容的分析总结,键盘的处理主要涉及 3个方面的内容:

（1）按键的识别　检测输出线上电平的高/低来判断键位有无键按下。

（2）抖动的消除　按下键位时产生的抖动称为前沿抖动,松开键位时产生的抖动称为后沿抖动。如果不作处理,必然会按一次键输入多次。为确保按一次键只确认一次,必须消除按键抖动现象。消除按键的抖动可用硬件或软件方法。

按键数较少时可用硬件方法消除键抖动,用一个与非门构成的 RS 触发器解决;按键数较多时,常用软件方法消除,即检测出键闭合状态后执行一个延时程序,产生 5～10 ms 的延时,让前沿抖动消失后再一次检测键的状态。如果保持闭合状态电平,则确定真正有键按下,当检测到按键释放后,也要给 5～10 ms 的延时,待后沿抖动消失后才转入该键的处理程序。

（3）键位的编码　通常单片机控制系统中用到的键盘包含很多个键位,这些键都通过 I/O 口线连接。按下某个键,通过键盘接口电路得到该键位的编码。一个键盘的键位怎样编码,是实现键位控制的一个重要问题,键位编码通常有两种方法:

① 用连接键盘的 I/O 口线的二进制组合编码　　如图 4-23 所示,用 4 根行线、4 根列线构成 16 个键的键盘,假设单片机控制系统的 P1 口的 P1.0～P1.3 接 4 根行线,P1.4～P1.7 接 4 根列线,可使用一个 8 位 I/O 线的二进制的组合表示 16 个键的编码。0～15 键号的编码值可为 88H、84H、82H、81H、48H、44H、42H、41H、28H、24H、22H、21H、18H、14H、112H、11H。这种编码简单,但不连续,在软件处理时不方便。

② 采用计数译码法,即根据行列位置编码　　这种编码,利用矩阵形式只需 N 条行线和 M 条列线,可形成具有 N×M 个按键的键盘处理形式,每个键位的编码值=行号 N×每行的按键个数 K+列号 M,即键号（值）=行首键号+列号。如果一行有 K 个键,则行首键号为 N×K。行号 N 和列号 M 从 0 开始取。

3. 电路原理图设计

本例要求设计一个矩阵式键盘,检测到按下哪个键后,将相应的键号在 LED 数码管上显示,并伴有声音警告。

图 4-24 所示是一种简易矩阵式键盘接口电路,该键盘是由 P1 口的高、低字节构成的 4×4 键盘。键盘的列线与 P1 口的低 4 位相连,键盘的行线与 P1 口的高 4 位相连,按键设置在行列的交点上。矩阵式键盘的列线通过电阻接+5 V,但 P1 口结构内有上拉电阻,可以不外接电阻,通过内部上拉电阻接到+5 V 上。

显示键号的 LED 数码管连接到单片机最小系统的 P0 口线上。因 P0 口结构内无上拉电阻,因此在 I/O 口线上接一电阻排作上拉电阻,LED 数码管是共阴极。声音器件接到 P3.0 口线上。

4. 程序设计

数码管显示 4×4 键盘矩阵按键序号软件设计的关键,在于软件完成键识别。键盘扫描程序一般应包括以下内容:

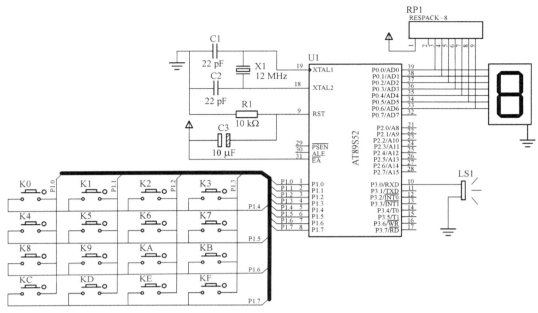

图 4-24 数码管显示 4×4 键盘矩阵按键序号电路原理

(1)判别有无键按下 由单片机 I/O 口向键盘送(输出)全扫描字,然后读入(输入)列线状态来判断。方法是,把全部行线 P1.4～P1.7 置为低电平,然后将列线的电平状态读入累加器 A 中。如果有按键按下,总会有一根列线电平被拉至低电平,使列输入不全为 1。

(2)判断键盘中哪一个键被按下 依次给行线送低电平,然后查所有列线状态,称行扫描。如果全为 1,则所按下的键不在此行;如果不全为 1,则所按下的键必在此行,而且是在与零电平列线相交的交点上的那个键。

(3)用计算法或查表法得到键值 键号(值)=行首键号+列号:

第 0 行的键值:0 行×4+列号(0～3)为 0、1、2、3;

第 1 行的键值:1 行×4+列号(0～3)为 4、5、6、7;

第 2 行的键值:2 行×4+列号(0～3)为 8、9、A、B;

第 3 行的键值:3 行×4+列号(0～3)为 C、D、E、F。

4×4 键盘行首键号为 0、4、8、C,列号为 0、1、2、3。

(4)判断闭合键是否释放 如没释放则继续等待。

(5)将闭合键键号保存 保存同时转去执行该闭合键的功能。

图 4-25 所示为 4×4 键盘扫描子程序流程图。

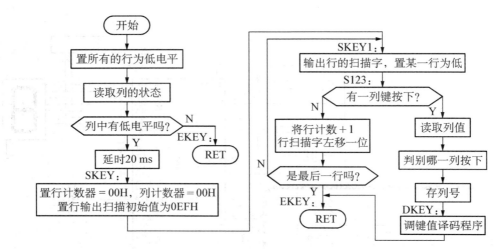

图 4-25 4×4 键盘扫描子程序流程图

（1）汇编语言源程序清单如下：

```
            ORG    0000H
            LJMP   START
            ORG    0030H
;主程序
START:  MOV   SP,#5FH
        MOV   P1,#0FFH
        LCALL  KEY          ; 调用 4×4 键盘扫描子程序,取得的键号在 A 中
        MOV   DPTR,#TAB      ; LED 数码管的字型编码表头地址→DPTR
        MOVC  A,@A+DPTR      ; 取 LED 数码管的字型显示编码
        MOV   P0,A           ; 显示所按键的键号
        LCALL  SND          ; 声音警告子程序
        JMP   START
;4×4 键盘扫描子程序
;键值(键号)在 A 中
KEY:    MOV   P1,#0FH        ; 令所有行为低电平
KEY1:   MOV   R7,#0FFH       ; 设置计数常数
        DJNZ  R7,KEY1        ; 延时
        MOV   A,P1           ; 读取 P1 口的列值
        ANL   A,#0FH         ; 有键值按下吗?
        CPL   A              ; 求反后,有高电平就有键按下
        JZ    EKEY           ; 无键按下时退出
```

```
            LCALL    DEL20ms        ; 延时 20 ms 去抖动
SKEY:       MOV      A,#00          ; 下面开始行扫描,1 行 1 行扫
            MOV      R0,A           ; R0 作为行计数器,开始为 0
            MOV      R1,A           ; R1 作为列计数器,开始为 0
            MOV      R3,#0EFH       ; R3 为行扫描字暂存,低 4 位为行扫描字
SKEY2:      MOV      A,R3
            MOV      P1,A           ; 输出行扫描字,低 4 位全 1
            NOP
            NOP
            NOP                     ; 3 个 NOP 操作使 P1 口输出稳定
            MOV      A,P1           ; 读列值
            MOV      R1,A           ; 暂存列值
            ANL      A,#0FH         ; 取列值
            CPL      A              ; 高电平则有键闭合
S123:       JNZ      SKEY3          ; 有键按下转 SKEY3,无键按下时进行一行扫描
            INC      R0             ; 行计数器加 1
            SETB     C              ; 准备将行扫描左移 1 位,形成下一行扫描字,C=1
                                      保证输出
; 行扫描字中低 4 位全为 1,为列输入作准备,高 4 位中只有 1 位为 0
            MOV      A,R3           ; R3 带进位 C 左移 1 位
            RRC      A
            MOV      R3,A           ; 形成下一行扫描字→R3
            MOV      A,R0
            CJNE     A,#04H,SKEY2   ; 最后一行扫(4 次)完了吗?
EKEY:       RET
; 列号译码
SKEY3:      MOV      A,R1
            JNB      ACC.0,SKEY5
            JNB      ACC.1,SKEY6
            JNB      ACC.2,SKEY7
            JNB      ACC.3,SKEY8
            AJMP     EKEY
SKEY5:      MOV      A,#00H
            MOV      R2,A           ; 存 0 列号
            AJMP     DKEY
SKEY6:      MOV      A,#01H
```

```
               MOV      R2,A              ;存1列号
               AJMP     DKEY
SKEY7:  MOV      A,♯02H
               MOV      R2,A              ;存2列号
               AJMP     DKEY
SKEY8:  MOV      A,♯03H
               MOV      R2,A              ;存3列号
               AJMP     DKEY
;键位置译码
DKEY:    MOV      A,R0              ;取行号
               ACALL    DECODE
               AJMP     EKEY
;键值(键号)译码
DECODE:  MOV      A,R0              ;取行号送A
               MOV      B,♯04H            ;每一行按键个数
               MUL      AB                ;行号×按键数
               ADD      A,R2              ;行号×按键数＋列号＝键值(号),在A中
               RET
;20 ms 延时子程序
DEL20ms: MOV      R7,♯40H
DS1:     MOV      R6,♯0FFH
DS2:     DJNZ     R6,DS2
               DJNZ     R7,DS1
               RET
;共阴极7段LED数码管显示字型"0～9""A～F""—"和熄灭的编码表
TAB:     DB   3FH,06H,5BH,4FH,66H,6DH
               DB   7DH,07H,7FH,6FH,77H,7CH
               DB   39H,5EH,79H,71H,40H,00H


;声音警告子程序
SND:     SETB     P3.0              ;P3.0输出高电平,启动蜂鸣器鸣叫
               MOV      R7,♯1EH           ;延时
DL:      MOV      R6,♯0F9H
DL1:     DJNZ     R6,DL1
               DJNZ     R7,DL
               CLR      P3.0              ;P3.0输出低电平,停止蜂鸣器鸣叫
               RET
               END
```

（2）C 语言源程序清单如下：

```c
//------------------------------------------------
//名称:数码管显示 4×4 键盘矩阵按键序号
//------------------------------------------------
#include  〈reg52.h〉
#define   uchar   unsigned  char
#define   unit    unsigned  int

//0～9,A～F 的数码管段码,最后一个是黑屏
uchar code DSY_CODE[]=
{0xc0,0xf9,0xa4,0xb0,0x99,0x92,0x82,0xf8,0x80, 0x90,0x88,0x83,0xc6,0xa1,
 0x86,0x8e,0x00};
sbit   BEEP=P3^0;
//上次按键和当前按键序号,该矩阵中序号范围为 0～15,16 表示无按键
uchar  Pre_KeyNo=16,  KeyNo=16;
//------------------------------------------------
//延 时
//------------------------------------------------
void    DelayMS(unit   ms)
{
    uchar   t;
    while(ms——) for (t=0; t<120; t++);
}
//------------------------------------------------
//键盘矩阵扫描
//------------------------------------------------
void   Keys_Scan()
{
    uchar   Tmp;
    P1=0x0F;                    //高 4 位置 0,放入 4 行
    DelayMS(1);
//按键后 00001111 将变为 0000XXXX,X 中有 1 给为 0,3 个仍为 1
//下面的异或操作会把 3 个 1 变为 0,唯一的 0 变为 1
    Tmp=P1^0x0F;
//判断按键发生于 0～3 列中的哪一列
    switch  (Tmp)
```

```
    {
        case   1:KeyNo  =0;break;
        case   2:KeyNo  =1;break;
        case   4:KeyNo  =2;break;
        case   8:KeyNo  =3;break;
        default:    KeyNo  =16;                  //无键按下
    }
        P1=0xF0;                                 //低4位置0,放入4列
        DelayMS(1);
    //按键后11110000将变为XXXX0000,X中有1给为0,3个仍为1
    //下面的表达式会将高4位移到低4位,并将其中唯一的0变为1,其余为0
        Tmp=P1≫4^0x0F;
    //对0~3行分别附加起始值0,4,8,12
        switch (Tmp)
    {
        case   1:KeyNo  +=0;break;
        case   2:KeyNo  +=4;break;
        case   4:KeyNo  +=8;break;
        case   8:KeyNo  +=12;
    }
}
//-------------------------------------------------------------
//蜂鸣器
//-------------------------------------------------------------
void   Beep()
{
    uchar i;
    for  (i=0;  i<100;  i++)
    {
        DelayMS(1);
        BEEP  =~BEEP;
    }
    BEEP  =1;
}
//-------------------------------------------------------------
//主程序
```

```
//------------------------------------------------
void    main()
{
    P0＝0x00;
    while (1)
    {
      P1＝0x0F;
      if(P1 !＝0x0F) Keys_Scan();        //扫描键盘获取按键序号 KeyNo
      if(Pre_KeyNo !＝KeyNo)
        {
            P0＝～DSY_CODE[KeyNo];
            Beep();
            Pre_KeyNo＝KeyNo;
        }
      DelayMS(100);
    }
}
```

4.3.4　汽车转向控制器设计与仿真

1. 设计任务

用 LED 模拟汽车转向灯控制器设计。开关 K 至某边表示汽车将要向某边转向,此时相应的前后转向灯闪烁,K 至中间位置表示汽车直行。

2. 电路原理图设计

开关接 P1.0、P1.1。前后转向灯接 P1.2、P1.3、P1.4、P1.5。系统在程序控制下,先读开关状态,然后根据开关状态在 P1.2、P1.3、P1.4、P1.5 端口输出相应的值。

汽车电器采用 24 V 供电,因此输入电路采用图 4 - 26(a)所示的电路形式,输出用图 4 - 26(b)所示的形式,为了方便起见,在仿真时,输入采用一个普通转换开关,输出采用 LED 模拟。

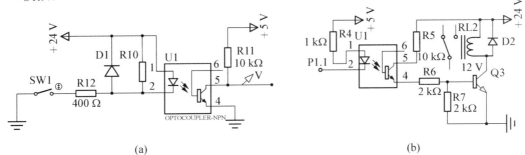

(a)　　　　　　　　　　　　　　　　　(b)

图 4 - 26　开关输入输出电路

从 Proteus 元件库中选取 AT89C52(单片机,实际使用 AT89S52)、RES(电阻)、Crystal (晶振)、CAP(电容)、CAP - Elec(电解电容)、LED - Red(发光二极管)、SW - Spdt(单刀双置开关)。设置元器件、电源和地,电路如图 4 - 27 所示,制作汽车模型。

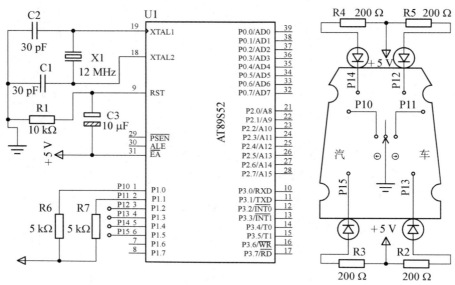

图 4 - 27　汽车转向灯控制电路

3. 程序设计

(1) 汇编程序设计　程序流程如图 4 - 28,汇编语言源程序清单如下:

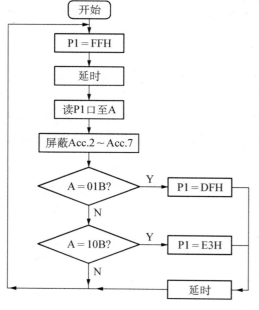

	ORG	0000H
	LJMP	START
	ORG	0030H
START:	MOV	P1,#0FFH
	LCALL	DS 01
	MOV	A,P1
	ANL	A,#00000011B
	CJNE	A,#1,LP1
	MOV	P1,#11001111B
	LJMP	LP2
LP1:	CJNE	A,#2,LP2
	MOV	P1,#11110011B
LP2:	LCALL	DS 01
	LJMP	START
DS01:	MOV	R0,#0FFH

图 4 - 28　汽车转向灯程序流程

```
D1:      MOV      R1,#0FFH
D2:      DJNZ     R1,D2
         DJNZ     R0,D1
         RET
         END
```

（2）C 语言程序设计　C 语言源程序清单如下：

```
#include〈reg52.h〉              //预编译命令
void delay(unsigned char com)    //定义延时程序
{
    unsigned char i,j,k;
    for(i=5;i>0;i——) {;}
    for(j=132;j>0;j——){;}
    for(k=com;k>0;k——){;}
}
main(void)
{
    unsigned char dat;

    while(1)                      //在 main()函数中使用一个
                                  while(1)语句不断循环
{
P1=0xff;   delay(100);
        dat=P1&0x03;              //屏蔽高 6 位,取低 2 位
        if(dat==1)P1=0xcf;
        if(dat==2)P1=0xf3;
        delay(100);
    }
}
```

4. 程序编译与加载

点击"Source"→"Add/Remove source Files"菜单,在出现的对话框中,选择 ASEM51 编辑器,将上面的汇编源程序输入到文本。点击菜单"Source"→"Build All"编译汇编源程序,生成代码文件并加载。

5. 系统仿真

点击全速运行按键,得到仿真结果。

任务4 实训项目与演练

知识要点：

　　单片机输入/输出口的结构特点，单片机程序设计知识。

能力训练：

　　通过实训，掌握工程项目开发中使用单片机 I/O 口控制电路的技巧，更好地训练软件设计能力。

任务内容：

　　熟练掌握单片机 I/O 接口电路应用中的硬件、软件设计，熟悉 keil 或伟福软件以及 Proteus 软件仿真的使用技术。

实训6 继电器控制大功率照明设备

1. 功能

　　通过单片机控制大功率照明设备，要求按下 K1 时灯点亮，再次按下时灯熄灭。外围电路如图 4-29 所示。

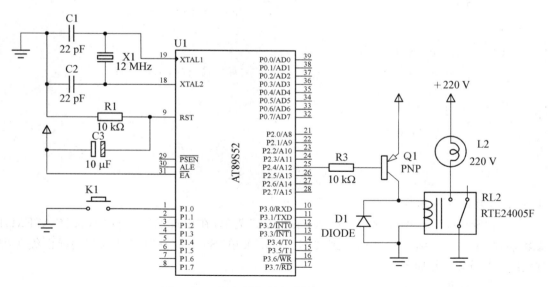

图 4-29 继电器控制大功率照明设备电路

2. 程序设计思路和实现过程

（1）大功率照明灯需要的额定电压为 220 V，而单片机的电源是弱电源，只有 5 V，必须使用前面所学的继电器驱动接口电路才能满足控制要求,设计时通过 P2.4 输出控制信号,由三极管 Q1 驱动,使继电器 RL2 线圈得电,RL2 的常开开关合上,照明灯 L2 线路通电。

(2) 接在单片机 P1.0 口上的按键 K1 控制 L2,当单片机判断 P1.0 是低电平信号(即 K1 合上)时,从 P2.4 发出控制信号。

3. 思考题

如何实现照明灯的调光控制? 如何修改硬件电路和程序代码?

4. 源程序代码

```
//---------------------------------------
//名称:继电器控制照明设备
//---------------------------------------
#include   〈reg52.h〉
#define  uchar  unsigned  char
#define  uint  unsigned  int

sbit K1=P1^0;
sbit RELAY=P2^4;
//---------------------------------------
//延时
//---------------------------------------
void   Delay(uint x)
{
    uint   i;
    while(x——) for (i=0;i<120;  i++);
}
//---------------------------------------
//主程序
//---------------------------------------
void main()
{
    P1=0xFF;
    RELAY=1;
    while (1)
    {
      if (K1==0)
      {
        while  (K1==0);
```

```
          RELAY=~RELAY;
          Delay(20);
        }
      }
    }
```

习　　题

1. AT89S52 P0 口用作通用 I/O 口输入时,若通过 TTL 的 OC 门输入数据,应注意什么？为什么？

2. 读端口锁存器和读引脚有何不同？各使用哪种指令？

3. AT89S52 P0～P3 口结构有何不同？用作通用 I/O 口输入数据时,应注意什么？

4. 为什么 P2 口作为扩展程序存储器的高 8 位地址后,就不宜作 I/O 口用？

5. P0 口作为输出口时,为什么要外加上拉电阻？

6. 试根据图 4−1 简述 P0 口的工作原理。

7. 结合图 4−24 简述扫描法键盘的工作原理。

8. 简述动态驱动和静态驱动数码管的原理。

9. 如图 4−24 所示,编制程序实现:上电后显示 P,有键按下时显示相应的键号 0～9。

项目 ⑤
【单片机工程应用技术】

直流伺服电机的 PWM 控制技术

▍项目任务

利用单片机中断技术和定时/计数器技术,实现可调速控制的直流电机正反转。

▍项目要求

(1) 熟悉中断的概念及中断的功能;掌握中断系统的硬件结构和 6 个中断源的含义;熟练掌握各中断控制寄存器各控制功能及标志位的含义;掌握中断服务子程序的结构及编程技巧。

(2) 熟悉 AT89S52 单片机片内 3 个 16 位定时器/计数器 T0、T1 和 T2 的硬件结构及其与 CPU 的关系;掌握 T0、T1 和 T2 的工作方式,以及各种模式的应用技术。

(3) 熟练应用编程软件调试软硬件,熟悉电路中各个元气件的功能和作用。

(4) 实际操作锻炼学生的程序设计能力、调试能力、动手能力和创新能力。

▍项目导读

(1) 中断的技术应用:中断的概念、MCS-51 单片机中断系统结构及中断控制、中断处理过程、外部中断扩展方法、中断程序举例。

(2) 定时器的技术应用:定时器概述、定时器的控制、定时器的各种模式及应用。

(3) 直流伺服电机的 PWM 控制设计。

任务 1 中断技术应用

知识要点：

MCS-51/52 单片机中断系统的结构，中断控制寄存器的功能及标志位的含义，中断服务程序的结构与编程。

能力训练：

通过中断技术的学习，掌握中断系统的应用、中断服务子程序的结构及编程设计技巧。

任务内容：

掌握中断系统的硬件结构和 6 个中断源，掌握各中断控制寄存器各控制功能及标志位的含义，熟练掌握中断服务程序的结构与编程。

5.1.1 中断的概念

单片机的运行同其他微机系统一样，CPU 不断与外部输入输出设备交换信息。CPU 与外部设备交换信息通常采用程序控制传送方式、中断传送方式和直接存储器存取方式。早期的计算机没有中断功能，CPU 和外设交换信息只能采取程序控制传送方式。在交换信息时，CPU 不能做别的事，大部分时间处于等待状态，等待 I/O 接口准备就绪。现代的计算机都具有实时处理功能，就是靠中断技术来实现的。

中断是通过硬件来改变 CPU 的运行方向。计算机在执行程序的过程中，当出现 CPU 以外的某种随机情况时，由服务对象向 CPU 发出中断请求信号，要求 CPU 暂时中断当前程序的执行而转去执行相应的处理程序。待处理程序执行完毕后，再继续执行原来被中断的程序。这种程序在执行过程中由于外界的原因而被中间打断的情况称为中断，如图 5-1 所示。实现中断功能的部件称为中断系统。中断之后所执行的相应的处理程序通常称为中断服务或中断处理子程序，原来正常运行的程序称为主程序。主程序被断开的位置（或地址）称为断点。引起中断的原因，或能发出中断申请的来源，称为中断源。CPU 暂时中止自身的事务，转去处理事件的过程称为 CPU 的中断响应过程。中断源要求服务的请求称为中断请求（或中断申请）。处理完毕，再回到原来被终止的地方称为中断返回。

图 5-1 中断流程

调用中断服务程序的过程类似于调用子程序，其区别在于调用子程序是在程序中事先安排好的；而何时调用中断服务程序事先却无法确定。因为中断的发生是由外部因素决定的,程序中无法事先安排调用指令,因此,调用中断服务程序的过程是由硬件自动完成的。

中断方式避免了 CPU 在查询中的等待,大大提高了 CPU 的工作效率,还使计算机实时处理,使计算机的功能大大增强,因此应用领域更加广泛。采用中断技术能实现分时操作、实时处理、故障处理等功能。

5.1.2　中断系统结构

单片机中断系统结构如图 5 - 2 所示,AT89S52 单片机有 6 个中断请求源,5 个用于中断控制的寄存器 IE、IP、TCON(用 6 位)、T2CON(用 2 位)和 SCON(用 2 位),用来控制中断的类型、中断的开/关和各种中断源的优先级别。6 个中断源有两个中断优先级,每个中断源可以编程为高优先级或低优先级中断,可以实现二级中断服务程序嵌套。

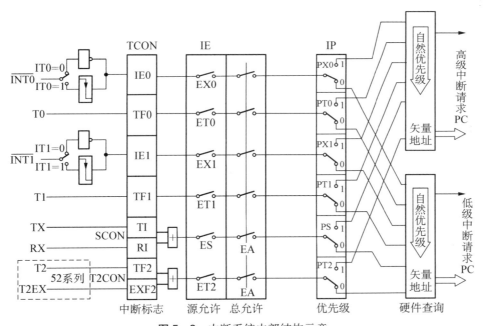

图 5 - 2　中断系统内部结构示意

1. 中断源

中断可以人为设定,也可以为响应突发性随机事件而设置。通常有 I/O 设备、实时控制系统中的随机参数和信息故障等中断源。

(1) $\overline{INT0}$　外部中断 0 中断请求,由 P3.2 脚输入。

(2) $\overline{INT1}$　外部中断 1 中断请求,由 P3.3 脚输入。

(3) T0　定时器 T0 溢出中断请求。

(4) T1　定时器 T1 溢出中断请求。

(5) TXD 或 RXD　串行中断请求。当接收或发送完一串行帧数据时,内部串行口中断请求标志位 RI(SCON.0)或 TI(SCON.1)置位(由硬件自动执行),请求中断。

（6）定时器/计数器 T2 中断　见任务 2。

2. 中断入口地址

单片机 6 个中断源的入口地址由硬件事先设定，它们都在 ROM 地址中，见表 5-1。

表 5-1　单片机各中断源的入口地址

中断源	中断矢量地址	中断源	中断矢量地址
外部中断 0	0003H	定时器 T1 中断	001BH
定时器 T0 中断	000BH	串行口中断	0023H
外部中断 1	0013H	定时器 T2 中断	002BH

使用时，通常在这些中断入口地址处存放一条绝对跳转指令，使程序跳转到用户安排的中断服务程序的起始地址上去。

5.1.3　中断系统控制

在 MCS-51 型单片机中断控制中，有以下 4 个特殊功能寄存器：

（1）定时和外中断控制寄存器 TCON；

（2）串行口中断控制寄存器 SCON；

（3）中断允许控制寄存器 IE；

（4）中断优先级控制寄存器 IP。

TCON 和 SCON 只有一部分用于中断控制。对以上 4 个控制中断的寄存器的各位置位或复位操作，可以实现各种中断控制功能。

1. 中断源请求标志

（1）TCON 中的中断标志位　TCON 为定时器 0 和定时器 1 的控制寄存器，同时也锁存定时器 0 和定时器 1 的溢出中断标志及外部中断的中断标志等。与中断有关位为：

TCON(88H)

位符号	TF1		TF0		IE1	IT1	IE0	IT0
位地址	8FH	8EH	8DH	8CH	8BH	8AH	89H	88H

① TCON.7(TF1)　定时器 1 的溢出中断标志。T1 被启动计数后，从初值做加 1 计数，当计满溢出后由硬件置位 TF1，同时向 CPU 发出中断请求，此标志一直保持到 CPU 响应中断后才由硬件自动清 0。也可以由软件查询该标志，并且由软件清 0。

② TCON.5(TF0)　定时器 0 溢出中断标志，其操作功能和意义与 TF1 类同。

③ TCON.3(IE1)　外部中断 1 的中断请求标志。当 P3.3 引脚信号有效时，IE1=1，外部中断 1 向 CPU 申请中断，执行完后，由硬件清 0。

④ TCON.2(IT1)　外部中断 1 的中断触发方式控制位。

当 IT1=0 时，外部中断 1 被设置为电平触发方式。在这种方式下，CPU 在每个机器周期的 S5P2(第五个机器状态周期的第二时钟周期)期间对外部中断 1(P3.3)引脚采样,若为低电平,则认为有中断申请,随即使 IE1 标志置位;若为高电平,则认为无中断申请,或中断申请已撤除,随即使 IE1 标志复位。

当 IT1＝1 时,外部中断 1 被设置为边沿触发方式。CPU 在每个机器周期的 S5P2 期间对外部中断 1(P3.3)引脚采样,如果在相继的两个周期采样过程中,一个机器周期采样到该引脚为高电平,接着的下一个机器周期采样到该引脚为低电平,则使 IE1 置 1,直到 CPU 响应该中断时,才由片内硬件自动使 IE1 清 0。

⑤ TCON.1(IE0)　　外部中断 0 的中断请求标志,其操作功能和意义与 IE1 类同。

⑥ TCON.0(IT0)　　外部中断 0 的中断触发方式控制位,其操作功能和意义与 IT1 类同。

(2)串行中断控制 SCON 寄存器中的中断标志位　　SCON 是串行口控制寄存器,其低两位 TI 和 RI 锁存串行口的发送中断标志和接收中断标志。各位意义如下:

SCON(98H)

位符号							TI	RI
位地址							99H	98H

① SCON.1(TI)　　串行口发送中断标志。CPU 将一个数据写入发送缓冲器 SBUF 时,就启动发送,每发送完一个串行帧数据后,硬件将使 TI 置位。但 CPU 响应中断时并不清除 TI,必须在中断服务程序中由软件清除。

② SCON.0(RI)　　串行接收中断标志。在串行口允许接收时,每接收完一个串行帧数据,硬件将使 RI 置位。同样,CPU 在响应中断时不会清除 RI,必须在中断服务程序中由软件清除。

单片机系统复位后,TCON 和 SCON 均清 0,应用时要注意各位的初始状态。

2. 中断允许控制

中断系统有两种不同类型的中断:一类称为非屏蔽中断,另一类称为可屏蔽中断。对非屏蔽中断,用户不能用软件的方法禁止,一旦有中断申请,CPU 必须响应。对可屏蔽中断,用户可以通过软件方法来控制是否允许某个中断源的中断,允许中断称中断开放,不允许中断称中断屏蔽。单片机的 6 个中断源都是可屏蔽中断,中断系统内部设有一个专用寄存器 IE,用于控制 CPU 对各中断源的开放或屏蔽。IE 寄存器各位定义为:

IE(A8H)

位符号	EA	—	ET2	ES	ET1	EX1	ET0	EX0
位地址	AFH	—	ADH	ACH	ABH	AAH	A9H	A8H

① IE.7(EA)　　总中断允许控制位。EA＝1,开放所有中断,各中断源的允许和禁止可通过相应的中断允许位单独加以控制;EA＝0,禁止所有中断。

② IE. 5(ET2)　　（AT89S52 有）定时/计数器 T2 中断允许位。ET2＝1,允许定时器 T2 中断;ET2＝0,禁止定时器 T2 中断。

③ IE. 4(ES)　　串行口中断(包括串行发、串行收)允许位。ES＝1,允许串行口中断; ES＝0,禁止串行口中断。

④ IE. 3(ET1)　　定时/计数器 T1 中断允许位。ET1＝1,允许定时器 T1 中断; ET1＝0,禁止定时器 T1 中断。

⑤ IE. 2(EX1)　　外部中断 1 中断允许位。EX1＝1,允许外部中断 1 中断;EX1＝0, 禁止外部中断 1 中断。

⑥ IE. 1(ET0)　　定时/计数器 T0 中断允许位。ET0＝1,允许定时器 0 中断;ET0＝ 0,禁止定时器 0 中断。

⑦ IE. 0(EX0)　　外部中断 0 中断允许位。EX0＝1,允许外部中断 0 中断;EX0＝0, 禁止外部中断 0 中断。

单片机系统复位后,IE 中各中断允许位均被清 0,即禁止所有中断。

由此可知,单片机对中断实行两级控制,总控制位为 EA,每一个中断源还有各自的控制位开或关该中断源。首先要 EA＝1,其次还要自身的控制位置 1。例如,首先开总中断: SETB　EA(汇编语言,C 语言是 EA＝1),然后,开 T0 中断:SETB ET0(汇编语言,C 语言是 ET0＝1),这两条位操作指令也可合并为 1 条字节指令:

MOV　IE,♯82H(汇编语言,C 语言是 IE＝0x82;)

3. 中断优先级控制

单片机有两个中断优先级,每个中断源都可以通过编程确定为高优先级中断或低优先级中断,从而实现二级嵌套。同一优先级别中的中断源可能不止一个,即存在中断优先权排队的问题。

专用寄存器 IP 为中断优先级寄存器,锁存各中断源优先级控制位。IP 中的每一位均可由软件来置 1 或清 0,置 1 表示高优先级,清 0 表示低优先级。其格式如下:

IP(B8H)

位符号			PT2	PS	PT1	PX1	PT0	PX0
位地址			BDH	BCH	BBH	BAH	B9H	B8H

① IP. 5(PT2)　　定时器 T2 中断优先级控制位。PT2＝1,设定定时器 T2 中断为高优先级中断;PT2＝0,设定定时器 T2 中断为低优先级中断。

② IP. 4(PS)　　串行口中断优先级控制位。PS＝1,设定串行口为高优先级中断; PS＝0,设定串行口为低优先级中断。

③ IP. 3(PT1)　　定时器 T1 中断优先级控制位。PT1＝1,设定定时器 T1 中断为高优先级中断;PT1＝0,设定定时器 T1 中断为低优先级中断。

④ IP. 2(PX1)　　外部中断 1 中断优先级控制位。PX1＝1,设定外部中断 1 为高优先

级中断;PX1=0,设定外部中断 1 为低优先级中断。

⑤ IP.1(PT0)　　定时器 T0 中断优先级控制位。PT0=1,设定定时器 T0 中断为高优先级中断;PT0=0,设定定时器 T0 中断为低优先级中断。

⑥ IP.0(PX0)　　外部中断 0 中断优先级控制位。PX0=1,设定外部中断 0 为高优先级中断;PX0=0,设定外部中断 0 为低优先级中断。

系统复位后,IP 低 6 位全部清 0,所有中断源均设定为低优先级中断。

如果几个同一优先级的中断源同时向 CPU 申请中断,CPU 通过内部硬件查询逻辑,按自然优先级顺序确定先响应哪个中断请求。自然优先级由硬件形成,排列如下:

中断源	同级自然优先级
外部中断 0	最高级
定时器 T0 中断	
外部中断 1	
定时器 T1 中断	
串行口中断	
定时器 T2 中断	最低级

有了 IP 的控制,可实现如下两个功能。

(1) 按内部查询顺序排队　通常系统中有多个中断源,因此就会出现数个中断源同时提出中断请求的情况。这样,就必须由设计者事先根据他们的轻重缓急,为每一个中断源确定一个 CPU 为其服务的顺序号,CPU 根据中断源顺序号的次序依次响应其中断请求。

(2) 实现中断嵌套　当 CPU 正在处理一个中断请求时,又出现另一个优先级比它高的中断请求,这时,CPU 暂时终止执行原来的中断源的服务程序,保护当前断点,转去响应优先级更高的中断请求,并为其服务。待服务结束,再继续执行原来较低的中断服务程序,该过程称为中断嵌套(类似于子程序的嵌套),该中断系统称为多级中断系统。二级中断嵌套的中断过程如图 5-3 所示。

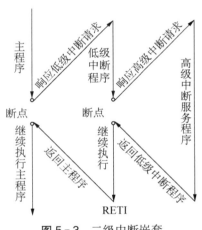

图 5-3　二级中断嵌套

【例 5.1】　若规定外部中断 0 为电平触发方式,高优先级,试写出有关的初始化程序。

一般可采用汇编位操作指令来实现:

```
SETB    EA          ;开中断
SETB    EX0         ;允许外中断 0 中断
SETB    PX0         ;外中断 0 定为高优先级
CLR     IT0         ;电平触发
```

用汇编字节操作指令来实现:

```
MOV     TCON, #00H
MOV     IE, #81H
MOV     IP, #01H
```

用 C 语言来实现：

```
sfr   TCON=0x88;           //特殊功能寄存器定义
sfr   IE=0xA8;
sfr   IP=0xB8;
TCON=0x00;                 //设置外部中断 0 为电平触发方式
IE=0x81;                   //开中断
IP=0x01;                   //设置外部中断 0 为高优先级
```

5.1.4 中断处理过程

中断处理过程可分为中断请求、中断响应、中断服务和中断返回 4 个步骤。

1. 中断请求与响应中断条件

在单片机执行某一程序过程中,若发现有中断请求(相应中断请求标志位为 1),CPU 将根据具体情况决定是否响应中断,这主要由中断允许寄存器来控制：

(1) 由中断源发出中断请求。

(2) 中断总允许位 EA=1,即 CPU 开中断。

(3) 申请中断的中断源允许,即中断没有被屏蔽。

满足以上基本条件,CPU 一般会响应中断,如果有下列任何一种情况存在,那么中断响应会受到阻断：

(1) CPU 正在响应同级或高优先级的中断。

(2) 当前指令周期未执行完。

(3) 正在执行 RETI 中断返回指令或访问专用寄存器 IE 和 IP 的指令。

2. 中断响应

若中断请求符合响应条件,则 CPU 将响应中断请求。中断响应过程包括保护断点和将程序转向中断服务程序的入口地址。首先,中断系统通过硬件自动生成长调用指令(LACLL),该指令将自动把断点地址压入堆栈保护(不保护累加器 A、状态寄存器 PSW 和其他寄存器的内容),然后,将对应的中断入口地址装入程序计数器 PC(由硬件自动执行),使程序转向该中断入口地址,执行中断服务程序。

3. 中断服务

中断服务程序从中断入口地址开始执行,到返回指令(RETI)为止,一般包括两部分内容,一是保护现场,二是完成中断源请求的服务。

通常,主程序和中断服务程序都会用到累加器 A、状态寄存器 PSW 及其他一些寄存器。

当 CPU 进入中断服务程序用到上述寄存器时,会破坏原来存储在寄存器中的内容,一旦中断返回,将会导致主程序的混乱。因此,在进入中断服务程序后,一定要先保护现场,然后,执行中断处理程序,在中断返回之前再恢复现场。

4. 中断返回

中断返回由中断返回指令 RETI 来实现。该指令的功能是把断点地址从堆栈中弹出,送回到程序计数器 PC。此外,还通知中断系统已完成中断处理,并同时清除优先级状态触发器。

注意:汇编语言中不能用 RET 指令代替 RETI 指令。

5.1.5　中断系统应用

中断系统应用的主要问题是应用程序的编制,编写应用程序大致包括两大部分:主程序中的中断初始化和中断服务程序。

1. 主程序

(1) 主程序的起始地址　　MCS-51 系列单片机复位后,(PC)=0000H,而 0003H~002BH 分别为各中断源的入口地址。所以在汇编编程时应在 0000H 处写一跳转指令(一般为长跳转指令),主程序则是以跳转的目标地址作为起始地址开始编写,一般从 0030H 开始。

(2) 主程序的中断初始化内容　　所谓初始化,是设定用到的单片机内部部件或扩展芯片的初始工作状态。单片机复位后,特殊功能寄存器 IE、IP 的内容均为 00H,所以应对 IE、IP 初始化编程,以开放 CPU 中断,允许某些中断源中断和设置中断优先级等。

① 设置堆栈指针 SP　　由于中断涉及保护断点 PC 地址和保护现场数据,而且要用堆栈实现保护,因此要设置适宜的堆栈深度。当要求有一定深度时,通常可设置 SP=60H 或 50H,地址范围分为 32 B 和 48 B。

② 定义中断优先级　　根据中断源的轻重次序,可以划分高优先级和低优先级。

③ 定义外中断触发方式　　在一般情况下,最好定义为边沿触发方式。如果外中断信号无法适用边沿触发方式,必须采用电平触发方式时,应该在硬件电路上和中断服务程序中采取撤除中断请求信号措施。

④ 开放中断　　要同时置位 EA 和需要开放中断的中断允许控制位。

2. 中断服务程序

中断服务子程序包括:

(1) 对于汇编语言确定中断服务入口地址。设置一条跳转指令,转移到中断服务程序的实际入口地址。对于 C 语言确定中断号 interrupt　n (n 代表中断号,可以是 0~31,通过中断号决定中断服务程序的入口地址)。

(2) 保护现场。保护现场不是中断服务程序的必需部分,它是为了保护 ACC、PSW 和 DPTR 等特殊功能寄存器的内容。需要注意的是,保护现场数据越少越好。数据保护越多,堆栈负担越重,堆栈深度设置越深。

(3) 中断源请求中断服务要求运行的主体功能程序。这是中断服务程序的主体。

（4）如果是外中断电平触发方式,应有中断信号撤除操作。如果是串行中断,应对 RI、TI 清 0 指令。

（5）中断源恢复现场。与保护现场相对应,注意"先进后出,后进先出"的操作顺序。

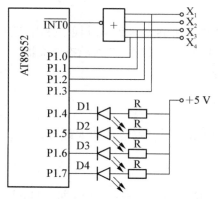

图 5-4　利用中断多个故障显示简图

（6）在汇编中中断返回时,最后一条指令必须是 RETI。

中断管理和控制程序一般都包含在主程序中,根据需要通过几条指令来完成。中断服务程序是一种具有特定功能的独立程序段,可根据中断源的具体要求服务。

【例5.2】　图 5-4 所示为多个故障显示电路。系统无故障时,4 个故障源输入端 X1～X4 全为低电平,显示灯全灭。某部分出现故障,对应的输入由低电平变为高电平,引起单片机中断。中断服务程序的任务是判定故障源,并在发光管 D1～D4 上显示。

（1）汇编源程序　汇编语言源程序清单如下:

```
        ORG     0000H
        AJMP    MAIN
        ORG     0003H
        AJMP    SERVE
        ORG     0030H
MAIN:   ORL     P1,#0FFH     ;灯全灭,准备读入
        SETB    IT0          ;选择边沿方式
        SETB    EX0          ;允许 INT0 中断
        SETB    EA           ;CPU 开中断
        AJMP    $            ;等待中断
SERVE:  JNB     P1.3,L1      ;若 X1 有故障
        CLR     P1.4         ;LED1 亮
L1:     JNB     P1.2,L2      ;若 X2 有故障
        CLR     P1.5         ;LED2 亮
L2:     JNB     P1.1,L3      ;若 X3 有故障
        CLR     P1.6         ;LED3 亮
L3:     JNB     P1.0,L4      ;若 X4 有故障
        CLR     P1.7         ;LED4 亮
L4:     RETI
        END
```

（2）C 语言程序　C 语言源程序清单如下：

```
# include<reg52. h>
sbit    X4=P1^0;
sbit    X3=P1^1;
sbit    X2=P1^2;
sbit    X1=P1^3;
sbit    LED1=P1^4;
sbit    LED2=P1^5;
sbit    LED3=P1^6;
sbit    LED4=P1^7;


//----------------------------------------------------------------
//主程序
//----------------------------------------------------------------
void main()
{
  P1=0xFF;
  IE=0x81;
  IT0=1;
  while(1);
}
//----------------------------------------------------------------
//INT0 中断函数
//----------------------------------------------------------------
void External_ Interrupt_ 0() interrupt 0
{
  if(X4==1)         {LED4=0;}
  else   if(X3==1) {LED3=0;}
  else   if(X2==1) {LED2=0;}
  else   if(X1==1) {LED1=0;}
}
```

任务2 定时/计数器技术应用

知识要点：

单片机定时/计数器 T0、T1 的 4 种模式及应用。

能力训练：

通过定时/计数器技术的学习,学会单片机定时/计数器的实际应用技术,掌握定时器初始化编程技巧。

任务内容：

掌握 T0 和 T1 的两种工作方式(计数方式与定时方式)、4 种工作模式及应用,掌握定时器应用中的软件设计技术。

5.2.1 定时器/计数器 T0 和 T1 的控制

1. 定时器/计数器 T0 和 T1 结构

定时器 0(T0)和定时器 1(T1)是两个 16 位的可编程定时器/计数器,它们都有定时和事件计数功能,可以通过编程选择其作为定时器使用或作为计数器使用。此外,工作方式、工作模式、定时时间、计数值、启动、中断请求等都可以由程序设定,单片机内部 T0 和 T1 可编程定时器/计数器逻辑结构如图 5-5 所示。T0 和 T1 定时器/计数器主要由 4 个 8 位特

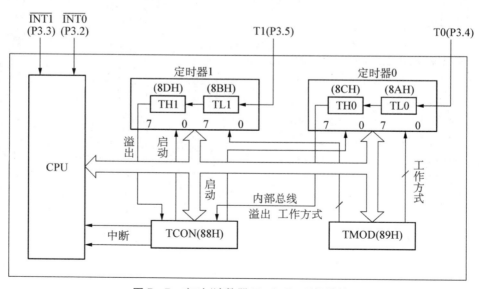

图 5-5 定时/计数器 T0 和 T1 逻辑结构

殊功能寄存器 TH0、TL0、TH1、TL0,以及定时器方式寄存器 TMOD 和定时器控制寄存器 TCON 组成。定时器 0 由 TH0 和 TL0 组成,定时器 1 由 TH1 和 TL1 组成。TL0、TL1、TH0、TH1 的访问地址依次为 8AH~8DH。

2. 定时/计数器 T0 和 T1 工作原理

设置为定时工作方式时,计数器对内部机器周期计数,每过一个机器周期,计数器增 1,直至计满溢出。定时器的定时时间与系统的振荡频率紧密相关,因单片机的一个机器周期由 12 个振荡脉冲组成,所以,计数频率 $f_c = \frac{1}{12} f_{osc}$。如果单片机系统采用 12 MHz 晶振,则计数周期为 $T = \frac{1}{12 \times 10^6 \times 1/12} = 1 (\mu s)$。适当选择定时器的初值可获取各种定时时间。

设置为计数工作方式时,计数器对来自输入引脚 T0(P3.4)和 T1(P3.5)的外部信号计数,外部脉冲的下降沿将触发计数。在每个机器周期的 S5P2 期间采样引脚输入电平,若前一个机器周期采样值为 1,后一个机器周期采样值为 0,则计数器加 1。新的计数值是在检测到输入引脚电平发生 1 到 0 的负跳变后,于下一个机器周期的 S3P1 期间装入计数器中的。可见,检测一个由 1 到 0 的负跳变需要两个机器周期,所以,最高检测频率为振荡频率的 1/24。计数器对外部输入信号的占空比没有特别的限制,但必须保证输入信号的高电平与低电平的持续时间在一个机器周期以上。

当设置了定时器的工作方式并启动定时器工作后,定时器就按被设定的工作方式独立工作,不再占用 CPU 的操作时间,只有在计数器计满溢出时才可能中断 CPU 当前的操作。

3. 定时/计数器 T0 和 T1 方式控制寄存器 TMOD

在启动定时/计数器工作之前,CPU 必须将一些命令(称为控制字)写入定时/计数器工作方式控制寄存器 TMOD 中,该寄存器格式如下:

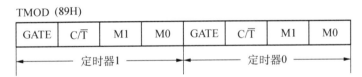

TMOD (89H)

GATE	C/$\overline{T}$	M1	M0	GATE	C/$\overline{T}$	M1	M0
	定时器1				定时器0		

TMOD 的低 4 位为定时器 0 的工作方式控制位,高 4 位为定时器 1 的工作方式控制位,它们的含义完全相同。

(1) M1 和 M0 工作模式选择位,4 种工作模式定义如下:

M1	M0	工作模式	功能说明
0	0	模式 0	13 位计数器
0	1	模式 1	16 位计数器
1	0	模式 2	自动再装入 8 位计数器
1	1	模式 3	定时器 0:分成两个 8 位计数器 定时器 1:停止计数

（2）C/$\overline{\text{T}}$　定时器/计数器工作方式功能选择位。C/$\overline{\text{T}}$＝0时,设置为定时器工作方式,对片内机器周期脉冲计数,用作定时器;C/$\overline{\text{T}}$＝1时,设置为计数器工作方式,对外部事件脉冲计数,负跳变脉冲有效。

（3）GATE　门控位。当GATE＝0时,软件控制位TR0或TR1置1即可启动定时器;当GATE＝1时,软件控制位TR0或TR1须置1,同时还需使(P3.2)或(P3.3)为高电平时才能启动定时器。以T0为例,GATE＝0时,TR0＝1,T0运行;TR0＝0,T0停。GATE＝1时,TR0＝1,且$\overline{\text{INT0}}$为高电平时,T0运行。两个条件中有一个不满足,T0就无法运行。

TMOD不能位寻址,只能用字节指令设置高4位来定义定时器T1,低4位来定义定时器T0工作方式。在复位时,TMOD的所有位均置0。

4. 定时器/计数器 T0 和 T1 的控制寄存器 TCON

TCON(见任务1)的高4位的作用是控制定时器的启动、停止并反映定时器的溢出和中断情况。TCON的格式及意义如下：

TCON(88H)

位符号	TF1	TR1	TF0	TR0	IE1	IT1	IE0	IT0
位地址	8FH	8EH	8DH	8CH	8BH	8AH	89H	88H

（1）TCON.7(TF1)　定时器1溢出标志位。当定时器1计满数产生溢出时,由硬件自动置TF1＝1。在中断允许时,向CPU发出定时器1的中断请求,进入中断服务程序后,由片内硬件自动清0。在中断屏蔽时,TF1可作查询测试用,此时只能用软件清0。

（2）TCON.6(TR1)　定时器1运行控制位。由软件置1或清0来启动或关闭定时器1。当GATE＝1,且$\overline{\text{INT1}}$为高电平时,TR1置1启动定时器1;当GATE＝0时,TR1＝0,定时器1停止。

（3）TCON.5(TF0)　定时器0溢出标志位。其功能及操作情况同TF1。

（4）TCON.4(TR0)　定时器0运行控制位。其功能及操作情况同TR1。

TCON中的低4位用于控制外部中断,与定时/计数器无关,已在任务1中介绍。当系统复位时,TCON的所有位均清0。TCON的字节地址为88H,可以位寻址,清溢出标志位或启动定时器都可以用位操作指令。

5. 定时/计数器 T0 和 T1 应用时主程序中的初始化要求

由于定时/计数器的功能是由软件编程确定的,所以,在使用定时器/计数前必须对其初始化,初始化步骤如下。

（1）工作方式、模式和定时器选择　对TMOD赋值,如赋值语句为MOV TMOD,♯01H(汇编,在C语言中TMOD＝0x01;)表明定时器0工作在模式1,且工作在定时器方式。

（2）计算计数初值　直接将初值写入TH0、TL0或TH1、TL1。定时/计数器的初值因工作模式的不同而不同。假设最大计数值为M,则各种工作模式下的M值如下：

模式0:M＝2^{13}＝8 192　模式1:M＝2^{16}＝65 536　模式2:M＝2^8＝256

模式3:定时器0分成两个8位计数器,所以两个定时器的M值均为256。

由于定时器/计数器工作的实质是做加 1 计数,所以,当最大计数值 M 值已知时,初值 x_0 可计算,

$$x_0 = M - 计数值。$$

① 作计数器时

$$初值\ x_0 = 最大计数值 - 计数个数\ X;$$

② 作定时器时

$$初值\ x_0 = 最大计数值 - (定时时间\ t/机器周期\ T_m)。$$

（3）开中断　根据需要开启定时器/计数器中断,可以直接对 IE 寄存器赋值。

（4）启动定时器/计数器工作　将 TR0 或 TR1 置 1。

GATE＝0 时,直接由软件置位启动;GATE＝1 时,除软件置位外,还必须在外中断引脚处加上相应的电平值才能启动。指令为 SETB　TR0(汇编,C 语言中 TR0＝1;)。

5.2.2　定时器/计数器 T0 和 T1 的 4 种工作模式

由上述可知,通过 TMOD 寄存器中 M0 和 M1 位设置,定时器/计数器具有 4 种工作模式。

1. 工作模式 0

图 5-6 所示是定时器 T0(或 T1)在工作模式 0 时的逻辑电路结构,两个定时器的电路结构与操作几乎完全相同。

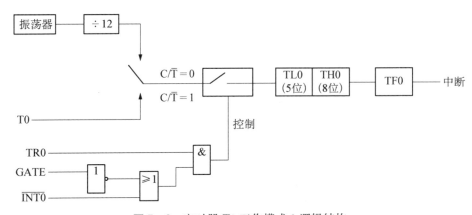

图 5-6　定时器 T0 工作模式 0 逻辑结构

当 M1M0＝00 时,定时器/计数器工作在工作模式 0,构成一个 13 位定时/计数器。由 TL0 低 5 位和 TH0 高 8 位组成,TL0 低位计数满时向 TH0 进位,当 13 位计满溢出时,TF0 被置 1。

注意:因为模式 0 装载初值的方法很烦琐,通常已经很少用,常用模式 1 来替代。

2. 工作模式1

当 M1M0＝01 时,定时器工作于模式 1,由 TL0 与 TH0 构成一个 16 位定时/计数器。当 16 位计满溢出时,TF0 置 1。工作模式 1 电路结构与操作几乎完全与方式 0 相同,唯一差别是二者计数位数不同,工作模式 1 最大计数值为 $M=2^{16}=65\,536$。

用于定时工作方式时,最大定时时间为 $t_{max}=2^{16} \times 1\,\mu s=65.536\,ms$(设 $f_{osc}=12\,MHz$),其定时时间为

$$t=(M-T0\ 初值) \times 计数周期\ T=(M-T0\ 初值) \times 时钟周期 \times 12。$$

用于计数工作方式时,最大计数长度为 $2^{16}=65\,536$(个外部脉冲),计数个数 $X=M-初值\ x_0$。

【例5.3】 设单片机系统时钟频率为 12 MHz,编程利用定时/计数器 T0 在 P1.0 引脚上产生周期为 2 s、占空比为 50％的方波信号。采用中断方式。

解:(1) 主程序任务分析

① T0 工作模式的设定。选择模式 1(16 位方式)(最大定时 65 ms)

② 定时初值的设定。$x_0=2^{16}-50\,ms/1\,\mu s=15\,536=3CB0H$,即 TH0 应装 3CH,TL0 应装 B0H。

③ 中断管理。允许 T0 中断,开放总中断即:IE 应装 10000010B。

④ 启动定时器 T0,TR0 置 1。

⑤ 设置软件计数器初值。(如使用 R7)即 R7 应装 20(1 s＝50 ms×20)。

⑥ 动态停机。

(2) 中断服务程序任务分析

① 恢复 T0 常数;

② 软件计数器减 1;

③ 判断软件计数器是否为 0。为 0 时,改变 P1.0 状态,并恢复软件计数器初值;不为 0 时中断返回。

(3) 编程 汇编语言源程序清单如下:

```
            ORG      0000H
            AJMP     MAIN
            ORG      000BH
            AJMP     TOINT
            ORG      0030H
    MAIN:   MOV      TMOD,#01H
            MOV      TH0,#3CH
            MOV      TL0,#0B0H
            MOV      IE,#82H
            SETB     TR0
```

```
                MOV       R7,＃20
                SJMP      $
        TOINT:  MOV       TL0,＃0B0H
                MOV       TH0,＃3CH
                DJNZ      R7,NEXT
                CPL       P1.0
                MOV       R7,＃20
        NEXT:   RETI
                END
```

C 语言源程序清单如下:

```
//---------------------------------------------------------
//名称:  SAMPLE502.C
//作用:  P1.0 引脚上产生周期为 2 s,占空比为 50％的方波信号
//---------------------------------------------------------
    ＃include  〈reg52.h〉          //包含特殊功能寄存器库
      sbit  P1_0＝P1^0;
      char  i;
      void  main()                //主程序
      {
       TMOD＝0x01;
       TH0＝0x3C;TL0＝0xB0;
       EA＝1;ET0＝1;
       i＝0;
       TR0＝1;
      while(1);
    }
    void  time0_int(void)  interrupt  1     //T0 中断服务程序
    {
      TH0＝0x3C;TL0＝0xB0;
      i＋＋;
      if  (i＝＝20)
      { P1_0＝! P1_0;  i＝0;}
    }
```

3. 工作模式 2

当 M1M0＝10 时,定时器/计数器工作于模式 2,其逻辑结构图如图 5－7 所示。由图可

173

知,工作模式 2 中,16 位加法计数器的 TH0 和 TL0 具有不同功能,其中,TL0 是 8 位计数器,TH0 是重置初值的 8 位缓冲器。工作模式 0 和 1 用于循环计数时,每次计满溢出后,计数器都复 0,要进行新一轮计数还须重置计数初值。不仅导致编程麻烦,而且影响定时时间精度。工作模式 2 具有初值自动装入功能,在程序初始化时,TL0 和 TH0 由软件赋予相同的初值。一旦 TL0 计数溢出,TF0 将被置位,同时,TH0 中的初值装入 TL0,进而进入新一轮计数,如此循环不止,避免了工作模式 0 和工作模式 1 的缺陷,适合用作较精确的定时脉冲信号发生器,缺点是计数范围小。因此,工作模式 2 适用于需要重复定时,而定时范围不大的场合。用于定时工作方式时,最大定时时间为 $t_{max} = 2^8 \times 1\ \mu s = 256\ \mu s$(设 $f_{osc} =$ 12 MHz),其定时时间为

$$t = (M - TH0\ 初值) \times 时钟周期 \times 12,$$

其中,$M = 2^8 = 256$。

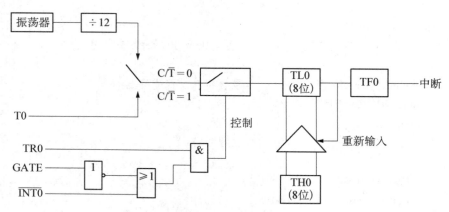

图 5-7　定时器 0 工作模式 2 逻辑结构

用于计数工作方式时,最大计数长度为 $2^8 = 256$(个外部脉冲),计数个数 $X = M -$ 初值 x_0。

【例 5.4】　要求在 P1.0 引脚输出周期为 400 μs 脉冲方波,已知 $f_{osc} = 12$ MHz。试用 T1 模式 2 设计程序。

(1) 任务分析　选择定时器 T1,工作方式定时,工作模式 2。定时初值的计算:

T1 初值 $= 2^8 - 200\ \mu s/1\ \mu s = 256 - 200 = 56 = 38H$,TH1 $= 38H$,TL1 $= 38H$,设置 TMOD $= 20H$。

(2) 用中断方式设计程序　汇编语言源程序清单如下:

```
        ORG     0000H
        LJMP    MAIN            ; 转主程序
        ORG     001BH
        LJMP    HYIT1           ; 转 T1 中断
```

```
          ORG      0100H
MAIN: MOV          TMOD,#00100000B    ;置定时/计数定时器方式2
      MOV          TL1,#38H           ;置定时初值
      MOV          TH1,#38H           ;置定时初值备份
      MOV          IP,#00001000B      ;置 T1 高优先级
      MOV          IE,#0FFH           ;全部开中
      SETB         TR1                ;T1 运行
      SJMP         $                  ;等待 T1 中断
      ORG          0200H
HYIT1: CPL         P1.0               ;输出波形取反
      RETI                            ;中断返回
      END
```

C 语言源程序清单如下:

```
//-------------------------------------------------------------------------
//名称:SAMPLE503.C
//作用:P1.0 引脚输出周期为 400 μS 脉冲方波
//-------------------------------------------------------------------------
    #include  〈reg52.h〉         //包含特殊功能寄存器库
      sbit   P1_0=P1^0;
     void   main()               //主程序
    {
        TMOD=0x20;
        TH1=0x38;TL1=0x38;
        EA=1;ET1=1;
        TR1=1;
        while(1);
    }
    void   time1_int(void)   interrupt   3  //T1 中断服务程序
    {
            P1_0=!P1_0;
    }
```

4. 工作模式 3

当 M1M0＝11 时,定时/计数器工作于模式 3 时,但是仅适用于 T0,而 T1 无工作模式 3,其逻辑结构如图 5-8 所示。

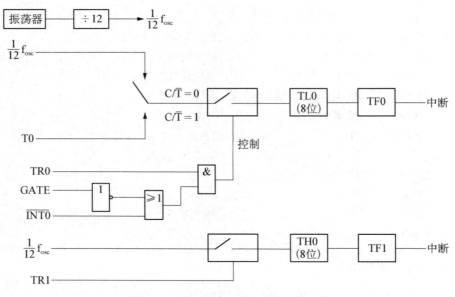

图 5-8 定时器 0 工作模式 3 逻辑结构

定时器 0 被分解为两个独立的 8 位计数器 TL0 和 TH0。其中,TL0 占用原定时器 0 的控制位、引脚和中断源,即 GATE、TR0、TF0 和 T0(P3.4)引脚、(P3.2)引脚。除计数位数不同于工作模式 0 和 1 外,其功能、操作与工作模式 0 和 1 完全相同,可定时亦可计数。TH0 占用原定时器 1 的控制位 TF1 和 TR1,同时还占用了定时器 1 的中断源,其启动和关闭仅受 TR1 置 1 或清 0 控制。TH0 只能对机器周期计数,因此,TH0 只能用作简单的内部定时,不能用作对外部脉冲计数,是定时器 0 附加的一个 8 位定时器。

定时器 1 无工作模式 3 状态。若将 T1 设置为模式 3,会使 T1 立即停止计数,也就是保持原有的值。

当 T0 为工作模式 3 时,T1 仍可设置为工作模式 0、1 或 2。由于 TR1、TF1 及 T1 的中断源已被定时器 0 占用,此时,T1 仅由控制位切换其定时或计数功能,当计数器计满溢出时,只能将输出送往串行口。在这种情况下,T1 一般用作串行口波特率发生器或不需要中断的场合。由于定时器 1 的 TR1 被占用,因此其启动和关闭较为特殊,当设置好工作模式时,定时器 1 即自动开始运行。需要停止操作,只要送入一个设置定时器 1 为工作模式 3 的方式字就可以了。常把定时器 1 设置为模式 2,用作波特率发生器。

5.2.3 定时器/计数器 2

AT89S52 单片机除了 T0、T1 两个定时器,增加了功能较强的定时器/计数器 2,简称 T2。T2 是一个 16 位的具有自动重装和捕获能力的定时/计数器。在特殊功能寄存器中,有 6 个与 T2 相关,分别为控制寄存器 T2CON 和 T2MOD、捕获寄存器 RCAP2H 和 RCAP2L、定时器寄存器高字节 TH2 和低字节 TL2。

1. T2 的控制寄存器 T2CON 和 T2MOD

（1）控制寄存器 T2CON　T2 的工作方式、功能控制和状态信息由 T2CON 设定，其格式和各位定义如下：

T2CON(C8H)

TF2	EXF2	RCLK	TCLK	EXEN2	TR2	C/$\overline{\text{T2}}$	CP/$\overline{\text{RL2}}$

① TF2　　T2 溢出中断请求标志位。当 T2 计数超过 FFFFH 时，数据重新复位为 0000H。计数器溢出，硬件置位 TF2，并申请中断。TF2 必须由软件复位。但是当 TCLK 或 RCLK 为 1 时，T2 工作为波特率方式，此时 TF2 无反应。

② EXF2　　T2 的外部触发标志位。当 EXEN2＝1 且 T2EX(P1.1)引脚上出现负跳变而引起捕获或重新再装入时，硬件置位 EXF2，并向 CPU 申请中断。此时，如果允许 T2 中断，则 CPU 将响应中断，并转向中断服务程序。EXF2 必须由软件复位，并且工作在加减 1 模式时不会引起中断。

③ RCLK　　串口接收时钟设置位。当 RCLK＝1 时，串口使用 T2 的溢出脉冲作为串口模式 1 和 3 的接收时钟。当 RCLK＝0 时，串口使用 T1 的溢出脉冲作为接收时钟。由软件设置。

④ TCLK　　串口发送时钟设置位。当 TCLK＝1 时，串口使用 T2 的溢出脉冲作为串口模式 1 和 3 的发送时钟。当 TCLK＝0 时，串口使用 T1 的溢出脉冲作为发送时钟。由软件设置。

⑤ EXEN2　　T2 的外部触发使能位。当 EXEN2＝1 时，如果 T2 不是工作在波特率发生器模式，则在 T2EX 引脚(P1.1)上的负跳变将触发捕获或重新再装入，并置位 EXF2，申请中断。当 EXEN2＝0 时，则 T2 忽略 T2EX 引脚上的变化。

⑥ TR2　　T2 启停控制位。当软件置位 TR2 时，启动 T2 开始计数，复位 TR2 时，停止计数。

⑦ C/$\overline{\text{T2}}$　　T2 定时、计数功能选择位。当 C/$\overline{\text{T2}}$＝1 时，选择计数方式。当 C/$\overline{\text{T2}}$＝0 时，T2 工作在定时方式。

⑧ CP/$\overline{\text{RL2}}$　　T2 捕获、重装入方式选择位。当 CP/$\overline{\text{RL2}}$＝1 时，T2 为捕获(Capture)模式；当 CP/$\overline{\text{RL2}}$＝0 时，T2 为自动重装入(Autoreload)模式。当 TCLK 或 RCLK 为 1 时，T2 自动为自动重装入模式。

（2）工作模式控制寄存器 T2MOD　该寄存器用来选择 T2 工作在加 1 计数还是减 1 计数模式。其格式和各位定义如下：

T2MOD(C9H)

—	—	—	—	—	—	T2OE	DCEN

① D7～D2　　保留位。

② T2OE　　T2 输出使能位。T2OE＝0 时,禁止定时时钟从 P1.0 输出;T2OE＝1 时,允许定时时钟从 P1.0 输出。复位时 T2OE 为 0。

③ DCEN　　计数方向控制使能位。当 DCEN＝1 时,允许 T2 加 1 计数或者减 1 计数;当 DCEN＝0 时,为加 1 计数方式。

2. 定时/计数器 2 的工作模式

定时/计数器 2 是 16 位内部定时或对外部事件计数的计数器。T2 的工作模式与 T0 和 T1 有所不同。T2 具有捕获、自动重装入和波特率发生器 3 种工作模式。通过软件设置 T2CON 的相关位,可以设置 T2 的工作模式。位设置与工作模式的对应关系见表 5－2。

表 5－2　定时/计数器 2 工作方式选择

RCLK 或 TCLK	CP/$\overline{\text{RL2}}$	TR2	工作模式
0	0	1	16 位自动重装入
0	1	1	16 位捕获
1	×	1	波特率发生器
×	×	0	停止

（1）T2 捕获模式　　捕获即捕捉输入信号的相关信息,常用于精确测量输入信号的变化。T2 的捕获模式是捕获 TH2、TL2 的值,将其存放在 RCAP2H、RCAP2L 中。T2 工作在捕获模式的组成结构如图 5－9 所示。

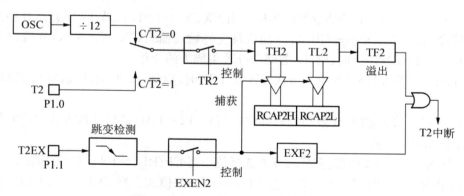

图 5－9　T2 工作在捕获模式时的结构

① 当 EXEN2＝0 时,T2 为 16 位定时/计数器,这时的工作情况与 T0、T1 的方式一样。

② 当 C/$\overline{\text{T2}}$＝0 时,TH2、TL2 组成 16 位计数器,对内部机器周期计数,工作在定时方式。

③ 当 C/$\overline{\text{T2}}$＝1 时,T2 的计数脉冲来源于外部引脚 T2(P1.0),T2 作为外部信号计数器使用。

④ 当 EXEN2＝0 时,T2 除了具有 16 位定时/计数器的功能外,还具有捕获功能。

当 T2 进行高速计数时,程序若随机读取 TH2、TL2 的值,则可能得到不正确的 16 位计数值。AT89S52 安排 T2EX(P1.1)的输入控制信号来锁定计数值。当 T2EX 状态产生负跳变时,将 T2 的 16 位计数值捕获到 RCAP2H、RCAP2L 中。T2EX 的负跳变也会置位 EXF2,引起 T2 时钟中断。必须由软件复位 EXF2。

所以,当 T2 发生中断时,可以依据 TF2 和 EXF2 位的情况来进一步判断是内部计数溢出中断还是外部输入的捕获信号中断。

(2) T2 自动重装入模式　在此模式下,T2 仍然做 16 位的计数操作。时钟频率的来源可以是 OSC/12 或是外部 T2(P1.0)的输入信号。当计数值超过 FFFFH 时,产生溢出,这个溢出会置位 TF2,申请中断。同时也会把 RCAP2H,RCAP2L 中的 16 位值重新加载到 TH2 和 TL2 中,重新开始计数。

外部的 T2EX 引脚由 1 到 0 的负跳变引起 T2 计数值的重新加载,并且置位 EXF2,进而申请中断。如果不需要外部 T2EX 产生重装载信号,则把 T2CON 寄存器中的 EXEN2 设置成 0 即可。

在自动重装载模式下,有的单片机给 T2 增加了新功能,还可以指定递增计数(Up Count)或者递减计数(Down Conut),当溢出或者借位时,依然会产生中断。这是通过 T2MOD 来设置的。

① 当 DCEN＝0 时,T2 工作在递增计数,此时的电路结构框图如图 5-10 所示。

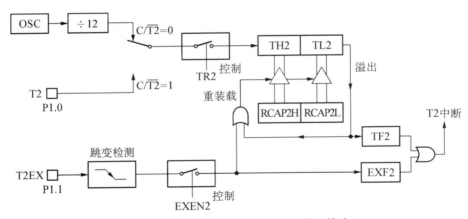

图 5-10　DCEN＝0 时 T2 自动重装入模式

② 当 DCEN＝1 时,T2 的增减模式由 T2EX 引脚的电平决定。此时的电路结构框图如图 5-11 所示。

当 T2EX 引脚上为高电平时,T2 为加 1 计数方式。不断加 1 向上溢出后,置位 TF2,并向 CPU 申请中断;同时将 RCAP2H、RCAP2L 中的 16 位计数值重新加载到 TH2、TL2 中,继续加 1 计数。

当 T2EX 引脚上为低电平时,T2 为减 1 计数方式,不断减 1。当 TH2、TL2 中的内容

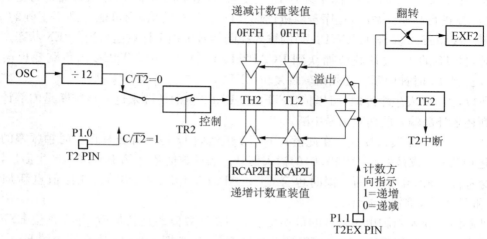

图 5 - 11 当 DCEN=1 时 T2 的重载模式

等于 RCAP2H、RCAP2L 中的计数初值时,向下溢出,置位 TF2,申请中断。同时将 0FFFFH 重新装载到 TH2、TL2 中,继续减 1 计数。

无论向上溢出还是向下溢出,每次溢出都会置位 EXF2,但是不会申请中断。TF2、EXF2 都需要软件复位。

(3) T2 波特率发生器模式 波特率发生器(Baud Rate Generator)用于设置串行口的数据传送速率。控制寄存器 T2CON 中的 RCLK 和 TCLK 位用于选择波特率发生器模式。当 RCLK 和 TCLK 中有一位为 1 时,串行口进行接收/发送工作,T1 或 T2 工作于波特率发生器模式。

当 RCLK=0 且 TCLK=0 时,T1 工作于波特率发生器模式;当 RCLK=1 或 TCLK=1 时,T2 工作于波特率发生器模式。此时的电路结构框图如图 5 - 12 所示。其中 RCLK、TCLK 分别控制接收和发送波特率发生器。

当 T2 处于波特率发生器模式时,其溢出脉冲用作串行口的时钟。此时,时钟频率既可由内部时钟决定,也可由外部时钟决定。若 C/$\overline{T2}$=1,则选用外部时钟作为计数脉冲,该时钟由 T2CLK 端输入;当外部脉冲出现负跳变时,计数器加 1,外部脉冲频率不超过振荡器频率的 1/24。由于溢出时 RCAP2H、RCAP2L 中的计数值将重新装入 TL2、TH2 中,故波特率值还决定于重载值。若 C/$\overline{T2}$=0,则选择内部时钟,计数脉冲为振荡频率的 1/2。

当 T2 工作于波特率发生器时,若 EXEN2=1,则 T2EX 端的信号产生负跳变,EXF2 将置位为 1,但不发生捕获或重新装载操作。此时 T2EX 可作为一个外部中断源使用。

在波特率发生器模式时,TH2、TL2 内容不能再读写,也不能改写 RCAP2H、RCAP2L 中的内容。

3. T2 可编程时钟输出方式

当 T2CON 中的 C/$\overline{T2}$=0,T2MOD 中的 T2OE=1 时,定时器可以通过编程在 P1.0 输

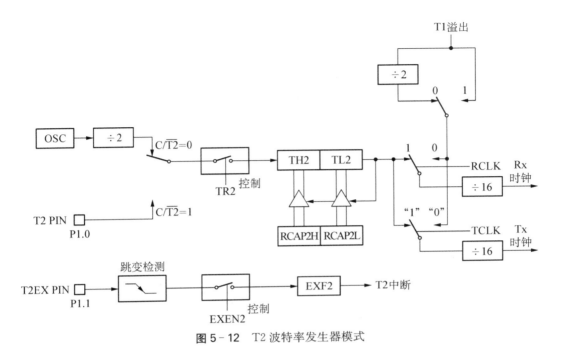

图 5-12　T2 波特率发生器模式

出占空比为 50% 的时钟脉冲。此时 T2 的结构原理如图 5-13 所示。时钟输出频率为

$$频率 = 振荡频率 / \{4 \times [65\,536 - (RCAP2H\ 和\ RCAP2L)]\}。$$

用作时钟输出时,TH2 的溢出不会产生中断,这种情况与波特率发生器方式类似。定时器 T2 用作时钟发生器时,同时也可以作为波特率发生器使用,只是波特率和时钟频率不能分别设定(因为二者都使用 RCAP2H 和 RCAP2L)。

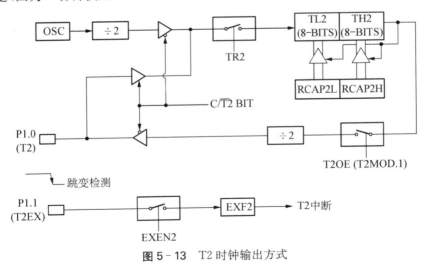

图 5-13　T2 时钟输出方式

5.2.4　应用举例

1. 计数应用

【例5.5】　外部中断计数。每次按下计数键都会触发 INT0 中断,中断程序累加计数,计数值显示在 3 只数码管上,按下清零键时数码管清零。3 只数码管采用静态方式连接,分别用单片机 P0、P1、P2 口控制,采用共阴极数码管。单片机采用 AT89S52,晶振为 12MHz。电路原理如图 5-14。C 语言源程序清单如下:

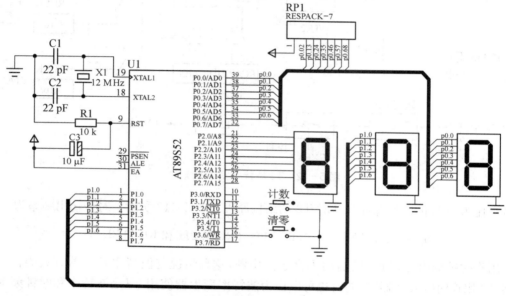

图 5-14　外部中断计数电路原理

```
//------------------------------------------------
//名称：SAMPLE504.C
//功能：外部中断计数
//------------------------------------------------
#include  〈reg52.h〉
#define  uchar  unsigned  char
#define  uint  unsigned  int
//数码管段码
uchar  code  DSY_CODE[]=
{0x3f,0x06,0x5b,0x4f,0x66,0x6d,0x7d,0x07, 0x7f,0x6f,0x00};
//计数值分解后的各待显示数位
```

```
uchar Display_Buffer[3]={0,0,0};
uint   Conut=0;
sbit   Clear_Key=P3^6;
//--------------------------------------------------------------------
//在数码管上显示计数值
//--------------------------------------------------------------------
void   Show_Count_ON_DSY()
{
  Display_Buffer[2]=Conut/100;
  Display_Buffer[1]=Conut%100/10;
  Display_Buffer[0]=Conut%10;
  if(Display_Buffer[2]==0)        //高位为 0 时不显示
   {
     Display_Buffer[2]=0x0a;
     //高位为 0 时,如果第二位为 0 则同样不显示
     if(Display_Buffer[1]==0)Display_Buffer[1]=0x0a;
   }
   P0=DSY_CODE[Display_Buffer[0]];
   P1=DSY_CODE[Display_Buffer[1]];
   P2=DSY_CODE[Display_Buffer[2]];
}
//--------------------------------------------------------------------
//主程序
//--------------------------------------------------------------------
void main()
{
  P0=0xFF;   P1=0xFF;   P2=0xFF;   IE=0x81;   IT0=1;
  while (1)
  {
    if(Clear_Key==0)
    Conut=0;
    Show_Count_ON_DSY();
  }
}
//--------------------------------------------------------------------
//INT0 中断函数
```

```
//-----------------------------------------------------------------
void  External_Interrupt_0()   interrupt   0
{    Conut++;   }
```

在 C51 中,中断函数定义语法如下:

```
返回值 函数名 interrupt n
```

其中 n 对应中断源的编号,编号从 0~4,分别对应外中断 0、定时器 0 中断、外中断 1、定时器 1 中断和串行口中断。本程序使用了外部中断 0:

```
void  External_Interrupt_0()   interrupt   0
{Count++;}
```

对应的第一句程序是函数名、中断号,第二句语句是中断的程序体,作用是每次进入计数器 Count 内存中加 1。

【例 5.6】 用计数器中断实现 100 以内的按键计数。

用定时器 T0 实现,由于计数寄存器初值为 0FFH,因此 P3.4 引脚的每次负跳变都会触发 T0 中断,实现计数值累加。计数值的清零用外部中断 0 控制。电路原理图如图 5-15 所示。

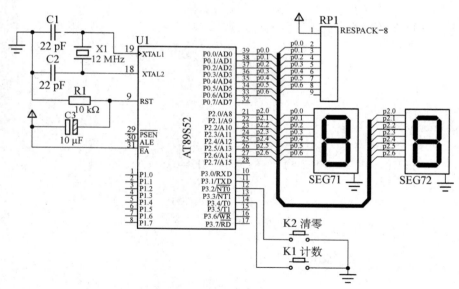

图 5-15 T0 计数器中断实现按键计数

C 语言源程序清单如下:

```
//----------------------------------------------------------------
//名称: SAMPLE505.C
//功能: 用计数器中断实现 100 以内的按键计数
//----------------------------------------------------------------
#include  <reg52.h>
#define  uchar  unsigned  char
#define  uint  unsigned  int
//数码管段码
uchar code DSY_CODE[]={0x3f,0x06,0x5b,0x4f,0x66,0x6d,0x7d,0x07,0x7f,0x6f,
0x00};
uint  Conut=0;
//----------------------------------------------------------------
//主程序
//----------------------------------------------------------------
void main()
{
  P0=0x00;    P2=0x00;    TMOD=0x06;   TH0=0xFF;   TL0=0xFF;
  ET0=1;   EX0=1;   EA=1;   IP=0x02;   IT0=1;   TR0=1;
  while (1)
  {
  P0=DSY_CODE[Conut/9];
  P2=DSY_CODE[Conut%9];
  }
}
//----------------------------------------------------------------
//INT0 中断函数
//----------------------------------------------------------------
void Clear_Count () interrupt 0
{    Conut=0;   }
//----------------------------------------------------------------
//T0 中断函数
//----------------------------------------------------------------
void  Key_Count ()   interrupt 1
{    Conut=(Conut+1)%100;}
```

　　注意: 定时器 T0 的这种使用方法, 可用来扩展为外部中断源。单片机 T0、T1 两个定时器, 具有两个内部中断标志和外部计数输入引脚。当定时器设计为计数方式, 计数初值设为满量程 FFH 时,一旦外部信号从计数器引脚输入一个负跳变信号,计数器加 1 产生中断,可以转去处理该外部中断源的请求。因此,可以把外部中断源作为边沿触发输入信号,接至定时器的 T0(P3.4)或 T1(P3.5)引脚上,该定时器的溢出中断标志及中断服务程序作为扩充外部中断源的标志和中断服务程序。

将定时器 T0 设定为方式 2(自动恢复计数初值),TH0 和 TF0 的初值均设置为 FFH,允许 T0 中断,CPU 开放中断,汇编语言源程序清单如下:

```
MOV     TMOD,#06H
MOV     TH0,#0FFH
MOV     TL0,#0FFH
SETB    TR0
SETB    ET0
SETB    EA
...
```

C 语言源程序清单如下:

```
TMOD=0x06;
TH0=0xFF;
TL0=0xFF;
  TR0=1;
  ET0=1;
  EA=1;
    ...
```

当连接在 T0(P3.4)引脚的外部中断请求输入线发生负跳变时,TL0 加 1 溢出,TF0 置 1,向 CPU 发出中断申请,同时,TH0 的内容自动送至 TL0 使 TL0 恢复初值。这样,T0 引脚每输入一个负跳变,TF0 都会置 1,向 CPU 请求中断,此时,T0 脚相当于边沿触发的外部中断源输入线。

2. 定时应用

【例 5.7】 信号灯左右循环显示,时间间隔为 1 s。用查询方式实现。单片机的 P1 口连接信号灯,硬件电路请读者自行设计。

用定时器模式 1 编制 1 s 的延时程序,实现信号灯的控制。系统采用 11.095 2 MHz 晶振,采用定时器 T1 模式 1 定时 50 ms,用 R7 作 50 ms 计数单元,汇编语言源程序清单如下:

```
            ORG     0000H
HYCONT: MOV     R2,#08H
            MOV     A,#0FEH
```

```
NEXT:       MOV       P1, A
            ACALL     DELAY
            RL        A                    ; P1.0→P1.1
            DJNZ      R2,NEXT
            MOV       R2,#08H
NEXT1:      MOV       P1, A
            RR        A                    ; P1.7→P1.6
            ACALL     DELAY
            DJNZ      R2,NEXT1
            SJMP      HYCONT
DELAY:      MOV       R7,#14H              ; 计数循环初值,50 ms×20＝1000 ms
            MOV       TMOD,#10H            ; 设定定时器1为模式1
            MOV       TH1,#3CH             ; 置定时器初值
            MOV       TL1,#0B0H
            SETB      TR1                  ; 启动 T1
LP1:        JBC       TF1,LP2              ; 查询计数溢出
            SJMP      LP1                  ; 未到 50 ms 继续计数
LP2:        MOV       TH1,#3CH             ; 重新置定时器初值
            MOV       TL1,#0B0H
            DJNZ      R7,LP1               ; 未到 1 s 继续循环
            RET                            ; 返回主程序
            END
```

请读者用中断方式完成实现本题的目标,并用 C 语言设计程序。分析用查询方式和中断方式设计应用程序的区别以及 CPU 的工作状态。

【例5.8】　用单片机定时器/计数器设计一个 10 s 秒表。由 P0、P2 口连接的 LED 数码管采用 BCD 码显示。P3.7 位接的开关控制秒表的开始、暂停和清零,首次按键计时开始,再次按键暂停,第三次按键清零。计满 10 s 后从头开始,依次循环。电路如图 5－16 所示。定时器 T0 工作于定时模式 1,产生 100 ms 定时。C 语言源程序清单如下:

```
//-------------------------------------------------
//名称:SAMPLE506.C
//功能:秒表设计
//-------------------------------------------------
#include  〈reg52.h〉
#define  uchar  unsigned  char
```

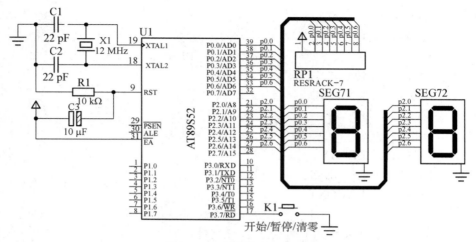

图 5‑16　秒表设计硬件电路

```
#define   uint   unsigned   int
sbit   K1  =P3^7;
uchar   i,Second_Counta,Key_Flag_Idx;
bit   Key_State;
//数码管段码
uchar code DSY_CODE[ ]={0x3f,0x06,0x5b,0x4f,0x66,0x6d,0x7d,0x07,0x7f,
0x6f,0x00};
//------------------------------------------------------------
//延时
//------------------------------------------------------------
void   Delay(uint x)
{
    uint   i;
    while(x——) for (i=0;i<120;  i++);
}
//------------------------------------------------------------
//处理按键
//------------------------------------------------------------
void   Key_Event_Handle()
{
    if(Key_State==0)
    {
```

```
    Key_Flag_Idx=(Key_Flag_Idx+1)%3;
    switch(Key_Flag_Idx)
    {
       case 1: EA=1;ET0=1;TR0=1;break;
       case 2: EA=0;ET0=0;TR0=0;break;
       case 0: P0=0x3F;P2=0x3F;i=0;Second_Counta=0;
       }
    }
}
//------------------------------------------------------------------------
//主程序
//------------------------------------------------------------------------
void main()
{
  P0=0x3F;      P2=0x3F;           i=0;
  Second_Counta=0;
  Key_Flag_Idx=0;
  Key_State=1;
  TMOD=0x01;
  TH0=(65536-50000)/256;
  TL0=(65536-50000)%256;
  EA=1;
  ET0=1;
  while (1)
  {
   if(Key_State!=K1)
     {
      Delay(10);
     Key_State=K1;
     Key_Event_Handle();
     }
    }
  }
//------------------------------------------------------------------------
//T0 中断函数
```

```
//-----------------------------------------------------------------------------------
void    dsy_Refresh()    interrupt 1
{
    TH0=(65536-50000)/256;
    TL0=(65536-50000)%256;
    if  (++i==2)
    {
      i=0;
      ++Second_Counta;
      P0=DSY_CODE[Second_Counta/10];
      P2=DSY_CODE[Second_Counta%10];
      //满 100(10 s)后显示 00
      if (Second_Counta==100)Second_Counta=0;
    }
}
```

3. 门控制位的应用

【例5.9】 利用门控制位 GATE 测量脉冲宽度。当 GATE＝1 时,定时器的运行同时受到 TR0(TR1)和$\overline{INT0}$($\overline{INT1}$)端控制。当二者同时为 1 时,T0(T1)启动;当 TR0(TR1)＝0 时,T0(T1)停止计数。这样可利用$\overline{INT0}$($\overline{INT1}$)端检测脉冲信号的上升、下降沿,通过启、停定时器,测量脉冲宽度,测量方法如图 5-17 所示。T0 对脉冲高电平计时,T1 对低电平计时。T0、T1 设为门控,定时器采用工作模式 1,控制字为 10011001B,即 99H。T0 计数值存 30H 及 31H 单元;T1 计数值 32H 及 33H 单元。汇编语言源程序清单如下:

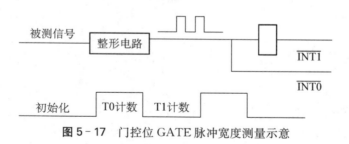

图 5-17 门控位 GATE 脉冲宽度测量示意

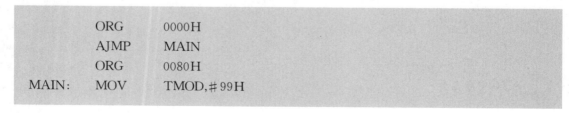

```
        ORG     0000H
        AJMP    MAIN
        ORG     0080H
MAIN:   MOV     TMOD,#99H
```

```
            MOV      TH0,#00H
            MOV      TL0,#00H
            MOV      TH1,#00H
            MOV      TL1,#00H
WAIT1:      JB       P3.2,WAIT1
            SETB     TR0
WAIT2:      JNB      P3.2,WAIT2       ；等待,变高时,T0 开始计数
WAIT3:      JB       P3.2,WAIT3       ；等待,T0 停止计数
            CLR      TR0              ；关 T0
            SETB     TR1              ；启动 T1
WAIT4:      JB       P3.3, WAIT4      ；等待,变高时,T1 停止计数
            CLR      TR1              ；关 T1
            MOV      30H, TL0         ；存计数值
            MOV      31H,TH0
            MOV      32H, TL1
            MOV      33H,TH1
            … …                       ；其他程序,如数据处理等
```

任务 3　PWM 控制技术

知识要点：

PWM 的概念,直流电动机 PWM 调压调速原理。

能力训练：

通过实际例子融汇贯通相关课程的知识,加强单片机中断技术和定时器技术应用能力和创新能力,掌握实际电气控制工程开发能力和编制用户程序的技巧。

任务内容：

熟练掌握应用单片机实现 PWM 脉冲信号的技术,掌握工程概念和电气工程控制系统的设计方式方法,巩固中断技术和定时器/计数器应用技术。

5.3.1　设计任务

采用 AT89S51 或 AT89S52 主控器单片机芯片,以及电源电路、时钟电路、复位电路、设计直流伺服电机的 PWM 控制的系统。利用单片机定时器产生周期为 4 ms 占空比可调的

PWM 波,调整 PWM 脉冲的占空比控制电机的转动速度,使用 H 桥芯片 L298 驱动直流电动机。

5.3.2 基础知识

脉冲宽度调制(Pulse Width Modulation,PWM)技术靠改变脉冲宽度来控制输出电压,改变周期来控制其输出频率。输出频率的变化可通过改变此脉冲的调制周期来实现。这样,使调压和调频两个作用配合一致,且与中间直流环节无关,因而加快了调节速度,改善了动态性能。由于输出等幅脉冲只需恒定直流电源供电,可用不可控整流器取代相控整流器,大大改善电网侧的功率因数。PWM 在逆变电路中应用最广,正是赖于在逆变电路中的应用,才确定了它在电力电子技术中的重要地位。

1. PWM 相关概念

(1)占空比 占空比就是 PWM 信号脉冲高电平保持的时间与该脉冲周期的时间之比。

例如,一个 PWM 脉冲的频率是 1 000 Hz,那么其时钟周期就是 1 000 μs。如果高电平出现的时间是 200 μs,那么低电平的时间肯定是 800 μs,那么占空比就是 200∶1 000,也就是说 PWM 的占空比就是 1∶5。

(2)分辨率 分辨率就是占空比最小能达到多少值,如 8 位的 PWM 脉冲,理论的分辨率就是 1∶255(单斜率),16 位的 PWM 理论就是 1∶655 35(单斜率)。

(3)双斜率与单斜率 如果 PWM 信号从 0 计数到 80,之后又从 0 计数到 80,该形式就是单斜率;如果从 0 计数到 80,之后是从 80 计数到 0,该形式就是双斜率。

如果双斜率的计数时间多了一倍,输出的 PWM 脉冲频率就减少一半,但是分辨率却是 1∶(80+80)=1∶160,就提高了一倍。假设 PWM 脉冲是单斜率,设定最高计数是 80,比较值是 10,那么 T/C 从 0 计数到 10 时(这时计数器还是一直往上计数,直到计数到设定值 80),单片机就会根据设定,控制某个 I/O 口在这个时候是输出 1,还是输出 0,还是端口取反。这就是 PWM 的最基本的原理。

2. 直流电动机的 PWM 调压调速原理

(1)调速原理 直流电动机转速 n 的表达式为

$$n = \frac{U - IR}{K\Phi},$$

式中,U 是电枢端电压;I 是电枢电流;R 是电枢电路总电阻;Φ 是每极磁通量;K 是电动机结构参数。

从直流电动机转速 n 的表达式中可得,直流电动机转速的控制方法可分为两种:控制励磁磁通的励磁控制法和控制电枢电压的电枢控制法,大多数应用电枢控制法。在对直流电动机电枢电压的控制和驱动中,半导体功率器件的使用分为两种方式:线性放大驱动方式和开关驱动方式,绝大多数直流电机采用开关驱动方式。开关驱动方式就是使半导体功率器件工作在开关状态,通过脉宽调制来控制电动机电枢电压实现调速。

利用开关管对直流电动机进行 PWM 调速控制主要取决于占空比。如图 5-18(a)所示,当开关管 MOS 的栅极输入高电平时,开关管导通,直流电动机电枢绕组两端有电压 U_s。t_1 秒后,栅极输入变为低电平,开关管截止,电动机电枢两端电压为 0。t_2 秒后,栅极输入重新变为高电平,开关管的动作重复前面的工作。直流电动机电枢两端的电压波形如图 5-18(b) 所示,其中,U_i 为输入电压。电动机电枢绕组两端的电压平均值为

$$U_0 = \frac{t_1 U_s + 0}{t_1 + t_2} = \frac{t_1}{T} U_s = \alpha U_s,$$

式中,α 为占空比,$\alpha = t_1/T$,变化范围为 $0 \leqslant \alpha \leqslant 1$。电源电压 U_s 不变时,电枢两端电压的平均值 U_0 取决于占空比 α 的大小,改变 α 的值就可以改变端电压的平均值,从而达到调速的目的。

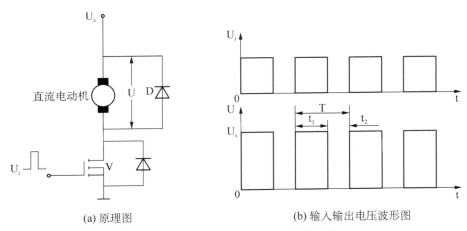

(a) 原理图　　　　　　　　　　(b) 输入输出电压波形图

图 5-18　PWM 调速原理和电压波形

（2）改变占空比 α 的方法　有 3 种方法改变占空比 α 的值:

① 定宽调频法　保持 t_1 不变,只改变 t_2,使周期 T(或频率)也随之改变。

② 调宽调频法　保持 t_2 不变,只改变 t_1,使周期 T(或频率)也随之改变。

③ 定频调宽法　使周期 T(或频率)不变,而同时改变 t_1 和 t_2。

（3）PWM 控制信号产生的方法　产生控制信号有下列几种方式。

① 分立电子元件组成 PWM 信号发生器　用分立的逻辑电子元件组成 PWM 信号电路是最早期的方式,已被淘汰。

② 软件模拟法　利用单片机的一个 I/O 引脚,通过软件向该引脚不断地输出高低电平实现 PWM 波输出。

③ 专用 PWM 集成电路　专用的 PWM 集成电路芯片除了具有 PWM 信号发生功能外,还有"死区"调节功能、保护功能等,可以减轻单片机负担,工作更可靠。

④ 单片机的 PWM 口　单片机增加了很多功能,其中包括了 PWM 功能。只要通过初始化设置,就能自动地发出 PWM 脉冲波,只有在改变占空比时才干预。

3. 电动机驱动芯片 L298 简介

L298 是意法半导体(SGS)公司为控制和驱动电机设计的推挽式功率放大专用集成电路器件。该芯片内部有 4 通道逻辑驱动电路、两套 H 桥电路。该芯片有两个 TTL/CMOS 兼容电平的输入,具有良好的抗干扰性能;4 个输出端具有较大的电流驱动能力,可以方便地驱动两个直流电动机或一个两相步进电动机。L298 的主要特点为:

① 操作电源电压可达 46 V;

② 总输出电流可达 4 A;

③ 具有过热保护;

④ TTL 电平驱动;

⑤ 具有输出电流反馈,过载保护。

(1) L298 内部结构　L298 内部原理如图 5-19 所示。

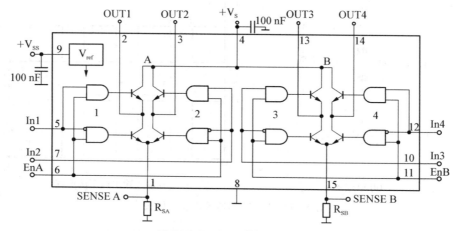

图 5-19　L298 内部原理图

(2) L298 引脚功能及封装　L298 有 15 引脚的 Mutiwart 封装和 20 引脚的 PowerSO 封装两种形式,外形如图 5-20 所示。

(a) Multiwatt15　　　　　　　(b) PowerSO20

图 5-20　L298 外形

L298 两种封装引脚分布如图 5-21 所示。在设计中,Mutiwart 封装形式的 L298 最为常用,这种封装形式采用了散热片,具有良好的散热效果。

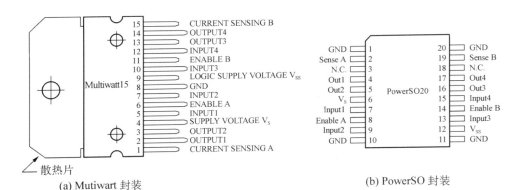

(a) Mutiwart 封装   (b) PowerSO 封装

图 5-21   L298 引脚分布图

L298 的各引脚功能见表 5-3。

表 5-3   L298 各引脚功能

引脚名称	Mutiwart 封装	PowerSO 封装	功　　能
Sense A，Sense B	1，15	2，19	分别是两个 H 桥的电流反馈，不用时可以直接接地
Out1，Out2	2，3	4，5	输出
V_s	4	6	驱动电压，最小值需比输入的低电平电压高 2.5 V
Input1，Input2	5，7	7，9	输入，TTL 电平兼容
Enable A，Enable B	6，11	8，14	使能，低电平禁止输出
GND	8	1，10，11，20	地
V_{ss}	9	12	逻辑电源，4.5～7 V
Input3，Input4	10，12	13，15	输入，TTL 电平兼容
Out3，Out4	13，14	16，17	输出
—		3，18	无连接

5.3.3   电路设计

单片机产生 PWM 控制直流伺服电机的电路如图 5-22 所示，利用单片机的中断技术和定时/计数器技术产生可调占空比的 PWM 波。P1.0 口所接的开关是启动/停止电机开关，P1.1 接口上所接的按键是加速按键，P1.2 接口上所接的按键是减速按键。PWM 脉冲调制量通过 L298 控制直流电机的速度，这种调速方式有调速特性优良、调整平滑、调速范围广、效率高等优点。在实际使用中 V_s 电压应该比 V_{cc} 的电压高，否则会出现失控现象，其控制逻辑关系见表 5-4。L298 的 IN1 驱动输入引脚接单片机的 P2.0 口，IN2 驱动输入引脚接单片机的 P2.1 口。

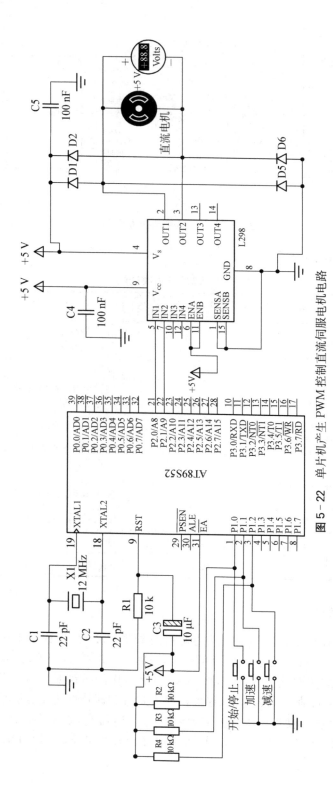

图 5 - 22 单片机产生 PWM 控制直流伺服电机电路

表 5 - 4　**L298 输入输出端控制逻辑关系表**

ENA(B)	IN1(IN3)	IN2(IN4)	电机运行情况
H	H	L	正转
H	L	H	反转
H	同 IN2(IN4)	同 IN1(IN3)	快速停止
L	×	×	停止

5.3.4　程序设计

利用单片机定时器 T0 产生一个周期为 4 ms(频率为 250 Hz)占空比可调的 PWM 脉冲。加速按键 KEY1 实现占空比增加,接到 P1.1 口;减速按键 KEY2 实现占空比的降低,接到 P1.2 口。将得到的 PWM 脉冲送到 L298 的 IN1(IN2)引脚上,可以驱动电机的正反转,在本例中实现直流电机的调速正转状态。要实现电机的正反转,请读者在此基础上自行设计。部分程序流程图如图 5 - 23、图 5 - 24 所示。C 语言源程序清单如下:

```
//------------------------------------------------
//名　称:SAMPLE507.C
//名　称:单片机产生 PWM 控制直流伺服电机的可调速正转
//------------------------------------------------
#include<reg52.h>
sbit keyon=P1^0;              //电机的启动/停止键
sbit keyadd=P1^1;            //加速键
sbit keyminue=P1^2;          //减速键
sbit djz_IN1=P2^0;           //电机正转控制端
sbit djz_IN2=P2^1;           //电机反转控制端
unsigned char PWMH;          //高电平脉冲的个数
unsigned char PWM;           //PWM 信号周期
unsigned char COUNTER;
unsigned char  SPEED;        //PWM 波输出

void KeyAdd_PWM();
void KeyMin_PWM();

//------------------------------------------------
//延时程序
```

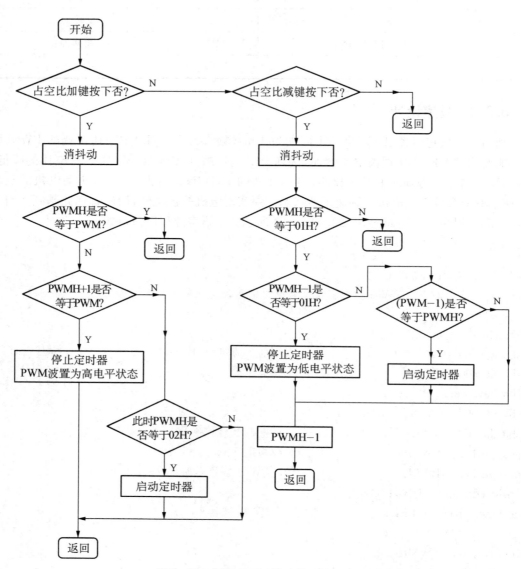

图 5‑23 调制 PWM 波功能函数流程图

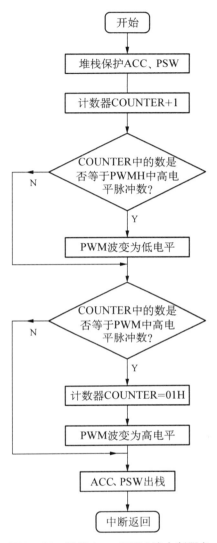

图 5 - 24　周期 4 ms PWM 波中断服务
程序流程图

```
//------------------------------------------------------------------------
void Delay(unsigned int x)
{
    unsigned int i;
    while(x——)   for (i=0;i<120;i++);
}
```

```
//-----------------------------------------------------------------
//中断服务程序,产生一个周期为4ms(频率为250Hz)的PWM波
//-----------------------------------------------------------------
void    INTTO() interrupt 1
{
    COUNTER++;                                      //计数值加1
    if((COUNTER!=PWMH)&&(COUNTER==PWM))  //如果等于高电平脉冲数
      {
        COUNTER=1;                                  //计数器复位
        SPEED=1;                                    //产生PWM波的高电平
      }
    else if (COUNTER==PWMH)
        SPEED=0;                                    //产生PWM波变为低电平
  }
//-----------------------------------------------------------------
//主程序
//-----------------------------------------------------------------
void main()
{
 PWMH=0x02;
 COUNTER=0x01;
 PWM=0x15;
 TMOD=0x02;          //定时器0在模式2下工作
 TL0=0x38;           //定时器每200μs产生一次溢出
 TH0=0x38;           //自动重装的值
 ET0=1;              //使能定时器0中断
 EA=1;               //使能总中断
 TR0=1;              //开始计时
 while (1)
{
  KeyAdd_PWM();
  KeyMin_PWM();

 if(keyon==0)

 {
```

```
        djz_IN1=SPEED;
        djz_IN2=0;
                }
    if (keyon!=0)
    {
        djz_IN1=0;
        djz_IN2=0;
            }
        }
}
//-------------------------------------------------------------------
//按键调制 PWM,实现电机的加减速
//-------------------------------------------------------------------
void KeyAdd_PWM()
{
    if(keyadd==0)                //加速按键
{
    Delay(10);
    if(keyadd!=0);               //等待按键弹起
    if(PWMH!=PWM)
    {
    PWMH++;
    if(PWMH==PWM)
      {
        TR0=0;
        SPEED=1;
      }
        else  if(PWMH==0x02)
            {
             TR0=1;
            }
        }
      }
    }
void KeyMin_PWM()
```

```
{
    unsigned char TEMP;

    if(keyminue==0)
    {
      Delay(10);
      if(keyminue!=0);
      if(PWMH!=0x01)
    {
        PWMH--;
        TEMP=PWM;
        TEMP--;
        if(PWMH==0x01)
          {
            TR0=0;
            SPEED=0;
          }
      else   if(PWMH==TEMP)
              {
                TR0=1;
              }
    }
  }
}
```

任务4   实训项目与演练

知识要点:

单片机控制系统中的中断技术和定时器/计数器技术。

能力训练:

通过实训,锻炼实际工程程序设计能力、调试能力、动手能力和创新能力。

任务内容:

掌握和理解汇编和C程序编程中关于定时、计数和中断的应用技巧,会根据技术指标编写和调试程序。

实训7　实用门铃设计

1. 功能

用定时器控制蜂鸣器模拟发出叮咚的门铃声,"叮"的声音用较短定时形成较高的频率,"咚"的声音用较长定时形成较低的频率,按下按键听到门铃声。电路设计如图 5‑25 所示。

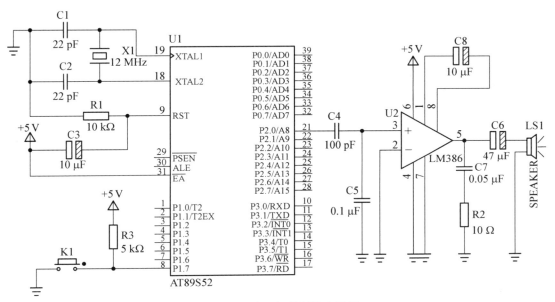

图 5‑25　实用门铃硬件电路图

2. 程序设计思路和实现过程

定时器初始定时为 0.7 ms,经过 399 次中断后,在蜂鸣器上得到约 714 Hz 的高音;后定时器定时 1 ms,经过 399 次中断后,得到 500 Hz 的低音,这样产生了所需的叮咚声。在第 800 次时,停止定时器,声音输出停止。要改变声音频率,可修改参考程序中的定时器延时初值 700 和 1 000;改变声音输出长度,可修改 400 和 800 这两个变量。

3. 源程序代码

```
//--------------------------------------------------
//名称:用定时器设计门铃。按下按键时蜂鸣器发出叮咚的门铃声
//--------------------------------------------------
#include<reg52. h>
#define uchar unsigned char
#define uint unsigned int
sbit    key=P1^7;
sbit    DOORBell=P2^0;
```

```
uint   i=0;
//T0 中断
void   Time0( )   interrupt   1
{
        DOORBell=~ DOORBell;      i++;
        //如果需要声音拖得更长,可调整 400 和 800
        if(i<400)            //高音
        {
          TH0= (65536-700)/256;
          TL0=(65536-700)%256;
          }
          else
        if(i<800)        //低音
        {
          TH0=(65536-1000)/256;
          TL0=(65536-1000)%256;
          }
        else
        {TR0=0; i=0; }
      }


//主程序
void main()
  {
      IE=0x82;   TMOD=0x01;
      TH0=(65536-700)/256;
      TL0=(65536-700)%256;
      while   (1)
        {
            if(key= =0)
            {TR0=1; while  (key= =0); }
        }
      }
```

4. 思考题

(1) 读者可修改程序代码,实现音乐门铃的效果。

(2) 设计一个 60 s 倒计时装置,实现交通灯的控制。

（3）在任务 3 电动机正转控制的基础上修改程序代码，实现 PWM 控制直流伺服电机的正反转。

习　　题

1. 什么是中断和中断系统？其主要功能是什么？

2. 试编写一段初始化中断系统的程序，使之允许 INT0、INT1、T0，串行口中断，且使 T0 中断为高优先级中断。

3. AT89S52 共有哪些中断源？如何控制其中断请求？

4. 什么是中断优先级？中断优先处理的原则是什么？

5. AT89S52 单片机外部中断源有几种触发中断请求的方法？如何实现中断请求？

6. 以中断方法设计单片机秒、分脉冲发生器。假定 P1.0 每秒产生一个机器周期的正脉冲，P1.1 每分钟产生一个机器周期的正脉冲。

7. AT89S52 定时器有哪几种工作模式？有何区别？

8. 一个定时器的定时时间有限，如何实现两个定时器的串行定时，以满足较长定时时间的要求？

9. AT89S52 定时器的门控制信号 GATE 设置为 1 时，定时器如何启动？

10. 以定时器/计数器 1 进行外部事件计数。每计数 1 000 个脉冲后，定时器 T1 转为定时工作方式。定时 10 ms 后，又转为计数方式，如此循环不止。假定单片机晶振频率为 12 MHz，请使用模式 1 编程实现。

11. 已知 AT89S52 单片机的 $f_{osc}=6$ MHz，请利用 T0 和 P1.0 输出矩形波。矩形波高电平宽 50 μs，低电平宽 300 μs。

12. 编程实现在 P1.0 引脚接驱动放大电路驱动扬声器，利用 T1 产生 1 000 Hz 的音频信号从扬声器输出。设 $f_{osc}=12$ MHz。

13. AT89S52 提供的 T2 在功能上与 T0、T1 有什么不同？

14. T2 的捕获模式是怎样实现的？有什么作用？

15. 在 DCEN=0 和 DCEN=1 时，T2 的自动重装入模式有什么不同？请具体描述。

项目 ⑥

单片机串行通信接口技术

项目任务

利用单片机串行口通信技术,实现单片机与单片机、单片机与PC机之间的通信。

项目要求

(1) 了解单片机串行口结构,重点理解单片机串行口接收和发送数据的方法。

(2) 掌握单片机的使用方法,重点熟悉单片机串行通信的格式规定。

(3) 重点理解单片机串行通信程序设计思想。

(4) 实际操作,锻炼学生的程序设计能力、调试能力、动手能力和创新能力。

项目导读

(1) 单片机串行通信接口技术基础知识。

(2) 单片机之间的通信接口技术。

任务1 单片机串行通信接口技术基础知识

知识要点：

单片机串行通信数据格式、波特率的概念，单片机串行通信工作方式，RS-232C标准接口总线。

能力训练：

通过该项目的训练，提高实际动手操作能力，养成学生的工程道德观念，建立敬业精神和团队合作精神。

任务内容：

在了解串行口结构的基础上，掌握串行通信的概念，熟悉单片机串行口的使用技术，以及单片机与单片机之间的通信外接控制设备的要求，了解单片机与PC机的通信技术。

6.1.1 串行通信的概念

串行通信是计算机与外界交换信息的一种基本通信方式。串行通信的特点是：数据传送按位顺序进行，最少只需一根传输线即可完成，成本低但速度慢，适合远距离传送。计算机与远程终端或终端之间的数据传送通常都是串行的。

串行数据传送又分为异步传送和同步传送两种方式。单片机中主要使用异步传送方式。

1. 异步通信的格式

在异步通信中，数据是一帧一帧（包含一个字符代码或一字节数据）传送的，每一串行帧的数据格式如图6-1所示。

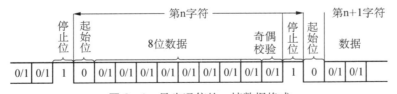

图6-1 异步通信的一帧数据格式

在帧格式中，一个字符由4个部分组成：首先是一个起始位0，然后是5～8个数据位（规定低位在前，高位在后），接下来是奇偶校验位（可省略），最后是停止位1。起始位0信号只占用

一位,用来通知接收设备一个待接收的字符到来。在不传送字符时线路应保持为1。接收端不断检测线路的状态。若连续为1以后测到一个0,则可知发来一个新字符。字符的起始位还被用作同步接收端的时钟,以保证正确接收。

数据位可以是5位(D0~D4)、6位、7位或8位(D0~D7)。

奇偶校验位(D8)只占一位,但在字符中也可以规定不同奇偶校验位,则这一位可省去。也可用这一位(1/0)确定这一帧中的字符所代表信息的性质(地址/数据等)。

停止位用来表征字符的结束,它一定是高位(逻辑1)。停止位可以是1位、1.5位或2位。接收端接收到停止位后,知道上一字符已传送完毕,为接收下一字符作好准备——只要再收到0就是新的字符的起始位置。若停止位以后不是紧接着传送下一字符,则让线路保持为1。图6-1表示一个字符紧接着一个字符传送的情况,上一个字符的停止和下一个字符的起始位是紧相邻的。如果两个字符间有空闲,空闲为1,线路处于等待状态。存在空闲位正是异步通信的特征之一。

例如,规定用ASCII编码,字符为7位加一个奇偶校验位、一个起始位、一个停止位,则一帧共10位。

2. 串行通信的数据传送形式

(1) 单工形式　单工(Simplex)形式的数据传送是单向的,只需要一条数据线。通信双方中一方固定为发送端,另一方则固定为接收端。例如计算机与打印机之间的串行通信就是单工形式。

(2) 全双工形式　全双工(Full-duplex)形式的数据传送是双向的,且可以同时发送和接收数据,因此需要两条数据线。单片机的串行通信是全双工形式。

(3) 半双工形式　半双工(Half-duplex)形式的数据传送也是双向的,但任何时刻只能由其中的一方发送数据,另一方接收数据。因此半双工形式既可以使用一条数据线,也可以使用两条数据线。

3. 串行通信的传送速率

传送速率用于说明数据传送的快慢。在串行通信中,数据是按位传送的,因此传送速率用每秒传送数据位的数目来表示,称为波特率(baud rate)。每秒传送一个数据位就是1波特。即1波特=1 bps(位/秒)。

在串行通信中,数据位的发送和接收分别由发送时钟脉冲和接收时钟脉冲定时控制。时钟频率高,则波特率也高,通信速度就快;反之,时钟频率低,则波特率也低,通信速度就慢。

串行通信可以使用的标准波特率在RS-232C标准中已有规定。使用时应根据速度需要、线路质量以及设备情况等因素选定。波特率选定之后,对于设计者来说,就要得到能满足波特率要求的发送时钟脉冲和接收时钟脉冲。

6.1.2　串行接口

单片机串行接口电路集成在单片机芯片的内部,是单片机芯片的一个组成部分。单片机有一个全双工的串行口,这个口既可以用于网络通信,也可以实现串行异步通信,还可以作为同步移位寄存器使用。

1. 单片机串行口结构

单片机串行口的基本结构如图6-2所示。单片机通过引脚 RXD(P3.0,串行数据接收端)和引脚 TXD(P3.1,串行数据发送端)与外界通信。图中有两个物理上独立的接收、发送缓冲寄存器 SBUF。它是可寻址的专用寄存器,这两个寄存器具有同一地址(99H)。串行发送时,向 SBUF 写入数据;串行接收时,从 SBUF 读出数据。

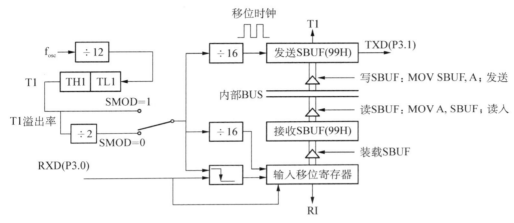

图6-2 单片机串行口结构

此外,在接收寄存器之前还有移位寄存器,从而构成了串行接收的双缓冲结构,以避免在数据接收过程中出现帧重叠错误。与接收数据情况不同,发送数据时,由于 CPU 是主动的,不会发生帧重叠错误,因此发送电路就不需双重缓冲结构。

串行发送与接收的速率与移位时钟同步。单片机用定时器 T1 作为串行通信的波特率发生器,T1 溢出率经2分频(或不分频)后又经16分频作为串行发送或接收的移位脉冲。移位脉冲的速率就是波特率。

2. 串行通信控制寄存器 SCON

SCON 是单片机的一个可位寻址的专用寄存器,用于串行数据通信的控制。单元地址98H,位地址 9FH～98H。寄存器内容及位地址表示如下:

SCON（98H）

位符号	SM_0	SM_1	SM_2	REN	TB_8	RB_8	TI	RI
位地址	9FH	9EH	9DH	9CH	9BH	9AH	99H	98H

（1）SM_0、SM_1 串行口工作方式选择位。其状态组合所对应的工作方式见表6-1。

表 6-1　串行口工作方式选择

SM_0	SM_1	工作方式	SM_0	SM_1	工作方式
0	0	0	1	0	2
0	1	1	1	1	3

（2）SM_2　多机通信控制位。因多机通信是在方式 2 和方式 3 下进行，因此 SM_2 位主要用于方式 2 和 3。当串行口以方式 2 或 3 接收时，如 $SM_2 = 1$，则只有当接收到数据帧第 9 位数据（RB_8）为 1，才将接收到的前 8 位数据送入 SBUF，并置位 RI 产生中断请求；否则，将接收到的前 8 位数据丢弃。当 $SM_2 = 0$ 时，则不论第 9 位数据为 0 还是为 1，都将前 8 位数据装入 SBUF 中，并产生中断请求。在方式 0 时，SM_2 必须为 0。

（3）REN　允许接收位。REN 位用于控制串行数据的接收：REN = 0，禁止接收；REN = 1，允许接收。该位由软件置位或复位。

（4）TB_8　发送数据位的第 9 位。在方式 2 和 3 时，TB_8 是要发送的第 9 位数据，在多机通信中，以 TB_8 位的状态表示主机发送的是地址还是数据：$TB_8 = 0$ 为数据，$TB_8 = 1$ 为地址。该位由软件置位或复位。

（5）RB_8　接收数据位的第 9 位。在方式 2 或 3 时，RB_8 存放接收到的第 9 位数据，代表着接收数据的某种特征，故应根据其状态操作接收数据。

（6）TI　发送中断标志。方式 0 时，发送完第 8 位数据后，该位由硬件置位。在其他方式下，于发送停止位之前，由硬件置位。因此，TI = 1 表示一帧数据发送结束。其状态既可供软件查询使用，也可请求中断。TI 位由软件清 0。

（7）RI　接收中断标志。方式 0 时，接收完第 8 位数据后，该位由硬件置位。在其他方式下，当接收到停止位时，该位由硬件置位。因此，RI = 1 表示一帧数据接收结束。其状态既可供软件查询使用，也可以请求中断。RI 位由软件清 0。

3. 电源控制寄存器 PCON

电源控制寄存器 PCON 中有一位 SMOD 与串行口工作有关。PCON 的地址为 87H，其最高位 SMOD 是串行波特率的倍增位。当 SMOD = 1 时，串行口波特率加倍。SMOD = 0 时，波特率不加倍。系统复位时，SMOD = 0。

6.1.3　串行通信工作方式

MCS-51/52 单片机的串行口共有 4 种工作方式。

1. 串行工作方式 0

方式 0 下，串行口作为同步移位寄存器使用。这时以 RXD（P3.0）端作为数据移位的入口和出口，而由 TXD（P3.1）端提供移位时钟脉冲。移位数据的发送和接收以 8 位为一帧，不设起始位和停止位，低位在前高位在后。其帧格式为：

...	D_0	D_1	D_2	D_3	D_4	D_5	D_6	D_7	...

用方式 0 实现数据的移位输入输出时,实际上是把串行口作为并行口使用。串行口作并行输出口使用时,要有"串入并出"的移位寄存器配合,例如 74LS164 或 CD4094),其电路连接如图 6-3(a)所示。数据从串行口 RXD 端在移位时钟脉冲(TXD)的控制下逐位移入 74LS164。当 8 位数据全部移出后,SCON 寄存器的 TI 位被自动置 1。其后 74LS164 的内容即可并行输出。

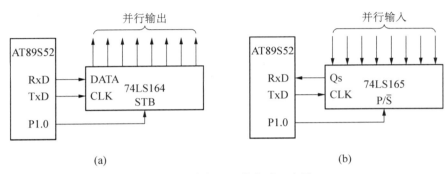

图 6-3　串行口工作方式 0 应用

如果把能实现"并入串出"功能的移位寄存器(例如 74LS165 或 CD4014)与串行口配合使用,就可以把串行口变为并行输入口使用。电路如图 6-3(b)所示。

74LS165 移出的串行数据同样经 RXD 端串行输入,还是由 TXD 端提供移位时钟脉冲。8 位数据串行接收需要有允许接收的控制,具体由 SCON 寄存器的 REN 位实现。REN = 0,禁止接收;REN = 1,允许接收。当软件置位 REN 时,即开始从 RXD 端以 $f_{osc}/12$ 波特率输入数据(低位在前),当接收到 8 位数据时,置位中断标志 RI。

方式 0 时,移位操作的波特率是固定的,为单片机晶振频率的 1/12,如晶振频率以 f_{osc} 表示,则波特率 = $f_{osc}/12$。

因此由 TXD 引脚产生的一个时钟脉冲实现一个机器周期对 RXD 引脚送出数据的一次移位,如 f_{osc} = 6 MHz,则波特率为 500 kbps,即 2 μs 移位一次。如 f_{osc} = 12 MHz,则波特率为 1 Mbps,即 1 μs 移位一次。

【例 6.1】　用 AT89S52 串行口外接 164 串入-并出移位寄存器扩展 8 位并行口。8 位并行口的每位都接一个 LED,要求 LED 从右到左以一定延迟轮流显示,并不断循环。

串行数据由 RXD 发送给串并转换芯片 74164,TXD 则用于输出移位时钟脉冲,74164 将串行输入的 1 字节转换为并行数据,并将转换的数据通过 8 只 LED 显示出来。本例串口工作于模式 0,即移位寄存器 I/O 模式。电路连接如图 6-4 所示,LED 共阴极连接。

(1)汇编程序设计　设数据串行采用中断方式,显示的延迟通过调用延时 DELAY 来实现。汇编语言源程序清单如下:

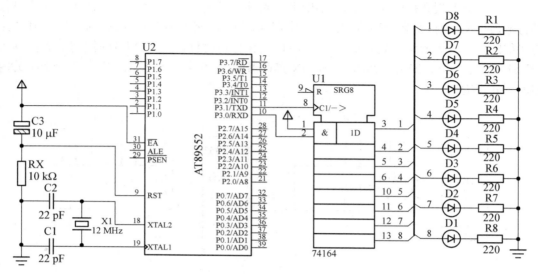

图 6-4 串入并出电路

	ORG	0000H	
	LJMP	START	
	ORG	0023H	
	LJMP	CHZD	
	ORG	0030H	
START:	MOV	SCON,#0	;置串行通信为方式0
	MOV	A,#80H	;最左一个发光二极管亮,及D1先亮
	SETB	EA	
	SETB	ES	
	MOV	SBUF,A	;启动串行输出
LOOP:	SJMP	$	;等待中断
CHZD:	ACALL	DELAY	;调用延时
	CLR TI		;清发送中断标志
	RR A		;准备右边一位显示
	MOV	SBUF,A	;再一次串行输出
	RETI		;中断返回
DELAY:			;延时1ms子程序
	MOV	R7,2	;500μs×2=1ms
DLY0:			
	MOV	R6,50	;2μs×250=500μs

```
        DJNZ    R6,$
        DJNZ    R7,DLY0
        DJNZ    ACC,DELAY
        RET
        END
```

（2）C语言源程序　C语言源程序清单如下：

```
//------------------------------------------------------------------
//名称:SAMPLE601.C
//作用:串行数据转换为并行数据
//------------------------------------------------------------------
#include    〈reg52.h〉
#include    〈intrins.h〉
#define  uchar    unsigned  char
#define  uint     unsigned  int
//------------------------------------------------------------------
//延时
//------------------------------------------------------------------
void    Delay(uint x)
{
        uint i;
        while(――x) for (i=0; i<120; i++);
}
//------------------------------------------------------------------
//主程序
//------------------------------------------------------------------
void main()
{
    uchar  c=0x80;    SCON=0x00;    TI=1;
    while(1)
    {
        c=_crol_(c,1);//由于待发送的字节变量初值为0x80,将其通过_crol_函数循环移
位并发送时,写入 SBUF 的字节是 00000001～10000000,会看到 LED 的滚动显示效果
        SBUF   =c;
        while  (TI==0);
        TI=0;
```

```
        Delay(400);
    }
}
```

2. 串行工作方式 1

方式 1 是以 10 位为一帧的异步串行通信方式,共包括 1 个起始位、8 个数据位和 1 个停止位。其帧格式为:

起始	D_0	D_1	D_2	D_3	D_4	D_5	D_6	D_7	停止

方式 1 的数据发送是由一条写发送寄存器(SBUF)指令开始的。随后在串行口由硬件自动加入起始位和停止位,构成一个完整的帧格式。然后在移位脉冲的作用下,由 TXD 端串行输出。一个字符帧发送完后,使 TXD 输出线维持在 1 状态下,并将 SCON 寄存器的 TI 置 1,通知 CPU 可以发送下一个字符。

接收数据时,SCON 的 REN 位应处于允许接收状态(REN = 1)。当采样到从 1 向 0 的状态跳变时,串行口 RXD 端就认定是接收到起始位,在移位脉冲的控制下,把接收到的数据位移入接收寄存器中。直到停止位到来之后把停止位送入 RB_8 中,并置位中断标志位 RI,通知 CPU 从 SBUF 取走接收到的一个字符。

方式 0 的波特率是固定的,但方式 1 的波特率则是可变的,其波特率由定时器 1 的计数溢出率来决定,其公式为

$$波特率 = \frac{2^{smod}}{32} \times (定时器 1 溢出率),$$

其中 smod 为 PCON 寄存器最高位的值。

当定时器 1 作波特率发生器使用时,通常选用工作模式 2(8 位自动加载)。假定计数初值为 X,则计数溢出周期为

$$\frac{12}{f_{osc}} \times (256 - X)。$$

溢出率为溢出周期的倒数,则波特率计算公式为

$$波特率 = \frac{2^{smod}}{32} \times \frac{f_{osc}}{12 \times (256 - X)}。$$

实际使用时,总是先确定波特率,再计算定时器 1 的计算初值,然后进行定时器的初始化。由上述波特率计算公式,计数初值的计算公式为

$$X = 256 - \frac{f_{osc} \times (2^{smod})}{384 \times 波特率}。$$

定时器之所以选择工作模式 2,是因为模式 2 具有自动加载功能,可避免程序反复装入初值所引起的定时误差,使波特率更加稳定。

3. 串行工作方式 2

方式 2 是 11 位为一帧的串行通信方式，即 1 个起始位、9 个数据位和 1 个停止位。在方式 2 下，字符还是 8 个数据位。而第 9 数据位既可作奇偶校验位使用，也可作控制位使用，其功能由用户确定。发送之前应先在 SCON 的 TB_8 位中准备好，可使用如下汇编指令完成：

> SETB　　TB8（C 语言用 TB8 = 1;）;TB_8 位置 1
> CLR　　　TB8（C 语言用 TB8 = 0;）;TB_8 位置 0

准备好第 9 数据位之后，再向 SBUF 写入字符的 8 个数据位，并以此启动串行发送。一个字符帧发送完毕后，将 TI 置 1，其过程与方式 1 相同。方式 2 的接收过程也与方式 1 基本类似，所不同的只在第 9 数据位上，串行口把接收到的 8 个数据送入 SBUF，而把第 9 数据位送入 RB_8。

方式 2 的波特率是固定的，且有两种，用公式为

$$波特率 = \frac{2^{smod}}{64} \times f_{osc},$$

即与 PCON 寄存器中 SMOD 位的值有关。当 smod = 0 时，波特率为 f_{osc} 的 1/64；当 smod = 1 时，波特率等于 f_{osc} 的 1/32。

4. 串行工作方式 3

方式 3 同样是 11 位为一帧的串行通信方式，其通信过程与方式 2 完全相同，所不同的仅在于波特率。方式 3 的波特率则可由用户根据需要设定。其设定方法与方式 1 一样，即通过设置定时器 T1 的初值设定波特率。

6.1.4　单片机之间串行口的接口通信

有两个单片机子系统，它们均独立地完成主系统的某一功能，且这两个子系统具有一定的信息交换需求，这时可以用串行通信的方式将两个子系统连接起来。如果两个单片机子系统在同一个电路板上或同处于一个机箱内，只要将两个单片机的 TXD 和 RXD 引出线交叉相连即可通信。如果两个系统相距有一定距离（几米或几十米），需采用串行通信标准接口 RS-232C 连接。RS-232C 采用负逻辑电平，规定（-3～-15 V）为逻辑 1，（+3～+15 V）为逻辑 0，与单片机的 TTL 电平不兼容，需要外加电平转换电路（如 MAX232）。

1. 串行通信接口标准 RS-232C

RS-232C 是由美国电子工业协会（EIA）正式公布的，在异步串行通信中应用最广泛的标准总线。它包括按位串行传输的电气和机械方面的规定，适用于短距离或带调制解调器的通信场合，实现计算机与计算机、计算机与外设间的串行通信的标准通信接口。EIA 公布的 RS-422、RS-423 和 RS-485 串行总线接口标准，提高了数据传输率和通信距离。RS-232C 定义的是数据终端设备（DTE）与数据通信设备（DCE）之间的接口标准。它规定了接口的机械特性、功能特性和电气特性等几个方面。

（1）机械特性　RS－232C采用DB－25型25针连接器，连接器的尺寸及每个插针的排列都有明确的定义。一般在应用中用不到RS－232C定义的全部信号，这时常采用9针连接器替代25针连接器。连接器引脚定义如图6－5所示。图中阳头通常应用于计算机侧，对应的阴头用于连接线侧。

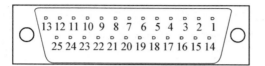

图6－5　DB－25型连接器和DB－9连接器定义

（2）功能特性　主要信号线的功能定义如表6－2所示。

表6－2　RS－232C标准接口引脚定义

分类	符号	名　称	引脚	说　明
地线		机架保护地（屏蔽地）	1	
		信号地（公共地）	7(5)	
数据信号线	TX	数据发送线	2(3)	在无数据信息传输或收/发信息间隔期，RXD/TXD电平为1。辅助信道传输速率较主信道低。其余同
	RX	数据接收线	3(2)	
	TX	辅助信道数据发送线	14	
	RX	辅助信道数据接收线	16	
定时信号线		DCE发送信号定时	15	指示被传输的每个位信息的中心位置
		DCE接收信号定时	17	
		DTE发送信号定时	24	
控制线	RT	请求发送	4(7)	DTE发给DCE
	CT	允许发送	5(8)	DCE发给DTE
	DS	DCE装置就绪	6(6)	
	DT	DTE装置就绪	20	DTE发给DCE
	DC	接收信号（载波）检测	8(1)	DTE收到满足标准的信号时置位
		振铃指示	22	由DCE收到振铃时置位
		信号质量检测	21	由DCE根据数据信息是否有错而置位/复位
		数据信号速率选择	23	指定两种传输速率中的一种
	RT	辅助信道请求发送	19	
	CT	辅助信道允许发送	13	
	RC	辅助信道接收检测	12	

续　表

分类	符号	名　　称	引脚	说　　明
备用线			9	未定义,保留供 DCE 装置测试使用
			10	
			11	
			18	
			25	

注:引脚栏中,( )内的为 9 针非标准连接器的引脚号。

（3）电气特性　所有的信号电平保持一致,规定为 $+3\sim+15$ V 之间的任意电压表示逻辑 0,$-3\sim-15$ V 之间的任意电压表示逻辑 1。对数据,逻辑 1 的电平低于 -3 V,逻辑 0 的电平高于 $+3$ V;对控制信号,接通状态的电平高于 $+3$ V,断开状态的电平低于 -3 V。该接口采用双极性信号、公共地线和负逻辑,目的是增加信号在线路上的传输距离和提高抗干扰能力。

RS - 232C 数据通信的波特率允许范围为 $0\sim20$ kb/s。在使用 19 200 b/s 通信时,最大传送距离为 20 m。降低波特率可以增加传输距离。

（4）RS - 232C 的应用　RS - 232C 标准适用于 DCE 和调制解调器 DTE 间的串行二进制通信,最高的数据速率为 19.2 kb/s。电缆长度最大为 15 m。不适于接口两边设备间要求绝缘的情况。

① 应注意的问题　　RS - 232C 可用于 DTE 与 DCE 之间的连接,也可用于两个 DTE 之间的连接。因此在两个数据处理设备通过 RS - 232C 接口互连时,应该注意信号线对设备输入/输出方向以及它们之间的对应关系。

② RS - 232C 的连接方式　　两个 DTE 之间使用 RS - 232C 串行接口连接,如图 6 - 6 (a)所示。如果双方都始终在就绪状态下准备接收的 DTE,连线可减至 3 根,这就变成 RS - 232C 的简化方式,如图 6 - 6(b)所示。

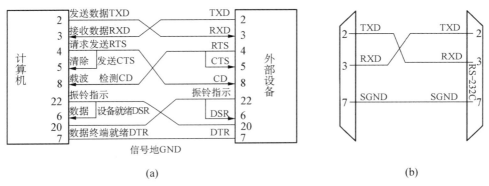

图 6 - 6　RS - 232C 的两种连接方式

2. MAX232 结构

MAX232 芯片是 MAXIM 公司生产的、包含两路接收器和驱动器的 IC 芯片,适用于各种 EIA-232C 和 V.28/V.24 的通信接口。MAX232 芯片内部有一个电源电压变换器,可以把输入的＋5 V 电源电压变换成为 RS-232C 输出电平所需的＋10 V 电压。所以,采用此芯片接口的串行通信系统只需单一的＋5 V 电源就可以了,适用于没有＋12 V 电源的场合,加之其价格适中,硬件接口简单,所以被广泛采用。MAX232 芯片的引脚结构如图 6-7 所示,典型工作电路如图 6-8 所示。图中上半部分电容 C1、C2、C3、C4 及 V＋、V－是电源变换电路部分。

在实际应用中,器件对电源噪声很敏感。因此,V_{CC} 必须要对地加去耦电容 C5,其值为 0.1 μF。电容 C1、C2、C3、C4 取同样数值的钽电解电容 1.0 μF/16 V,用以提高抗干扰能力,在连接时必须尽量靠近器件。

下半部分为发送和接收部分。实际应用中,T1IN、T2IN 可直接接 TTL/CMOS 电平的 MCS-51 单片机的串行发送端 TXD;R1OUT、R2OUT 可直接接 TTL/CMOS 电平的单片机串行发送端 TXD;T1OUT、T2OUT 可直接接 RS-232 串口的接收端 RXD;R1IN、R2IN 可直接接 RS-232 串口的发送端 TXD。

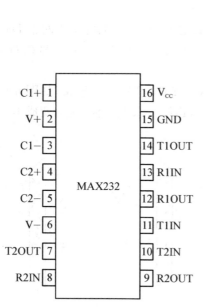

图 6-7　MAX232 芯片的引脚结构

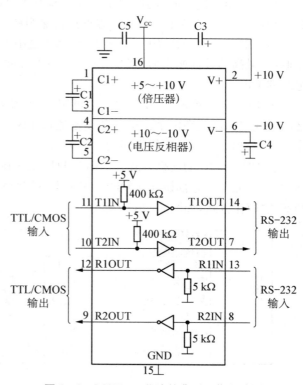

图 6-8　MAX232 芯片的典型工作电路图

3. 通信协议

要想保证通信成功,通信双方必须有一系列的约定,比如,发送方必须知道什么时候发送信息,发什么,对方是否收到,收到的内容有没有错,要不要重发,怎样通知对方结束等。接收方必须知道对方是否发送了信息,发的是什么,收到的信息是否有错,如果有错怎样通知对方重发,怎样判断结束等。

这种约定就叫做通信规程或协议,它必须在编程之前确定下来。要想使通信双方能够正确交换信息和数据,在协议中对何时开始通信,何时结束通信,何时交换信息等都必须作出明确的规定。只有双方遵守这些规定才能顺利地通信。

在串行通信中,另一个重要的指标是波特率,它反映了串行通信的速率,也反映了对传输通道的要求。波特率越高,要求传输通道的频带越宽。一般异步通信的波特率在 50～600 bps 之间。由于异步通信双方各用自己的时钟源,要保证捕捉到的信号正确,最好采用较高频率的时钟。一般选择时钟频率比波特率高 16 倍或 64 倍。若时钟频率等于波特率,则频率稍有偏差便会产生接收错误。

在异步通信中,收、发双方必须事先规定两件事:一是字符格式,即规定字符各部分所占的位数,是否采用奇偶校验以及校验的方式(偶校验还是奇校验)等通信协议;二是采用的波特率以及时钟频率必须一致。

6.1.5　单片机与 PC 机之间的通信

PC 机与单片机之间可以由 RS-232C、RS-422 或 RS-423 等接口相连。在 PC 机系统内都装有异步通信适配器,利用它可以实现异步串行通信。该适配器的核心元件是可编程的 Intel 8250 芯片,它使 PC 机有能力与其他具有标准 RS-232C 接口的计算机或设备通信。而单片机本身具有一个全双工的串行口,因此只要配以电平转换的驱动电路、隔离电路就可组成一个简单可行的通信接口。同样,PC 机和单片机之间的通信也分为双机通信和多机通信。

PC 机和单片机最简单的连接是零调制三线经济型。这是全双工通信所必须的最少线路。因为单片机输入、输出电平为 TTL 电平,而 PC 机配置的是 RS-232C 标准接口,二者的电气规范不同,所以要加电平转换电路。常用的有 MC1488、MC1489 和 MAX232。

采用 MAX232 芯片实现单片机与 PC 机的 RS-232C 标准接口通信电路,如图 6-9 所示。从 MAX232C 芯片中两路发送接收中任选一路作为接口。注意发送、接收的引脚要对应。如使 T1IN 接单片机的发送端 TXD,则 PC 机的 RS232 的接收端 RXD 一定要对应接 T1OUT。同时 R1OUT 接单片机的 RXD 引脚,PC 机的 RS232 的发送端 TXD 对应接 R1IN 引脚。

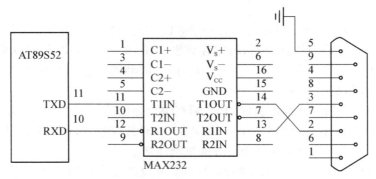

图 6-9 采用 MAX232C 芯片接口的 PC 机与单片机串行通信接口

任务2 单片机之间的串行通信接口技术

知识要点：

单片机与单片机之间的通信协议规定,串行通信硬件接口标准,通信程序设计要求。

能力训练：

通过训练,掌握工程技术概念,锻炼实际能力和再学习能力。

任务内容：

掌握单片机与单片机点对点通信的接口硬件电路以及软件设计方法,掌握单片机串行口的技术以及串行口通信协议的内容,熟练掌握 C 语言的编程能力。

1. 设计任务

实现单片机双机双向通信:

(1) 甲机的 K1 按键可通过串口分别控制乙机的 D1 点亮,D2 点亮,D1 和 D2 全亮或全灭。

(2) 乙机按键可向甲机发送数字,甲机接收的数字显示在其 P0 端口的数码管上。

2. 电路设计

根据任务要求实现单片机双机双向通信。甲机的 K1 按键接在 P1.7 口,通过串口分别控制乙机的 D1、D2,接在 P1.0、P1.3 口;向甲机发送数字的乙机按键接在乙机单片机的 P1.7 口,甲机接收的数字显示的数码管接在 P0 端口上。注意 P0 端口使用时要接上拉电阻 RP1。甲机与乙机的通信通过 RS-232C 串行标准接口连接,单片机和 RS-232C 之间通过 MAX232 实现两者之间的电平转换。AT89S52 串行通信电路原理如图 6-10 所示。

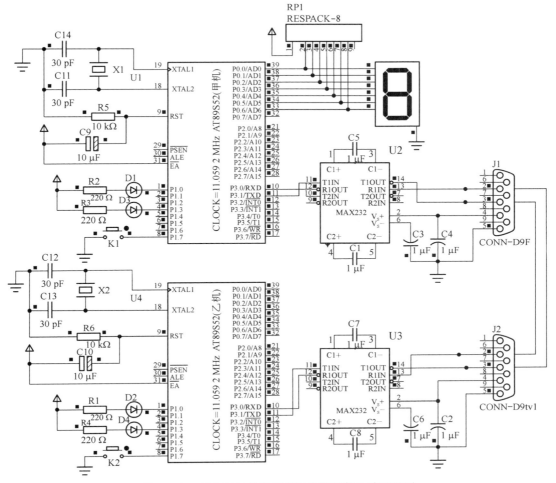

图 6-10 AT89S52 单片机双机串行通信电路原理图

3. **软件设计**

采用方式 1 进行通信,每帧信息为 10 位,波特率为 9 600 bps,T1 工作在定时器模式 2,振荡频率选用 11.059 2 MHz,求得 TH1 = TL1 = 0FDH,PCON 寄存器的 SMOD 位为 0。C 语言源程序清单如下:

```
//------------------------------
//名称:单片机系统实现双机双向通信
//------------------------------
//
```

```
//名称:SAMPLE602.C    甲机串口程序
//------------------------------------------------------------
#include  〈reg52.h〉
#define  uchar  unsigned  char
#define  unit  unsigned  int
sbit    LED1=P1^0;
sbit    LED2=P1^3;
sbit    K1=P1^7;
uchar  Operation_NO=0;          //操作代码
//数码管段码
uchar  code  DSY_CODE[]={0x3F,0x06,0x5B,0x66,0x6D,0x7D,0x07,0x7F,0x6F};
//------------------------------------------------------------
//延时
//------------------------------------------------------------
void    Delay(unit x)
{
    uchar i;
    while(x——)  for(i=0;  i<120;  i++);
}
//------------------------------------------------------------
//向串口发送字符
//------------------------------------------------------------
void    putc_to_serialport (uchar  c)
{
    SBUF=c;    while (TI==0); TI=0;
}
//------------------------------------------------------------
//主程序
//------------------------------------------------------------
void  main()
{
    LED1=LED2=1;                //关闭 LED
    P0=0x00;                    //关闭数码管
    SCON=0x50;                  //串口工作在方式 1(01010000),允许接收
    TMOD=0x20;                  //T1 定时器工作在模式 2,8 位自动装载
    PCON=0x00;                  //波特率不倍增
```

```
    TH1=0xFD;                        //波特率 9600
    TL1=0xFD;
    TI=RI=0;
    TR1=1;                           //启动定时器 T1
    IE=0x90;                         //允许串口中断
    while(1)
      {
        Delay(100);
        //按下 K1 时选择操作代码 0，1，2，3
        if(K1==0)
          {
                while (K1==0);
                Operation_NO=(Operation_NO+1)%4;
                //根据操作代码发送 X/A/B/C
                switch(Operation_NO)
                 {
                        case   0:putc_to_serialport('X');
                                LED1=LED2=1;          break;
                        case   1:putc_to_serialport('A');
                                LED1=0;   LED2=1;     break;
                        case   2:putc_to_serialport('B');
                                LED1=1; LED2=0;       break;
                        case   3:putc_to_serialport('C');
                                LED1=0;   LED2=0;     break;
                 }
          }
      }
}
//-------------------------------------------------------------------------------
//甲机串口接收中断函数
//-------------------------------------------------------------------------------
void   Serial_INT()   interrupt 4
{
  if  (RI)      //接收到一个字节
  {
      RI=0;     //清除串行接收中断标志位显示数字
```

```
//由于发送方发送的不是字符 0～9,因此这里不需要将 SBUF—"0"
    if(SBUF>=0  &&  SBUF<=9)  P0=DSY_CODE[SBUF];
    else                P0=0x00;
  }
}
//--------------------------------------------------------------------------------
//名称:SAMPLE603.C        乙机程序接收甲机发送字符并完成相应动作
//--------------------------------------------------------------------------------
#include  〈reg52.h〉
#define  uchar  unsigned  char
#define  unit  unsigned  int
sbit    LED1=P1^0;
sbit    LED2=P1^3;
sbit    K1=P1^7;
uchar  NumX    =0xFF;
//--------------------------------------------------------------------------------
//延时
//--------------------------------------------------------------------------------
void    Delay(unit x)
{
    unit  i;
    while(x——)  for(i=0;  i<120;  i++);
}




//--------------------------------------------------------------------------------
//主程序
//--------------------------------------------------------------------------------
void    main()
{
    LED1=LED2=1;            //关闭 LED
    SCON=0x50;             //串口工作在方式 1(01010000),允许接收
    TMOD=0x20;             //T1 定时器工作在模式 2,8 位自动装载
    PCON=0x00;             //波特率不倍增
    TH1=0xFD;              //波特率 9600
    TL1=0xFD;
    TI=RI=0;
```

```
    TR1=1;                            //启动定时器 T1
    IE=0x90;                          //允许串口中断
    while(1)
     {
      Delay(100);
      if(K1==0)
       {
          while (K1==0);
          NumX   =(NumX+1)%11;    //产生 0~10 范围内的数字,其中 10 表示关闭显示
          SBUF=   NumX;
          while(TI==0);
          TI=0;
       }
     }
}
//-------------------------------------------------------------------------
//乙机串口接收中断函数
//-------------------------------------------------------------------------
void   Serial_INT()   interrupt 4
{
   if  (RI)              //如果接收到命令字符完成不同的 LED 点亮动作
    {
       RI=0;             //清除串行接收中断标志位
       switch  (SBUF)
        {
               case 'X' :LED1=1;   LED2=1; break;      //全灭
               case 'A' :LED1=0;   LED2=1; break;       //LED1 点亮
               case 'B' :LED1=1;   LED2=0; break;
                case 'C' :LED1=0;   LED2=0; break;
        }
     }
}
```

任务 3 实训项目与演练

知识要点：

单片机与 PC 机之间的通信协议，串口调试技术。

能力训练：

通过实训，掌握单片机串行口通信的编程技巧。

任务内容：

了解单片机与 PC 机通信的使用，掌握 C 语言编程。

实训 8 单片机与 PC 通信接口技术

1. 功能

单片机接收 PC 发送的数字字符，按下单片机 K1 按键时，单片机可向 PC 发送字符串。外围电路如图 6 - 11 所示。

2. 程序设计思路和实现过程

（1）单片机发送接收数字字符时，采用串行口的工作方式 1，通信的波特率为 9 600 bps，采用定时器 T1 工作在模式 2 下，波特率不倍增。

（2）缓冲为 100 个数字字符，缓冲满后新接收的字符从缓冲前面存放（环形缓冲），覆盖原来放入的字符。

（3）接收的字符通过共阴极数码管显示，数码管接 P0 口。

（4）在 Proteus 环境下完成本实训时，需要先安装 Virtual Serial Port Driver 和串口调试助手软件。建议在 VSPD 中将 COM4 和 COM5 设为对联端口，在 Proteus 中，设 COMPIM 为 COM4 在串口助手中选择 COM5，然后实现单片机程序与 XP 下串口助手的通信。

3. 思考题

MAX232 在单片机与 PC 机通信中的作用是什么？怎样形成单片机多机通信？

4. C 语言源程序代码

```
//-------------------------------------------------------------
//名称:单片机与 PC 通信
//-------------------------------------------------------------
#include  〈reg52. h〉
#define  uchar  unsigned  char
```

项目6 单片机串行通信接口技术

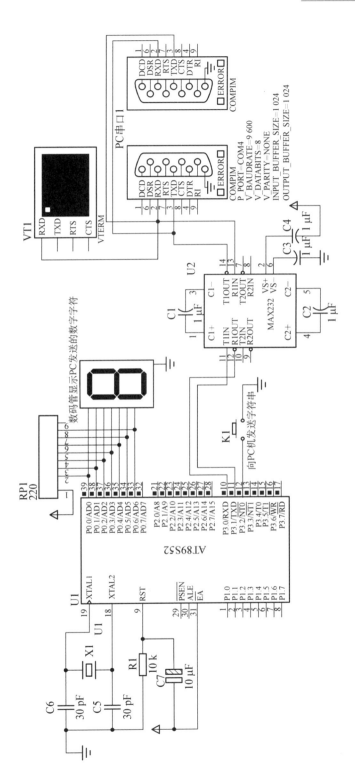

图6-11 PC机与单片机通讯电路

227

```
#define  unit  unsigned  int
uchar  Receive_Buffer[101];            //数字接收缓冲
uchar  Buf_Index=0;                    //缓冲空间索引
uchar  code  DSY_CODE[]=
{0x3F, 0x06, 0x4F, 0x66, 0x6D, 0x7D, 0x07, 0x7F, 0x6F, 0x00};   //数码管段码编
码表,最后为黑屏
//--------------------------------------------------------------------
//延时
//--------------------------------------------------------------------
void   Delay(unit x)
{
    uchar  i;
    while(x——)  for(i=0;  i<120;  i++);
}
//--------------------------------------------------------------------
//主程序
//--------------------------------------------------------------------
void   main()
{
  uchar i;
  P0=0x00;                         //关闭数码管
  Receive_Buffer[0]=-1;
  SCON=0x50;                       //串口工作在方式1(01010000),允许接收
  TMOD=0x20;                       //T1定时器工作在模式2,8位自动装载
  PCON=0x00;                       //波特率不倍增
  TH1=0xFD;                        //波特率9600
  TL1=0XFD;
  TI=RI=0;
  TR1=1;                           //启动定时器T1
  EA=1;
  EX0=1;   IT0=1;                  //允许外部中断0,下降沿触发
  ES=1;                            //允许串口中断
  IP=0x01;                         //外部中断0设为高优先级
  while(1)
   {
     for  (i=0; i<100; i++)
```

```
        {
            if  (Receive_Buffer[i]==-1) break;   //遇到-1则认为一次显示结束
              P0=DSY_CODE[Receive_Buffer[i]];
            }
        Delay(100);
      }
}
//-------------------------------------------------------------------------------
//串口接收中断
//-------------------------------------------------------------------------------
void   Serial_INT()   interrupt   4
{
            uchar   c;
            if(RI==0) return;
             ES   =0;
             RI   =0;
             c=SBUF;            //读取字符
        //这一行也可使用 isdigit 函数,但要注意添加头文件 ctype.h
        if (c>='0' && c<='9')
        {
            //缓存新接收的每个字符,并在其后存放-1为结束标志
             Receive_Buffer[Buf_Index]=c-'0';
              Receive_Buffer[Buf_Index+1]=-1;
            Buf_Index=(Buf_Index+1)%100;//缓冲指针递增
          }
        ES=1;                //允许串口中断
}
//-------------------------------------------------------------------------------
//外部中断 0
//-------------------------------------------------------------------------------
void EX_INT0()   interrupt 0
{
    uchar   *s="这是由 89S52 发送的字符串!\r\n";
    uchar   i=0;
    while (s[i]    !='\0')
    {
```

```
        SBUF=s[i];
     while  (TI==0);
       TI=0;
         i++;
    }
}
```

习　　题

1. 单片机串行口由哪些功能部件组成？各有什么作用？

2. 简述串行口接收和发送数据的过程。

3. 单片机串行口有几种工作方式？有几种帧格式？各工作方式的波特率如何确定？

4. 某异步通信接口，其帧格式由 1 个起始位(0)，7 个数据位，1 个奇偶校验位和 1 个停止位 (1)组成。当该接口每分钟传送 1 800 个字符时，试计算出传送波特率。

5. 串行口中 SCON 的 SM2、TB8、RB8 有何作用？

6. 以 AT89S52 串行口按工作方式 1 进行串行数据通信。假定波特率为 1 200 bps，以中断 方式传送数据。请编写全双工通信程序。

7. 设计一个单片机的双机通信系统，并编写通信程序。将甲机内部 RAM 30H～3FH 存 储区的数据块通过串行口传送到乙机内部 40H～4FH 存储区中去。

项目 ⑦

【 单 片 机 工 程 应 用 技 术 】

实用电子钟设计

项目任务

设计并实现实时电子钟,实现人机交互功能。

项目要求

(1) 掌握 LCD 的工作原理和单片机的控制方法,实现 LCD 字符的输出控制。
(2) 掌握 LED 汉字点阵屏的工作原理和单片机的控制方法,实现汉字的输出控制。
(3) 掌握 DS1302 的工作原理和单片机的控制方法,实现实时电子钟的设计方法。
(4) 应用单片机 C 语言编程,设计和实现人机交互过程。

项目导读

(1) LCD 液晶屏应用技术。
(2) 广告屏汉字点阵应用技术。
(3) 基于 DS1302 的实用电子钟的设计。

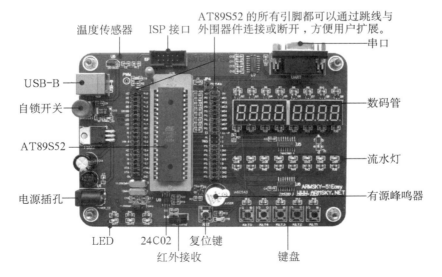

温度传感器　　ISP 接口　　AT89S52 的所有引脚都可以通过跳线与
　　　　　　　　　　　　　外围器件连接或断开,方便用户扩展。

串口
USB-B
自锁开关
AT89S52
数码管
流水灯
有源蜂鸣器
电源插孔
LED　　24C02　　复位键
红外接收　　　　键盘

任务1 LCD 液晶屏应用技术

知识要点：

LCD1602 的管脚功能，LCD 屏显示方法。

能力训练：

通过 LCD 液晶屏控制的实例，学会 LCD 液晶屏显示技巧，以及动态扫描的 C 程序编程技巧。

任务内容：

了解液晶屏的作用和工作原理，理解 LCD1602 的管脚功能、LCD 控制器的内部资源以及 LCD 内部寄存器等，掌握单片机控制 LCD 液晶屏的技术。

7.1.1 LCD 液晶屏

数码管主要是用来显示数字的，英语字母也只能显示很少的一部分，比如 W 或 Y 这些字母就很难显示。

液晶显示器(Liquid Crystal Display，LCD)字符型液晶显示模块是现今市面上最常用的液晶显示器，专门用于显示字母、数字、符号等，其规格主要有 16 字×1 行、16 字×2 行、20字×2 行，所显示的字符和操作方法大同小异。MD1602A 型属于 16 字×2 行，内嵌控制器为日立公司的 HD44780 芯片。一般字符 LCD 模块的控制器都使用此芯片。

7.1.2 引脚功能

1602LCD 共有 16 个引脚，掌握这些引脚的功能，能帮助我们在项目中正确地硬件连接和编程。16 个引脚功能的简单说明见表 7-1。其中 4～6 脚是控制信号的输入端，编程时要特别注意。

表 7-1 1602LCD 液晶屏的引脚功表

引脚号	符号	功能说明	引脚号	符号	功能说明
1	V_{SS}	5 V 电源地	9	D2	数据端口 2
2	V_{DD}	5 V 电源正极	10	D3	数据端口 3
3	VL	液晶显示偏压信号	11	D4	数据端口 4
4	RS	数据/命令选择端	12	D5	数据端口 6
5	R/W	读/写选择端	13	D6	数据端口 7
6	E	使能信号	14	D7	数据端口 8
7	D0	数据端口 0	15	BLA	背光源正极
8	D1	数据端口 1	16	BLK	背光源负极

【例7.1】　实现 P0 端口的 1602 液晶屏静态字符显示。外围电路如图 7 - 1 所示，C 语言源程序清单如下：

```
//------------------------------------------------
//名称：SAMPLE701.C
//作用：  LCD1602 的使用演示
//------------------------------------------------

#include 〈reg52.h〉
sbit E=P2^2;              //控制引脚定义
sbit RW=P2^1;
sbit RS=P2^0;
typedef unsigned char uchar;
//------------------------------------------------
void Delay(unsigned int t)    //delay 40 μs
```

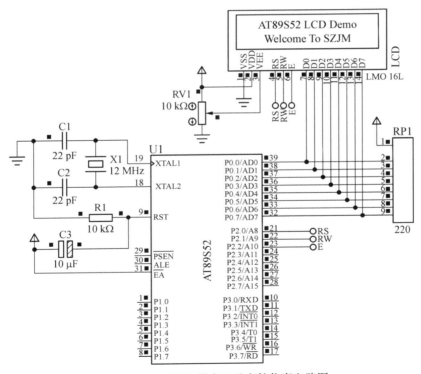

图 7 - 1　1602LCD 静态显示字符仿真电路图

```
{
    for(;t!=0;t— —);
}
//----------------------------------------------------------
void SendCommandByte(unsigned char ch)      //写 LCD 命令
{
    RS=0;
    RW=0;
    P0=ch;
    E=1;
    Delay(1);
    E=0;
    Delay(100);    //delay 40us
}
//----------------------------------------------------------
void SendDataByte(unsigned char ch)         //发送数据
{   RS=1;
    RW=0;
    P0=ch;
    E=1;
    Delay(1);
    E=0;
    Delay(100);//delay 40us
}
//----------------------------------------------------------
void InitLcd()                              //LCD 初始化
{SendCommandByte(0x30);
    SendCommandByte(0x38);//设置工作方式
    SendCommandByte(0x01);//清屏
    SendCommandByte(0x06);//输入方式设置
    SendCommandByte(0x0c);//显示状态设置
}
//----------------------------------------------------------
void DisplayMsg1(uchar * p)
{
    unsigned char count;
```

```
SendCommandByte(0x80);   //设置 DDRAM 地址(第一行)
for (count=0;count<16;count++)
    {SendDataByte(*p++);
    }
}
//-----------------------------------------------
void DisplayMsg2(uchar * p)
{
unsigned char count;
SendCommandByte(0xc0);   //设置 DDRAM 地址(第二行)
for (count=0;count<16;count++)
    {SendDataByte(*p++);
    }
}
//-----------------------------------------------
main()
{char msg1[16]="AT89S52 LCD Demo";
 char msg2[16]="Welcome To SZJM";
 InitLcd();
 DisplayMsg1(msg1);
 DisplayMsg2(msg2);
 while(1);
}
```

7.1.3 内部资源

(1) 显示数据存储器 DDRAM DDRAM 用来存放 LCD 要显示的数据,只要将点阵字符图形的代码送入 DDRAM,内部的控制电路就会自动将数据传送到 LCD 显示屏上。例如,要在第一行的第 1 个位置显示字符 0,只要把其代码送到 DDRAM 的 0x80 地址中,显示屏就会出现一个字符 0。存储器地址与实际显示字符的对应位置,如图 7-2 所示。

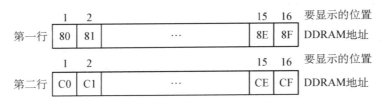

图 7-2 DDRAM 显示存储器地址与实际显示字符的对应位置

（2）字符发生器 CGR0M　HD44780 芯片内含一个字符发生器(CGR0M)，存储了 160 个不同的点阵字符图形，如数字、字母、日文等，一般行是高 4 位代码，列为低 4 位代码。例如要显示字符 0，只要把字符 0 的高 4 位地址 0011 加上低 4 位地址 0000 的二进制码 0011 0000，转换为十六进制为 0x30，写到 DDRAM 中的 0x80 地址，就可以在第一行的第一个位置显示字符 0。

（3）字符发生器 CGRAM　CGRAM 是用来储存自行设计的个性化字符造型代码的 RAM，共有 512 bit(64 个字节)，一个 5×7 的字符体占用 8×8 bit，因此 CGRAM 最多只能存放 8 个自定义字符。

（4）指令寄存器 IR　指令寄存器存放单片机写给 HD44780 的指令，对 IR 的操作：当 RS=0，R/W=0，E 引脚由 1 变为 0，就会把 D0～D7 引脚上的数据送入指令寄存器 IR。

（5）数据寄存器 DR　数据寄存器存放单片机写给 CGRAM 与 DDRAM 的数据，或从 CGRAM 与 DDRAM 读出的数据。对 DR 的操作：当 RS=1，R/W=1，E=1，HD44780 就会把数据送到 D0～D7 引脚上，供单片机读取；当 RS=1，R/W=0，E 引脚信号由 1 变为 0，HD44780 就会把 D0～D7 引脚上的数据存入 DR 数据寄存器。

（6）忙碌标志位 BF　当 HD44780 内部正在处理数据时 BF=1；当内部处于空闲状态时 BF=0。因为单片机处理一条指令只需要几微秒的时间，但是 HD44780 则需要 40 μs～1.64 ms 不等，所以单片机每次对 LCD 操作时一定要检测忙碌位，判断芯片内部是否在工作，如在工作则不会响应单片机的操作。

（7）地址计数器 AC　AC 负责计算从 DDRAM、CGRAM 读出的地址，或者计算写到 CGRAM、DDRAM 数据的地址。当单片机对 CGRAM、DDRAM 操作时，AC 会依照单片机对 HD44780 的操作自动修改地址的计数值。

LCD1602 内嵌芯片 HD44780 的控制功能见表 7-2。

表 7-2　芯片 HD44780 的控制功能表

RS	R/W	E	D7～D0	说　明
0	1	1	数据输出	读 BF(忙碌标志)与 AC 的值
1	0	下降沿	数据输入	写数据
0	0	下降沿	数据输入	写指令代码
1	1	1	数据输出	读数据

7.1.4　控制命令

LCD1602 液晶模块内部的控制器的内部控制命令一般有 11 条，见表 7-3。

表7-3 芯片HD44780的内部控制命令表

编号	指令功能	RS	R/W	D7	D6	D5	D4	D3	D2	D1	D0
1	清显示,光标归位	0	0	0	0	0	0	0	0	0	1
2	光标返回	0	0	0	0	0	0	0	0	1	*
3	置输入模式	0	0	0	0	0	0	0	1	I/D	S
4	显示开/关控制	0	0	0	0	0	0	1	D	C	B
5	光标或字符移位	0	0	0	0	0	1	S/C	R/L	*	*
6	设置功能	0	0	0	0	1	DL	N	F	*	*
7	置字符发生存储器地址	0	0	0	1	字符发生存储器地址					
8	置数据存储器地址	0	0	1	显示数据存储器地址						
9	读忙标志或地址	0	1	BF	计数器地址						
10	写数到CGRAM或DDRAM)	1	0	要写的数据内容							
11	从CGRAM或DDRAM读数	1	1	读出的数据内容							

（1）清屏　指令代码:0x01

控制信号		指令代码							
RS	R/W	D7	D6	D5	D4	D3	D2	D1	D0
0	0	0	0	0	0	0	0	0	1

执行此指令,HD44780将DDRAM的数据全部写入"空白"的代码,清除所显示的内容,同时光标移到左上角。

（2）光标归位　指令代码:0x02

控制信号		指令代码							
RS	R/W	D7	D6	D5	D4	D3	D2	D1	D0
0	0	0	0	0	0	0	0	1	0或1

执行此指令,AC的值被清0,但是DDRAM的数据不变,光标移到左上角。

（3）输入方式设置　指令代码:0x04~0x07

控制信号		指令代码							
RS	R/W	D7	D6	D5	D4	D3	D2	D1	D0
0	0	0	0	0	0	0	1	I/D	S

此指令用来设置字符、光标的移动方式,见表 7-4。

表 7-4 光标的移动方式表

控制位		指令代码	说明
I/D	S		
0	0	0x04	AC 的值减 1,光标左移 1 格,所显示的字符全部不动
0	1	0x05	AC 的值减 1,光标不动,所显示的字符全部右移 1 格
1	0	0x06	AC 的值加 1,光标右移 1 格,所显示的字符全部不动
1	1	0x07	AC 的值加 1,光标不动,所显示的字符全部左移 1 格

(4)控制显示的开与关　指令代码:0x08～0x0f

控制信号		指令代码							
RS	R/W	D7	D6	D5	D4	D3	D2	D1	D0
0	0	0	0	0	0	1	D	C	B

D、C、B 3 个位分别控制字符、光标和闪烁功能的开关,具体见表 7-5。

表 7-5 控制显示的开关状态表

控制位	控制信号	功能	说明
D	D=1	开 LCD 显示	关闭显示仅字符不出现,而 DDRAM 的内容不变,这与清屏指令不同
	D=0	关 LCD 显示	
C	C=1	光标显示	光标的位置由地址指针计数器 AC 确定,并随变动而移动,当 AC 的值超出显示范围,光标将随之消失。
	C=0	光标消失	
B	B=1	光标闪烁	光标闪烁状态位
	B=0	光标不闪烁	

(5)移动光标　指令代码 0x10～0x1c

控制信号		指令代码							
RS	R/W	D7	D6	D5	D4	D3	D2	D1	D0
0	0	0	0	0	1	S/C	R/L	0 或 1	0 或 1

执行该指令可使字符或光标向左或向右移动一个字符位,定时执行此指令可以使其平滑移动,见表 7-6。

表 7 - 6 光标移动的状态表

控 制 位		指 令 代 码	说　　　明
S/C	R/L		
0	0	0x10	光标左移动
0	1	0x14	光标右移动
1	0	0x18	字符左移动
1	1	0x1c	字符右移动

（6）功能设置　指令代码：0x20～0x3c

控 制 信 号		指 令 代 码							
RS	R/W	D7	D6	D5	D4	D3	D2	D1	D0
0	0	0	0	1	DL	N	F	0	0

功能指令的设置具体见表 7 - 7。

表 7 - 7 功能指令的设置状态表

控制位	控制信号	功　　能	说　　　明
DL	DL=0	接口总线为 4 位长度（紧 D7～D4 有效），8 位数据与指令代码按先高位后低位的方式分两次传送	LCD 与单片机接口形式（即数据的传送方式）
	DL=1	接口总线为 8 位长度（即 D7～D0 有效）	
N	N=0	显示 1 行字符行	用于设置所显示字符的行数
	N=1	显示 2 行字符行	
F	F=0	5×7 字符体	用于设置所显示字符的字体
	F=1	5×10 字符体	

（7）CGRAM 地址设置　指令代码：0x40～0x7f

控 制 信 号		指 令 代 码							
RS	R/W	D7	D6	D5	D4	D3	D2	D1	D0
0	0	0	1	A5	A4	A3	A2	A1	A0

此指令功能是将 6 位地址 CGRAM 写进地址计数器 AC，单片机对 HD44780 的操作就是对 CGRAM 的读/写操作。

（8）DDRAM 地址设置　指令代码：0x80～0xff

控 制 信 号		指 令 代 码							
RS	R/W	D7	D6	D5	D4	D3	D2	D1	D0
0	0	1	A6	A5	A4	A3	A2	A1	A0

此指令功能是将 7 位 DDRAM 地址写进地址计数器 AC,单片机对 HD44780 的操作就是对 DDRAM 的读/写操作。

(9) 读 BF(忙碌标志)与 AC(地址计数器)的值　指令代码:0x00～0xff

控 制 信 号		指 令 代 码							
RS	R/W	D7	D6	D5	D4	D3	D2	D1	D0
0	1	BF	AC6	AC5	AC4	AC3	AC2	AC1	AC0

① BF=0。HD44780 内部处于空闲状态,等待单片机对其读写操作。
② BF=1。HD44780 内部正忙于处理数据,不接受单片机对其操作。
③ D0～D6。最后写入 DDRAM 或 CGRAM 的当前地址值。

(10) 写数据到 CGRAM 或 DDRAM　指令代码:0x00～0xff

控 制 信 号		指 令 代 码							
RS	R/W	D7	D6	D5	D4	D3	D2	D1	D0
1	0								

先设置 CGRAM 或 DDRAM 的地址,把特定的字符代码写进 D0～D7,LCD 就可以将其显示出来。

(11) 读 CGRAM 或 DDRAM 的数据　指令代码:0x00～0xff

控 制 信 号		指 令 代 码							
RS	R/W	D7	D6	D5	D4	D3	D2	D1	D0
1	1								

先设置 CGRAM 或 DDRAM 的地址,然后将 CGRAM 或 DDRAM 当前的数据读出。

7.1.5 滚动显示设计

【例 7.2】　实现接在 P0 端口的 1602 液晶屏滚动显示。

电路如图 7-3 所示。其中 K1 按键的作用是使字符上下垂直滚动,K2 按键使字符水平滚动,K3 按键的功能是滚动显示过程中,执行中断功能实现暂停和继续。C 语言源程序清单如下:

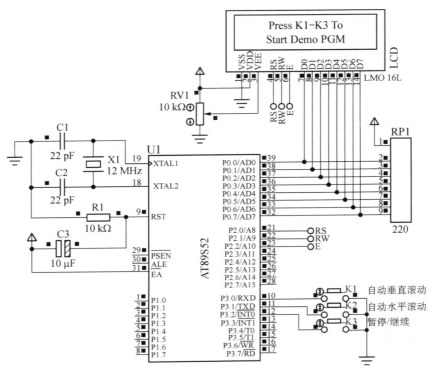

图 7-3　1602LCD 滚动显示字符仿真电路图

```
//--------------------------------------------------
//名称：  SAMPLE702.C
//作用：  LCD1602 的滚动显示功能
//     :  K1～K3 按键分别实现 LCD 的垂直或水平滚动显示及暂停和继续显示
//--------------------------------------------------
#include 〈reg52.h〉
#include 〈string.h〉
#include 〈lcd1602.h〉
#define uchar unsigned char
#define uint unsigned int
void Initialize_LCD();
void ShowString(uchar, uchar, uchar *);
sbit K1=P3^0;
sbit K2=P3^1;
sbit K3=P3^2;
```

```c
uchar code prompt[]="Press K1-K3 To Start Demo PGM";
//待滚动显示的信息段落,每行不超过80个字符,共6行
uchar const Line_Count=5;
uchar code Msg[][80]=
{"Keil makes C/C++compilers, debuggers, integrated environments,",
 "real-time kernels, simulation models, and evaluation boards for ",
 "ARM, Cortex-M, Cortex-R4, 8051, C166, and 251 processor families.",
 "This web site provides information about the embedded development tools,",
 "evaluation software, product updates, application notes, example code,",
 "and technical support available from Keil."
 };
 // 显示缓冲(2行)
 uchar Disp_Buffer[32];
// 垂直滚动显示
void V_Scroll_Display ()
{ uchar i, j, k=0;
  uchar * p=Msg[0];
  uchar * q=Msg[Line_Count]+strlen(Msg[Line_Count]);
  //以下仅使用显示缓冲的前16字节空间
    while (p<q)
      { for (i=0;i<16&&p<q;i++)
          {//消除显示缓冲中待显示行首尾可能出现的空格
          if ((i==0||i==15)&& * p==' ')  p++;
          if ( * p!='\0')        {Disp_Buffer[i]= * p++;}
           else        {      if (++k>Line_Count)      break  ;
                            p=Msg[k];
                            Disp_Buffer[i]= * p++;
                   }
      }
      // 不足16个字符时用空格补充
      for (j=i;j<16;j++) Disp_Buffer[j]=' ';
  while (F0) DelayMS(5);
  ShowString(0, 0, "                ");
  DelayMS(150);

      while (F0) DelayMS(5);
      ShowString(0, 1, Disp_Buffer);
```

```
    DelayMS(1000);

    while (F0) DelayMS(5);
    ShowString(0, 0, Disp_Buffer);
    ShowString(0, 1, "                ");
    DelayMS(1000);
    }
    ShowString(0, 0, "                ");//清屏
    ShowString(0, 1, "                ");
  }
//------------------------------------------------
//水平滚动显示部分略,读者可自行思考后完成
//------------------------------------------------
//外部中断 0,有 K3 控制暂停与继续
void EX_INT0() interrupt 0
  { F0=!F0;}
void main()
{ uint Count=0;
  IE=0x81;
  IT0=1;
  F0=0;
  Initialize_LCD();
  ShowString(0,0,prompt);
  ShowString(0,1,prompt+16);
  while (1)
    { if (K1==0)
      { V_Scroll_Display();
        DelayMS(200);
      }
  //  else               //水平滚动部分功能略
  //   if (K2==0)
  //   { H_Scroll_Display();
  //     DelayMS(200)
  //   }
    }
}
```

本程序中涉及的 C 语言指针（＊p）是一个二维数组，"lcd1602.h"是一个用户设计的标志头文件（header file），.h 是头文件的后缀名，该函数完成 LCD 液晶显示中所需要的忙检查、写 LCD 命令、发送数据、显示字符串和 LCD 初始化各个功能，具体设计程序如下：

```
//··············································································
//名  称： LCD1602.H
//作  用： LCD1602 的显示和控制通用代码段
//··············································································

#include <reg52.h>
#include <intrins.h>
#define uchar unsigned char
#define uint unsigned int
sbit EN=P2^2;
sbit RW=P2^1;
sbit RS=P2^0;

 void DelayMS(uint ms)    //delay time
{
   unsigned char t;
   while(ms——) for (t=0;t<124;t++);
}
void Delay(unsigned int t)    //delay 40us
{
 for(;t!=0;t——);
}

 uchar Busy_Check()          //忙检查
 { uchar LCD_Status;
   RS=0;
   RW=1;
   EN=1;
   DelayMS(1);
   LCD_Status=P0;
   EN=0;
   return LCD_Status;
   }
```

```
void Write_LCD_Command(uchar ch)    //写 LCD 命令
{   RS=0;
    RW=0;
    P0=ch;
    EN=1;
    Delay(1);
    EN=0;
    Delay(100);    //delay 40us
}

void Write_LCD_Data(uchar ch)      //发送数据
{   while((Busy_Check()&0x80)==0x80);   //忙等待
    RS=1;
    RW=0;
    P0=ch;
    EN=1;
    Delay(1);
    EN=0;
    Delay(100);//delay 40us
}

void Initialize_Lcd()              //LCD 初始化
{Write_LCD_Command(0x30);
 Write_LCD_Command(0x38);    //设置工作方式
 Write_LCD_Command(0x0c);//显示状态设置
 Write_LCD_Command(0x01);//清屏
 Write_LCD_Command(0x06);//输入方式设置,字符进入模式,屏幕不动,字符后移
}

void   ShowString(uchar x, uchar y, uchar * str)//显示字符串
{ uchar i=0;
 if (y==0)           Write_LCD_Command(0x80|x);//设置显示的起始位置
 if (y==1)           Write_LCD_Command(0xc0|x);
  for (i=0;i<16;i++)                  //输出字符串
      { Write_LCD_Data(str[i]);  }
}

# endif
```

任务2　广告屏汉字点阵应用技术

知识要点：

汉字扫描和显示原理，点阵显示的编程基本方法。

能力训练：

通过实例，学会单片机控制汉字点阵的技能。

任务内容：

了解汉字点阵广告屏显示的基本方法，掌握 16×16 点阵上的水平滚动显示汉字字符程序设计方法。

7.2.1　汉字扫描显示原理

点阵式 LED 组成的汉字广告屏应用非常广泛。例如，车站发车时间提示、股票价格显示板、商场的活动广告栏。点阵显示器可以按照需要的大小、形状和颜色组合，用单片机控制实现各种文字或图形的变化，可以使用 16×16 的点阵发光管模块，也可以直接使用 256 个高量度发光管，组成 16×16 的发光点阵。

计算机用编码的方式来处理和使用字符和汉字，字符在计算机机内用一个 ASCII 码表示。为了解决区位码与西文字符相混淆的问题，规定汉字在计算机中用内码表示。内码为两个字节，在软件设计中一般选用 UCDOS 5.0 汉字系统中的 16×16 点阵字库 Hzk16 作为提取汉字字模的标准字库，其中每个汉字占有 32 个字节。

例如，UCDOS 中文宋体字库每一个汉字由 16 行 16 列的点阵组成，即国标汉字库中的每一个字均由 256 点阵来表示。我们可以把每一个点理解为一个像素，而把每一个字的字形理解为一幅图像。事实上这个汉字广告屏不仅可以显示汉字，也可以显示在 256 像素内的任何图形。

由于单片机的输入/输出口线为 8 位，一个字需要拆分为上、下两个部分。上部和下部分别由 8×16 点阵组成。

例如，显示汉字"大"，单片机首先显示的是左上角的第一列的上半部分，即第 0 列的 P0.0～P0.7 口，方向为 P0.0 到 P0.7。由上往下排列为，P0.0 灭，P0.1 灭，P0.2 灭，P0.3 灭，P0.4 灭，P0.5 亮，P0.6 灭，P0.7 灭，即二进制 00000100，转换为 16 进制为 04h，如图 7-4 所示。

上半部第一列完成后，继续扫描下半部的第一列。为了接线的方便，仍设计成由上往下扫描，即从 P2.7 向 P2.0 方向扫描，从图 7-4 中可以看到，这一列全部为灭，即 00000000，16 进制则为 00h。然后单片机转向上半部第二列，仍为 P0.5 点亮，为 00000100，即 16 进制 04h。这一列完成后继续下半部分的扫描，P2.1 点亮，为二进制 00000010，即 16 进制 02h。

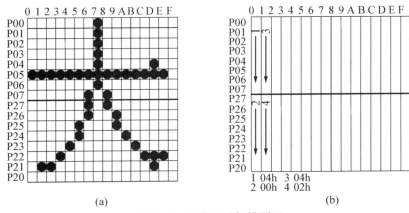

(a)   (b)

图7-4 汉字显示扫描原理

继续扫描,共扫描32个8位字节,可以得出汉字"大"的扫描代码为:

04H, 00H, 04H, 02H, 04H, 02H, 04H, 04H

04H, 08H, 04H, 30H, 05H, 0C0H, 0FEH, 00H

05H, 80H, 04H, 60H, 04H, 10H, 04H, 08H

04H, 04H, 0CH, 06H, 04H, 04H, 00H, 00H

7.2.2　16×16点阵广告屏设计

16×16 LED点阵显示文字设计的核心是,利用单片机读取显示字型码,通过驱动电路对16×16 LED点阵进行动态列扫描,以实现汉字的滚动显示。电路主要由AT89S52芯片、时钟电路、电源电路、复位电路、列扫描驱动电路(74159)、16×16 LED点阵组成,电路结构如图7-5所示。

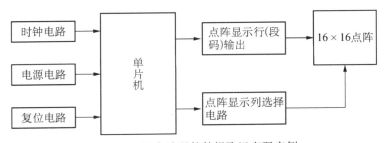

图7-5 汉字编码软件提取汉字码实例

每个汉字显示共用到16行×16列点阵,全部接入AT89S52单片机共需32条I/O口,I/O资源耗尽,系统无扩充的余地。如图7-6所示,实际应用中,使用两片4-16线译码器74159来完成列的选择(一片高位h0~h15,另一片低位I0~I15)显示。行方向8条线则接在P2口,RP1是上拉电阻的排阻。16×16点阵用4片8×8的点阵拼装而成。部分引脚被

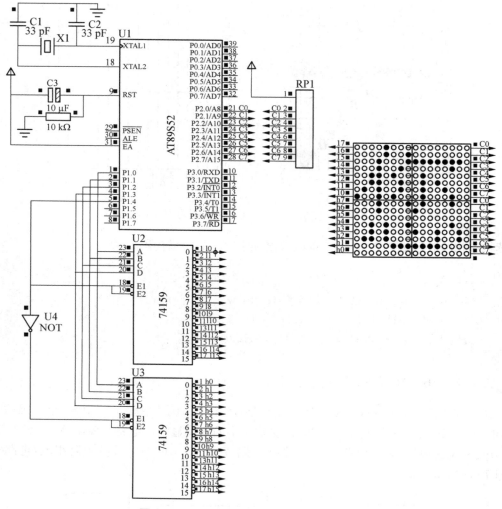

图 7 - 6 16×16 点阵汉字显示仿真电路图

挡住了,实际的接法必须是每片点阵的 16 个引脚都连上线(本例用相同标号作为连通的标志)。

显示一个完整的汉字需要循环扫描各列,需要扫描 32 次。P1.0～P1.4 与两片 74159 译码器的地址 A、B、C、D 口线相接,起列选作用,每次选择一列,把一个段码字节对应送到 P2 口上。

【例 7.3】 广告屏的汉字点阵显示。C 语言源程序清单如下:

```
//----------------------------------------------------
// 名称: SAMPLE703.C
// 作用: 广告屏的汉字点阵显示
```

```c
//------------------------------------------------------------
#include<reg52.h>
#define g_NUMT 6   //汉字的个数

unsigned char code t[g_NUMT][32]=                //汉字编码二维数组
{
/* 机    CBBFA */
0x08,0x08,0xC8,0xFF,0x48,0x88,0x08,0x00,0xFE,0x02,0x02,0x02,0xFE,0x00,0x00,
0x00,0x04,0x03,0x00,0xFF,0x00,0x41,0x30,0x0C,0x03,0x00,0x00,0x00,0x3F,0x40,
0x78,0x00,

/* 电    CB5E7 */
0x00,0x00,0xF8,0x48,0x48,0x48,0x48,0xFF,0x48,0x48,0x48,0x48,0xF8,0x00,0x00,
0x00,0x00,0x00,0x0F,0x04,0x04,0x04,0x04,0x3F,0x44,0x44,0x44,0x44,0x4F,0x40,
0x70,0x00,

/* 系    CCFB5 */
0x00,0x00,0x02,0x22,0xB2,0xAA,0x66,0x62,0x22,0x11,0x4D,0x81,0x01,0x01,0x00,
0x00,0x00,0x40,0x21,0x13,0x09,0x05,0x41,0x81,0x7F,0x01,0x05,0x09,0x13,0x62,
0x00,0x00,

/* 欢    CBBB6 */
0x14,0x24,0x44,0x84,0x64,0x1C,0x20,0x18,0x0F,0xE8,0x08,0x08,0x28,0x18,0x08,
0x00,0x20,0x10,0x4C,0x43,0x43,0x2C,0x20,0x10,0x0C,0x03,0x06,0x18,0x30,0x60,
0x20,0x00,

/* 迎    CD3AD */
0x40,0x41,0xCE,0x04,0x00,0xFC,0x04,0x02,0x02,0xFC,0x04,0x04,0x04,0xFC,0x00,
0x00,0x40,0x20,0x1F,0x20,0x40,0x47,0x42,0x41,0x40,0x5F,0x40,0x42,0x44,0x43,
0x40,0x00,

/* 您    CC4FA */
0x80,0x40,0x30,0xFC,0x03,0x90,0x68,0x06,0x04,0xF4,0x04,0x24,0x44,0x8C,0x04,
0x00,0x00,0x20,0x38,0x03,0x38,0x40,0x40,0x49,0x52,0x41,0x40,0x70,0x00,0x09,
0x30,0x00
};
```

```
void main()
{

    unsigned char j, next;

    unsigned int k, c=12, i, pps, mode;

    mode=1;                          //  显示方式选择, 本例中只是水平滚动的一种方式
    if(mode==1)
    {
      while(1)
      {
        for(pps=0; ; pps++)
        {
          if(pps==(g_NUMT * 32 - 1))       //显示的循环控制, 保证汉字的显示完整性
            pps=0;
          i=pps/16;
          c=12;                            //控制显示的水平滚动速度
          while(c)
          {
            for(j=pps%16; j < (pps%16+16); j++)
            {
              next =j/16;
                  P1=j - pps%16;            //低 16 列循环选择
              P2=t[(i+next)%g_NUMT][j - 16 * next];   //送出对应段码字节
              for(k=0; k < 30; k++);//短暂延时
              P1=j - pps%16+16;   //高 16 列循环选择(+16)
              P2=t[(i+next)%g_NUMT][j+16 - 16 * next];//送出对应段码字节
              for(k=0; k < 30; k++);//短暂延时
            }
            c--;
          }
        }
      }
    }
}
```

上述程序中,显示过程的重点是循环控制的对象,实际的显示顺序和汉字扫描顺序是一致的,汉字分为上部和下部,程序中用低 16 位和高 16 位来对应。

任务 3   实时电子钟的设计

知识要点:
SPI 总线、I²C 总线、DS1302 芯片功能,LCD 实时电子钟设计、编程基本方法。

能力训练:
通过 DS1302 时钟芯片使用实例,训练单片机实际工程项目的开发技能。

任务内容:
了解时钟芯片 DS1302 功能,掌握单片机串行扩展技术 SPI 总线、I²C 总线(Inter IC BUS),掌握实时电子钟设计、编程基本方法。

7.3.1   设计任务

实时电子钟的设计任务是实现年、月、日、星期以及时分秒的 24 小时循环计时显示。

7.3.2   接口扩展基础知识

单片机具备了很强的功能,但片内的存储器的容量、并行 I/O 端口、定时器等内部资源都还是有局限的。在一些设计功能较多的系统中,常需扩展多个外围接口器件。根据实际需要,可通过 P0、P2、P3、I/O 口很方便地扩展。扩展方法有并行扩展和串行扩展两种,传统的并行扩展占用 I/O 口线资源多,且硬件电路复杂,成本高,功耗大,可靠性差。目前广泛应用串行扩展总线和接口,主要有 I²C 总线、串行外围接口 SPI、Microwire、1 - Wire 和串行口的移位寄存方式。通过 SPI 或 I²C 总线扩展 E2PROM、A/D、D/A、显示器、看门狗、时钟芯片,占用单片机的 I/O 口线少,大大简化电路结构,增加硬件的灵活性,缩短产品开发周期,降低成本,提高系统可靠性,编程也方便。

1. SPI 总线

目前 Motorola 公司推出的单片机芯片上设计了一种同步串行外设接口(Serial Peripheral Interface, SPI)总线,用于单片机与各种外围设备以串行方式通信(8 位数据同时同步地发送和接收),系统可配置为主或从操作模式。外围设备包括简单的 TTL 移位寄存器(用作并行输入或输出口)以及复杂的 LCD 显示驱动器或 A/D 转换器等。

SPI 系统可直接与各个厂家的多种标准外围器件直接接口,需要 4 条线:串行时钟线(SCK)、主机输入/从机输出数据线 MISO、主机输出/从机输入数据线 MOSI、低电平有效的从机选择线$\overline{\text{CS}}$($\overline{\text{SS}}$)。图 7 - 7 所示为 SPI 总线系统典型结构示意图。

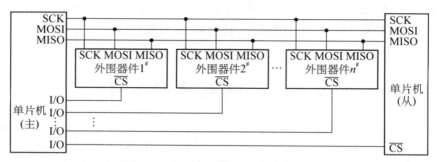

图 7-7　SPI 总线系统典型结构示意图

　　单片机与外围扩展器件在时钟线 SCK、数据线 MOSI 和 MISO 上都是同名端相连。带 SPI 接口的外围器件都有片选端 CS。在扩展多个 SPI 外围器件时,单片机应分别通过 I/O 口线来分时选通外围器件。当 SPI 接口上有多个 SPI 接口的单片机时,应区别其主从地位,在某一时刻只能由一个单片机为主器件。主器件控制数据向 1 个或多个从外围器件传送。从器件只能在主机发送命令时,接收或向主机传送数据。数据的传送格式是高位(MSB)在前,低位(LSB)在后,数据传送的最高速率达 1.05 Mbps。

　　当 SPI 工作时,在移位寄存器中的数据逐位从输出引脚(MOSI)输出(高位在前),同时从输入引脚(MISO)接收的数据逐位移到移位寄存器(高位在前)。发送一字节后,从另一个外围器件接收的字节数据进入移位寄存器中。主 SPI 的时钟信号(SCK)使传输同步。

　　SPI 总线的主要特性是:全双工、3 线同步传输,主机或从机工作,提供频率可编程时钟,发送结束中断标志,写冲突保护,总线竞争保护等。典型时序图如图 7-8 所示。

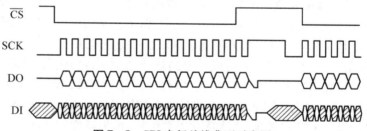

图 7-8　SPI 串行总线典型时序图

　　MCS-51/52 系列单片机没有 SPI 接口,可使用软件模拟 SPI 的操作,包括串行时钟、数据输入和输出。不同的串行接口外围芯片,时钟时序是不同的。在 SCK 的上升沿输入(接收)数据和在下降沿输出(发送)数据的器件,一般应取图 7-9 中的串行时钟输出 P1.1 的初始状态为 1;在允许接口芯片后,置 P1.1 为 0。因此,MCU 输出 1 位 SCK 时钟,同时,使接口芯片串行左移,从而输出 1 位数据至 AT89S52 的 P1.3(模拟 MCU 的 MISO 线);再置 P1.1 为 1,使 AT89S52 从 P1.0 输出 1 位数据(先为高位)至串行接口芯片。至此,模拟 1 位数据输入/输出完成。以后再置 P1.1 为 0,模拟下一位的输入/输出……依次循环 8 次,可完成 1 次通过 SPI 传输 1 字节的操作。在 SCK 的下降沿输入数据和上升沿输出数据的器件,则应取串行时钟输出的初始状态为 0,在接口芯片允许时,先置 P1.1 为 1,此时,外围接口芯片输出 1 位数据(单片机接收 1 位数据);再置时钟为 0,外围接口芯片接收 1 位数据(单片机发送 1 位数据),可完成 1 位数据的传送。

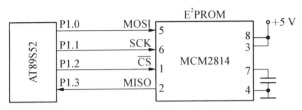

图 7-9　SPI 总线接口原理图

图 7-9 为 AT89S52(MCU)与 MCM2814(E2PROM)的硬件连接图。P1.0 模拟单片机的数据输出端(MOSI),P1.1 模拟 SPI 的 SCK 输出端,P1.2 模拟 SPI 的从机选择端,P1.3模拟 SPI 的数据输入端(MISO)。

2. I^2C 总线

I^2C 总线(Inter IC BUS)是 Philips 公司推出的芯片间串行传输总线。它以两根连线实现了完善的全双工同步数据传送,可以极方便地构成多机系统和外围器件扩展系统。I^2C 总线采用了器件地址的硬件设置方法,通过软件寻址完全避免了器件的片选线寻址,使硬件系统具有简单而灵活的扩展方法。

Philips 公司除了生产具有 I^2C 总线接口的单片机外,还推出了许多具备 I^2C 总线的外部接口芯片,如 24XX 系列的 E2PROM、128 字节的静态 RAM 芯片 PCF8571、日历时钟芯片 PCF8563、4 位 LED 驱动芯片 SAA1064、160 段 LCD 驱动芯片 PCF8576 等多种类多系列接口芯片。

I^2C 总线是一种具有自动寻址、高低速设备同步和仲裁功能的高性能串行总线,能够实现完善的全双工数据传送,是各种总线中使用信号线数量最少的。I^2C 总线只有两根信号线:数据线 SDA 和时钟线 SCL。所有进入 I^2C 总线系统的设备都带有 I^2C 总线接口,符合 I^2C 总线电气规范的特性,只需将 I^2C 总线上所有节点的串行数据线 SDA 和时钟线 SCL 分别与总线的 SDA 和 SCL 相连即可。各节点供电可以不同,但需共地。采用 I^2C 总线的系统结构如图 7-10 所示。

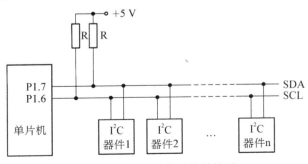

图 7-10　I^2C 总线系统结构图

总线上的各器件都采用漏极开路结构与总线相连,因此,SCL,SDA均需接上拉电阻,总线在空闲状态下均保持高电平。

I²C总线支持多主和主从两种工作方式,通常为主从工作方式。在主从工作方式中,系统中只有一个主器件(单片机),总线上其他器件都是具有I²C总线的外围从器件。在主从工作方式中,主器件启动数据的发送(发出启动信号),产生时钟信号,发出停止信号。为了实现通信,每个从器件均有唯一一个器件地址,具体地址由I²C总线委员会分配。

如图7-11所示,为I²C总线上一次数据传输的通信格式。

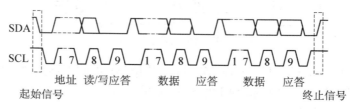

图7-11 I²C总线上进行一次数据传输的通信格式

(1)发送启动(始)信号 首先由主机发出启动信号启动I²C总线。在SCL为高电平期间,SDA出现下降沿则为启动信号。此时具有I²C总线接口的从器件会检测到该信号。

(2)发送寻址信号 主机发送启动信号后,再发出寻址信号。器件地址有7位和10位两种,这里只介绍7位地址寻址方式。寻址信号由一个字节构成,高7位为地址位,最低位为方向位,用以表明主机与从器件的数据传送方向。方向位为0,表明主机对从器件的写操作;方向位为1时,表明主机对从器件的读操作。

(3)应答信号 I²C总线协议规定,每传送一个字节数据(含地址及命令字)后,都要有一个应答信号,以确定数据传送是否正确。应答信号由接收设备产生,在SCL信号为高电平期间,接收设备将SDA拉为低电平,表示数据传输正确,产生应答。

(4)数据传输 主机发送寻址信号并得到从器件应答后,便可传输数据,每次一个字节,但每次传输都应在得到应答信号后再传送下一字节。

(5)非应答信号 当主机为接收设备时,主机对最后一个字节不应答,以向发送设备表示数据传送结束。

(6)发送停止信号 在全部数据传送完毕后,主机发送停止信号,即在SCL为高电平期间,SDA上产生一上升沿信号。

I²C总线的单片机工作时,总线状态由硬件监测,无须用户介入,应用非常方便。不具有I²C总线接口的MCS-51/52单片机,可以通过软件模拟I²C总线的工作时序,在使用时,只需正确调用该软件包就可方便地实现扩展I²C总线接口器件。

3. 单总线

单总线(1-Wire)是Dallas公司推出的外围串行扩展总线。单总线只有一根数据输入/输出线,可由单片机或PC机的1根I/O口线作为数据输入/输出线,所有的器件都挂在这根线上。

数字化温度传感器DS1820是世界上第一片支持单总线接口的温度传感器,结构简单,不需外接元件,采用一根 I/O 数据线既可供电又可传输数据,并可由用户设置温度报警界限,把温度信号直接转换成串行数字信号供单片机处理,特别适合构成多点温度巡回检测系统而无需任何外围硬件,广泛用于食品库、冷库、粮库等需要控制温度的地方。

由单总线构成的分布式温度监测系统,如图 7-12 所示。许多带有单总线接口的数字温度计集成电路 DS18B20 都挂接在 1 根 I/O 口线上,单片机对每个 DS18B20 通过总线 DQ 寻址。DQ 为漏极开路,须加上拉电阻 RP。此外还有 1 线热电偶测温系统及其他单总线系统。Dallas 公司为单总线的寻址及数据传送提供了严格的时序规范。DS18B20 具有如下性能特点:

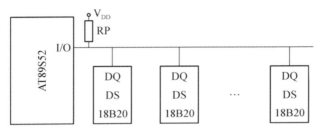

图 7-12 单总线构成的分布式温度监测系统

(1) 测温范围 $-55 \sim +125℃$,在 $-10 \sim +85℃$ 范围内,具有 $±0.5℃$ 的精度。

(2) 分辨率为 $9 \sim 12$ 位(包括 1 位符号位),并可由编程决定具体位数。

(3) 转换时间与设定的分辨率有关,当设定为 9 位时,最大转换时间为 93.75 ms;10 位时的转换时间为 187.5 ms;11 位时为 375 ms;12 位时为 750 ms;待机电流仅 $25 \mu A$。

(4) 电源电压范围 $3.0 \sim 5.5$ V。

(5) 内含程序设置寄存器,可设置分辨率位数,其格式为:

TM	R1	R0	1	1	1	1	1

其中,TM 为测试模式位,为 1 表示测试模式,为 0 表示工作模式,出厂时该位设为 0。R1 和 R0 的设置组合与温度分辨率有关,具体关系见表 7-8。

表 7-8 温度分辨率的设置和最大转换时间

R1	R2	分辨率的设置组合	温度分辨率/℃	最大转换时间/ms
0	0	9	0.5	93.75
0	1	10	0.25	167.5
1	0	11	0.125	375
1	1	12	0.062 5	750

(6) 片内带有 64 位激光 ROM,从高位算起,该 ROM 有一个字节的校验码 CRC(这是多个 DS18B20 可以采用一线的原因),6 个字节的产品序号,1 个字节的家庭代码品序号和一个字节的家庭代码。DS18B20 家庭代码是 28H。64 位激光 ROM 的结构如下:

8 位检验 CRC	48 位序列号	8 位家庭代码(28H)
MSB　　　　LSB	MSB　　　　LSB	MSB　　　　LSB

（7）存储器由便笺式 RAM 和非易失性电擦写 EERAM 组成,后者用于存储温度上、下限 TH 和 TL 值。前者 RAM 占 9 字节,包括温度信息(第一、二字节)、TH、TL 值(第三、四字节)、计数寄存器(第七、八字节)、CRC(第九字节)等,第五、六字节不用。数据先写入 RAM,经校验后再传给 EERAM。

DS18B20 采用 3 脚 PR-35 封装或 8 脚 SOIC 封装,引脚排列如图 7-13 所示。图中 GND 为地;DQ 为数据输入/输出脚(单线接口,可作寄生供电),属于漏极开路输出,外接上拉电阻后常态下呈高电平;V_{DD} 为可供选用的外部 +5 V 电源端,不用时需接地;NC 为空脚。

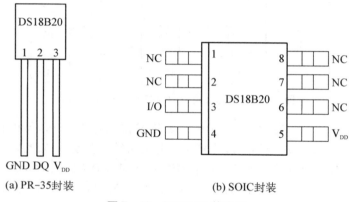

图 7-13　DS18B20 管脚图

DS18B20 主要包括寄生电源(VD1、VD2、C 和电源检测电路)、温度传感器、64 位激光 ROM 与单线接口、存放中间数据的高速暂存器(内含便笺式 RAM)、用于存储用户设定的温度上下限值 TH 和 TL 的高温和低温寄存器、存储与控制逻辑、8 位循环冗余校验码(CRC)发生器 8 部分。既可以采用寄生供电,也可以采用外部 5 V 电源供电。寄生供电时,当总线上是高电平时,DS18B20 从总线上获得能量并储存在内部电容上。当总线上是低电平时,由电容向 DS18B20 供电。

7.3.3　电路设计

设计实时电子钟,采用 DS1302 芯片,DS1302 是美国 DALLAS 公司推出的一种高性能、低功耗、带 RAM 的实时时钟电路,它可以按年、月、周、日、时、分、秒计时,具有闰年补偿功能,工作电压为 $2.5 \sim 5.5$ V。采用三线接口与 CPU 同步通信,并可采用突发方式一次传送多个字节的时钟信号或 RAM 数据。DS1302 内部有一个 31×8 的用于临时存放数据的 RAM 寄存器。具有涓细电流充电能力的电路,采用串行数据传输,采用普通 32.768 kHz 晶振,可为掉电保护电源提供可编程的充电功能,并且可以关闭充电功能。DS1302 的接口类似于 SPI,硬件上相当于 MISO 和 MOSI 合二为一。引脚排列如图 7-14 所示。其中 V_{cc1} 为后备电源，V_{CC2} 为主电源，在主电源关闭的情况下，也能保持时钟的连续运行。DS1302 由 V_{cc1} 或 V_{cc2} 两者中的较大者供电。当 V_{cc2} 大于 $V_{cc1}+0.2$ V 时，V_{cc2} 供电。当 V_{cc2} 小于 V_{cc1} 时，V_{cc1} 供电。X1 和 X2 是振荡源，外接 32.768 kHz 晶振。RST 是复位/片选线，把 RST 输入驱动置高电平来启动所有的数据传送。RST 接通控制逻辑，允许地址/命令序列送入移位寄存器；RST 提供终止单字节或多字节数据的传送手段。

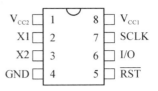

图 7-14　DS1302 封装图

RST 为高电平，所有的数据传送被初始化，允许对 DS1302 操作。如果在传送过程中 RST 置为低电平，则终止此次数据传送，I/O 引脚变为高阻态。上电运行时，在 $V_{cc}\geqslant 2.5$ V 之前，RST 必须保持低电平。只有在 SCLK 为低电平时，才能将 RST 置为高电平。I/O 为串行数据输入输出端（双向）。在控制指令字输入后的下一个 SCLK 时钟的上升沿，数据被写入 DS1302，数据输入从低位开始。同样，在紧跟 8 位的控制指令字后的下一个 SCLK 脉冲的下降沿读出 DS1302 的数据，读出数据时从低位 0 位到高位 7。SCLK 始终是输入端。

电路如图 7-15 所示，其实就是在 LCD 工作的电路中加入了 DS1302 芯片，P1.0 连接 I/O 引脚，P1.1 连接 SCLK 引脚，P1.2 连接 RST 引脚。

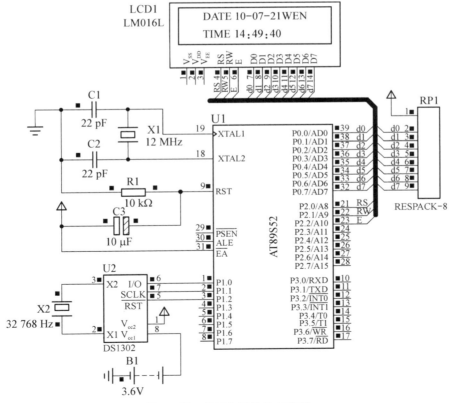

图 7-15　实时电子钟的电路图

7.3.4 程序设计

DS1302 有 12 个寄存器,其中有 7 个寄存器与日历、时钟相关,存放的数据为 BCD 码形式,其日历、时间寄存器及其控制字见表 7-9。此外,DS1302 还有年份寄存器、控制寄存器、充电寄存器、时钟突发寄存器及与 RAM 相关的寄存器等。时钟突发寄存器可一次性顺序读写除充电寄存器外的所有寄存器内容。DS1302 与 RAM 相关的寄存器分为两类:一类是单个 RAM 单元,共 31 个,每个单元组态为一个 8 位的字节,其命令控制字为 C0H~FDH,其中奇数为读操作,偶数为写操作;另一类为突发方式下的 RAM 寄存器,此方式下可一次性读写所有的 RAM 的 31 个字节,命令控制字为 FEH(写)、FFH(读)。

表 7-9 DS1302 的寄存器及其控制字表

寄存器名称	7	6	5	4	3	2	1	0
	1	RAM/CK	A4	A3	A2	A1	A0	RD/W
秒寄存器	1	0	0	0	0	0	0	
分寄存器	1	0	0	0	0	0	1	
小时寄存器	1	0	0	0	0	1	0	
日寄存器	1	0	0	0	0	1	1	为"0"时表示写操作
月寄存器	1	0	0	0	1	0	0	
星期寄存器	1	0	0	0	1	0	1	
年寄存器	1	0	0	0	1	1	0	为"1"时表示读操作
写保护寄存器	1	0	0	0	1	1	1	
慢充电寄存器	1	0	0	1	0	0	0	
时钟突发寄存器	1	0	1	1	1	1	1	

C 语言源程序清单如下:

```
//-------------------------------------
//名  称: Sample704.C
//作用: LCD1602 和 DS1302 组成的实时时钟
//-------------------------------------
#include <reg52.h>
#include <string.h>
#include <lcd1602.h>
#include <intrins.h>
#define uchar unsigned char
#define uint unsigned int
sbit IO  =P1^0;//DS1302 数据线
```

```
    sbit SCLK=P1^1;//DS1302 时钟线
    sbit RST=P1^2;//DS1302 复位线
    //0,2,3,4,5,6,7 分别对应周日、周一～周六
    uchar * WEEK[]={"SUN"," * * *","MON","TUS","WEN","THU","FRI",
"SAT"};
    uchar LCD_DSY_BUFFER1[]={"DATE 00-00-00   "};//LCD 显示缓冲 1
    uchar LCD_DSY_BUFFER2[]={"TIME 00-00-00   "};//LCD 显示缓冲 2
    uchar DateTime[7];//所读取的时间
    //向 DS1302 写入一字节
  void Write_A_Byte_TO_DS1302(uchar x)
    { uchar i;
      for (i=0;i<8;i++)
        {IO=x& 0x01;SCLK=1;SCLK=0;x>>=1;}
    }
  // 向 DS1302 读取一字节
  uchar Get_A_Byte_FROM_DS1302()
    { uchar i,b=0x00;
      for (i=0;i<8;i++)
        { b|=_crol_((uchar)IO,i);
          SCLK=1;SCLK=0;}
      return b/16 * 10+b%16;        //返回 BCD 码
    }
  //从 DS1302 指定位置读数据
uchar Read_Data(uchar addr)
  { uchar dat;
      RST=0;SCLK=0;RST=1;
      Write_A_Byte_TO_DS1302(addr);
      dat=Get_A_Byte_FROM_DS1302();
      SCLK=1;RST=0;
    return  dat;
  }

  void GetTime()                        //读取当前时间
  {uchar i,addr=0x81;
    for(i=0;i<7;i++)
    {DateTime[i]=Read_Data(addr);addr+=2;}
```

```
    }
    void Format_DateTime(uchar d,char * a)          //转换为 ASCII 码
    {a[0]=d/10+0x30;
     a[1]=d%10+0x30;}


    void main()
{Initialize_Lcd();                                  //LCD 相关子函数在 LCD1602.H 中
  while(1)
  {      GetTime();
      // 年月日
      Format_DateTime(DateTime[6],LCD_DSY_BUFFER1+5);
      Format_DateTime(DateTime[4],LCD_DSY_BUFFER1+8);
      Format_DateTime(DateTime[3],LCD_DSY_BUFFER1+11);
     // 星期
      strcpy(LCD_DSY_BUFFER1+13,WEEK[DateTime[5]]);
     // 时分秒
      Format_DateTime(DateTime[2],LCD_DSY_BUFFER2+5);
      Format_DateTime(DateTime[1],LCD_DSY_BUFFER2+8);
      Format_DateTime(DateTime[0],LCD_DSY_BUFFER2+11);
       ShowString(0,0,LCD_DSY_BUFFER1);
       ShowString(0,1,LCD_DSY_BUFFER2);
  }
}
```

DS1302 与微处理器交换数据时,首先由微处理器向电路发送命令字节,命令字节最高位 MSB(D7)必须为逻辑 1,如果 D7＝0,则禁止写 DS1302,即写保护;D6＝0,指定时钟数据,D6＝1,指定 RAM 数据;D5～D1 指定输入或输出的特定寄存器;最低位 LSB(D0)为逻辑 0,指定写操作(输入),D0＝1,指定读操作(输出)。

在 DS1302 的时钟日历或 RAM 传送数据时,DS1302 必须首先发送命令字节。若传送单字节,8 位命令字节传送结束之后,在下两个 SCLK 周期的上升沿输入数据字节,或在下 8 个 SCLK 周期的下降沿输出数据字节。

备用电源 B1 可以用电池或者超级电容器(0.1 F 以上)。虽然 DS1302 在主电源掉电后的耗电很小,但是,如果要长时间保证电子钟正常,最好选用小型充电电池。可以用老式电脑主板上的 3.6 V 充电电池。如果断电时间较短(几小时或几天),也可以用漏电较小的普通电解电容器代替。100 μF 就可以保证 1 h 的正常走时。DS1302 在第一次加电后,必须初始化,初始化后可以按正常方法调整时间。

DS1302 所保存的数据是 BCD 码,在读/写时要注意转换。本例中从 DS1302 读取一字

节的函数在返回值之前用表达式 b/16＊10＋b％16 转换。在系统运行时,单击调试菜单中的 DS1302/Clock 可显示当前电子钟数据,所显示的也是 BCD 码。

任务4　实训项目与演练

知识要点:
　　8×8 广告点阵屏自编图形或数字的动态显示方法,按键输入控制图形的输出方法。

能力训练:
　　通过实训,学会 8×8 点阵屏的各种自编图形的显示技巧。

任务内容:
　　掌握汉字以及自编图形的编码知识,掌握 8×8 广告点阵屏图形化输出的综合控制。

实训 9　8×8 点阵屏的数字显示

1. 功能

　　如图 7-16 所示,采用 74LS245 作 8×8 点阵屏的行驱动,列选通由 P3 口控制。程序运行时,8×8 点阵屏依次循环显示数字 0～9,刷新过程由 T0 定时器中断完成。

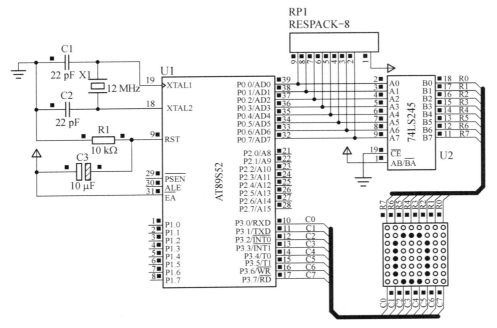

图 7-16　8×8 点阵屏循环显示数字

2. 程序设计思路和实现过程

74LS245 芯片为 8 位双向三态缓冲电路,主要用于数据的双向缓冲,常见于 MCS‐51 单片机的数据接口电路。G(CE)=0,DIR=0,选通方向为 B→A;G(CE)=0,DIR=1,选通方向为 A→B;当 G(CE)=1,DIR=X,X=0 或者 1,输入和输出均为高阻态;高阻态的含意是断路,相当于无此芯片。

显示屏是共阳结构,数组 Table_of_Digits[] 中每 8 个字节为一个数字的点阵代码。其中每字节的 8 位对应于一列中的 8 个点,例如数组中的第 1 行的 8 字节 0x00、0x3E、0x41、0x41、0x41、0x3E、0x00、0x00 就是数字 0 的第 0～7 列的点阵编码。这与数码管的段码对应,在点阵屏中就是行码,它们将分别发送到显示屏 0～7 列中各列的 8 行上。各字节的高位对应于列中上面的点还是下面的点,由 P0 端口与显示屏 8 只引脚的连接顺序决定。

变量 Num_Index 表明了要显示的数字(0～9)。变量 i 的取值范围为 0～7,表示第几个字节。表达式 Table_of_Digits[Num_Index*8+i] 使程序取得第 Num_Index 个数字的第 i 个字节。因为每个数字的点阵编码有 8 字节构成,每次需要取其 0～7 字节中的一个,通过 P0 口发送到点阵屏的行引脚上。发送行码之前要先通过 P3 口发送相应的列码。

3. 思考题

如果需要循环显示自己的生日(可以把数组定义为需要显示的内容),代码该如何修改? 如果数组不变,可不可以实现自己生日的显示(即根据需要选择数字后显示)? 程序该如何修改?

4. C 语言源程序代码

```
//-------------------------------------------------------
//名称: exe7-1.C
//作用: 8*8LED 点阵显示数字  0～9
//-------------------------------------------------------
#include<reg52.h>
#include<intrins.h>
#define uchar unsigned char
#define uint unsigned int
  uchar code Table_of_Digits[]=
  {
  0x00,0x3E,0x41,0x41,0x41,0x3E,0x00,0x00,        // 0
  0x00,0x00,0x00,0x21,0x7F,0x01,0x00,0x00,        // 1
  0x00,0x27,0x45,0x45,0x45,0x39,0x00,0x00,        // 2
  0x00,0x22,0x49,0x49,0x49,0x36,0x00,0x00,        // 3
  0x00,0x0C,0x14,0x24,0x7F,0x04,0x00,0x00,        // 4
```

```
0x00,0x72,0x51,0x51,0x51,0x4E,0x00,0x00,          // 5
0x00,0x3E,0x49,0x49,0x49,0x26,0x00,0x00,          // 6
0x00,0x40,0x40,0x40,0x4F,0x70,0x00,0x00,          // 7
0x00,0x36,0x49,0x49,0x49,0x36,0x00,0x00,          // 8
0x00,0x32,0x49,0x49,0x49,0x3E,0x00,0x00,          // 9
};
uchar  i=0;t=0;Num_Index=0;

void main()                   // 主程序
{ P3=0x80;
  Num_Index=0;
  TMOD=0x00;                  // 定时器初始化
  TH0=(8192-4000)/32;
  TL0=(8192-4000)%32;
  TR0=1;
  IE=0x82;
  while(1);                   // 主程序无限延迟,定时器中断持续触发
}

void   Digits_Display() interrupt   1
{   TH0=(8192-4000)/32;
    TL0=(8192-4000)%32;
    P3=_crol_(P3,1);              // 列码
    P0=~Table_of_Digits[Num_Index*8+i];// 行码,反相显示
    if (++i==8)   i=0;
    if (++t==250)
      { t=0;
        if (++Num_Index==10) Num_Index=0;
      }
}
```

实训 10　8×8 点阵屏的自编图形显示

1. 功能

在仿真电路上增加一个按键(P3.2 控制)实现自编图形的切换功能,电路如图 7-17 所示。启动程序后,按下按键,显示第一幅自编图形,以后每次按下按键,则切换自编图形,否则稳定显示当前图形。

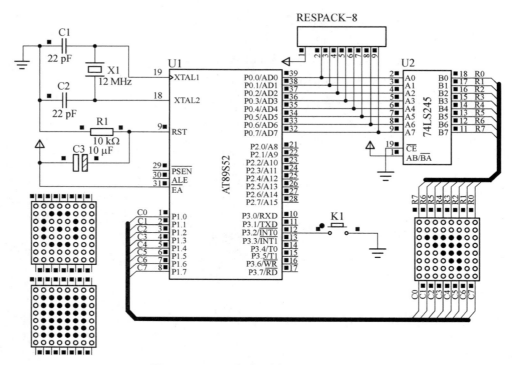

图7-17 8×8点阵屏循环显示自编图形

2. 程序设计思路和实现过程

点阵屏的刷新仍旧使用定时器 T0 的中断,自编图形不再主动切换,而由 INT0 中断控制。电路中 K1 按键与 P3.2(INT0)相连接,当按键触发 INT0 外部中断时,其中断子程序会修改二维数组的行索引 i=(i+1)%3,并使显示从第一列开始,j=0。定时器刷新显示下一帧自编图像。

采用二维数组 Table_of_Graph[3][8]保存 3 幅图像的编码,每幅图像的编码为 8 个字节,此部分与上一例相同。

语句 IE=0x83 的功能是将中断许可寄存器 IE 设为 10000101,它同时许可了 INT0 中断和 T0 中断。其中 K1 控制 ITN0 中断,使全局变量 i 在 0~2 之间循环取值。i 值的变化会使定时器中断中的关键语句 P0=~Table_of_Graph[i][j]取得数组中的第 i 行第 j 个字节,它对应于第 i 幅图形第 j 列的点阵编码。j 的取值则由定时器自己控制在 0~7 内循环,实现对一幅图形的刷新显示。

3. 思考题

如果需要循环显示这 3 个自编图形(比如按 1 s 的间隔自动切换),代码该如何修改? 如果增加几个自编图形,则如何编码? 程序该如何修改?

4. 源程序代码

```c
//------------------------------------------------
//名称： exe7-2.C
//作用： 8×8LED点阵显示不同的图形
//------------------------------------------------
#include<reg52.h>
#include<intrins.h>
#define uchar unsigned char
#define uint unsigned int
    uchar code Table_of_Graph[3][8]=
  {
{0x00,0x7E,0x7E,0x7E,0x7E,0x7E,0x7E,0x00},      //Graph1
{0x00,0x38,0x44,0x54,0x44,0x38,0x00,0x00},      //Graph2
{0x00,0x20,0x30,0x38,0x3C,0x3E,0x00,0x00}       //Graph3
  };
    uchar  i,j;

    void main()                    // 主程序
    { P0=0xFF;
      P1=0xFF;
      TMOD=0x01;                   //定时器初始化
      TH0=(65536-4000)/256;
      TL0=(65536-4000)%256;
      IT0=1;                       // 下降沿触发
      IE=0x83;                     //允许定时器为0,外部0中断
       i=0xFF;                     // 初始值为0xFF即-1,所以加1后为0
      while(1);                    // 主程序无限延迟,定时器中断持续触发
      }
//外部中断方式,由按键触发,变换图形
void Key_Down() interrupt 0
{   P0=0xFF;
    P1=0x80;
    j=0;
    i=(i+1)%3;
    TR0=1;
  }
```

```
// 定时中断方式，控制点阵屏的显示
void  Digits_Display() interrupt  1
{   TH0＝(65536－4000)/256;
    TL0＝(65536－4000)%256;
    P1＝_crol_(P1,1);              //列码
    P0＝～Table_of_Graph[i][j]; // 行码反相显示
    j＝(j+1)%8;
}
```

习　　题

1. 简述 LCD 显示器的基本工作原理。
2. 简述 16×16 LED 点阵显示工作原理和实现方法。
3. 如何在点阵显示器上实现滚屏显示？
4. 如何在点阵显示器上显示动态变化的数据？
5. 简述 I^2C 总线特点和工作过程。
6. I^2C 总线的起始信号和停止信号是如何定义的？
7. 编写 SPI 接口的模拟程序，实现数据的写入与读出。

项目 ⑧

数字信号控制系统

项目任务

学习数字信号控制系统的结构,重点学习模数转换(A/D)和数模转换(D/A)的工作原理和应用,通过实例掌握 ADC0809 和 DAC0832 这两种比较典型的芯片应用技术。

项目要求

(1) 掌握单片机典型的控制系统组成方法,理解数字信号处理的基本概念。

(2) 掌握 A/D 转换的工作原理与驱动技术,实现模拟量转化后数字量的输出和显示。

(3) 掌握 D/A 转换的工作原理与驱动技术,通过 DAC0832 生成锯齿波。

(4) 应用单片机 C 语言编程,设计和实现 PWM 波形以及数字合成常规波形。

项目导读

(1) 控制系统的基本概念。

(2) A/D 转换器的应用。

(3) D/A 转换器的应用。

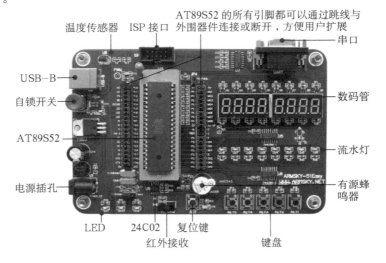

温度传感器　ISP 接口　AT89S52 的所有引脚都可以通过跳线与
外围器件连接或断开,方便用户扩展

USB-B　串口

自锁开关　数码管

AT89S52　流水灯

电源插孔　有源蜂鸣器

LED　24C02　复位键　键盘

红外接收

任务1 单片机控制系统基本概念

知识要点：

典型控制系统的基本概念，信号与系统的基本概念。

能力训练：

学习和理解单片机控制系统，掌握使用单片机处理数字信号的技能。

任务内容：

了解单片机典型控制系统结构，掌握数字信号和模拟信号的概念，熟悉信号处理方法。

8.1.1 单片机典型控制系统

单片机按照某种规律(或一定时间间隔)判断外部的一些信息，并自动控制和调整，这样的控制系统称为单片机自动控制系统，如图8-1所示。单片机实际应用系统必须把外界的物理信号(电量和非电量等模拟信号)变成数字信号以便单片机接收并处理。同时还必须把经过单片机处理得到的数字信号(控制量)转成模拟信号，用以控制、调节执行机构，实现对被控对象的控制。将模拟信号转换成数字信号的器件称为模/数(A/D)转换器，将数字信号转换成模拟信号的器件称为数/模(D/A)转换器。

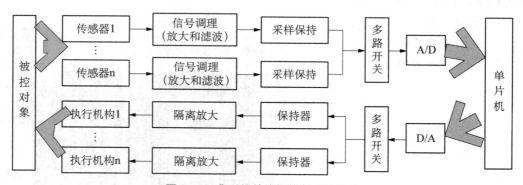

图8-1 典型的单片机控制系统结构

例如，被控对象是粮库的空调系统，对粮库的各个仓库间的温度变化情况(多路)进行实时的监控并进行适当的自动调控。通过设在不同仓库间的温度传感器1、2…、n测量不同点的温度值。由于传感器输出的电压或电流模拟信号非常微弱，需经过信号调理，也就是需经过模拟信号的放大和滤波处理，把信号调理成适合A/D转换器的输入信号(幅度和频率等)。再经过多路开关,变成分时复用的模拟信号(采样保持和多路开关功能有时包含在 A/D 转换器中),通过 A/D 转换器转换成单片机可以识别的数字信号量,由单片机换算和显示当前路(按照时间顺序测量的某个点)的温度,同时对超过上、下限的温度值发出警报并自动发出控制信号调整。单片机发出的控制信号(此时为数字信号)经过 D/A 转换器转换成对应的模拟信号。由于单片机的输出功率十分有限,所以 D/A 转换后的信号需再次经过隔离放大,形成没有干扰的模拟控制信号驱动继电器、电磁阀或步进电机等执行器件,使控制对象的状态发生适当的变化。一个循环结束后,经过一个时间间隔(程序设定),再次执行前面的全部动作,如此周而复始,保证控制对象一直工作在正常的工作状态。

8.1.2 信号和处理系统基本概念

信号处理的一般目的是对信号进行分析、转换、综合、估值与识别等。数字信号处理的主要对象是数字信号,包括滤波、转换、检测、估计、压缩、识别等一系列的加工处理,是通过单片机或数字信号处理(DSP)设备,用数值计算方法处理数字,以获得有用信息,便于应用。

1. 信号

信号(signal)是信息的物理表现形式,信息是信号的具体内容。根据信息的载体不同,信号可以是电的、磁的、光的、声的、热的和机械的等不同种类的信号。信号通常是一个或几个自变量的函数。如果只有一个自变量,则称为一维信号;如果有两个以上自变量,则称为多维信号。如果信号在任意时刻的取值能够精确确定,则该信号为确定信号;如果信号的取值是随机的,则称为随机信号。

信号的自变量可以是时间、距离、电压、温度等不同形式。一般把信号看作时间的函数。如果信号满足 $x(t)=x(t+kT)$,存在非零 T;或信号满足 $x(n)=x(n+kN)$,存在非零 N,k 为任意整数,则 $x(t)$ 和 $x(n)$ 都是周期信号,周期分别为 T 和 N。

(1) 连续时间信号　如果时间是连续的,信号的幅值可以是连续的也可以是离散的,则这种信号称为连续时间信号。

(2) 模拟信号　作为连续时间信号的一种特例,如果时间是连续的,幅值也是连续的,则这种信号称为模拟信号。

(3) 离散时间信号　如果时间是离散的,幅值是连续的,则这种信号称为离散时间信号,或称为序列。

(4) 数字信号　如果时间是离散的,幅值是量化的,则这种信号称为数字信号。由于幅值是量化的,所以数字信号可以用一系列的数来表示,而每个数又可以表示为二进制码的形式。

2. 系统

处理信号的物理设备称为系统(system)。凡是能够将信号加以转换以达到各种设备要求的都可以称为系统。可以这么理解,系统就是用来完成某种运算的。按照系统所处理的信号种类的不同,可以把系统分为模拟系统、连续时间系统、离散时间系统和数字系统。

满足叠加原理的系统称为线性系统。如果系统响应(即系统的输出)与激励(即系统的输入)与时刻无关,则称为时不变系统。可以这么理解,只要是相同的输入,不管输入的时间点有没有变化,都会得到相同的系统输出。单片机系统中一般都重点讨论线性时不变系统,这也是实际应用最广泛的系统。

3. 信号处理

信号处理(signal processing)是对信号进行运算、变换,提取有用信息的过程。数字信号处理过程中必定包含数字化处理系统,由数字化处理器或程序完成对数字信号的处理。一般处理的运算方法有傅里叶变换、Z 变换等运算方法。

如前所述,数字处理系统只能直接处理数字信号,模拟信号必须先转化成数字信号后才能处理。可是,采样和量化看起来会引起信号一定程度上的失真,从而产生一个问题,即信号的数字化处理值得吗? 答案是肯定的。因为信号本身具有一定的信息冗余,只要采样频率足够高,满足奈奎斯特(Nyquist)定理,量化位足够多,采样和量化就不会使信号在时域和频域失真。数字化处理带来的好处很多。优点如下:

(1) 可软件实现   纯粹的模拟信号处理必须完全通过硬件实现,而数字化处理则不仅可以通过微处理器、专用数字器件实现,而且可以通过程序的方式实现,处理系统能进行大规模的复杂处理,而且占用空间极小。

(2) 灵活性强   模拟信号处理系统调试和修改不便,而数字处理系统的系统参数一般保存在寄存器或存储器中,修改这些参数来调试系统非常简单,软件实现时尤其如此。由于数字器件以及软件的特点,数字信号处理系统的复制也非常容易,便于大规模生产。

(3) 可靠性高   模拟器件容易受电磁波、环境温度等因素影响,模拟信号连续变化,稍有干扰立即反映。而数字器件是逻辑器件,数字信号由 0 和 1 构成的二进制表示,一定范围的干扰不会引起数字值的变化。因此,数字信号处理系统的抗干扰性能好,可靠性高,数据也能永久稳定保存。

(4) 精度高   模拟器件的数据表示精度低,难以达到 10^3 以上,而数字信号处理器和数字器件目前可以实现 64 bit 的字长,表达数据的精度可以达到 10^{18} 以上。

数字化处理的最大特点是大量复杂的处理都可以用软件来实现,这样的软件可以在计算机上运行,也可以在 DSP 等嵌入式微处理器上运行,因此,系统的体积缩小了,可靠性、稳定性提高了,调试和改变系统功能变得方便了。这些就是为什么移动电话等通信电子产品功能越来越丰富、性能越来越高,而体积越来越小的原因。

目前,数字化、信息化已经深入到每一个社会领域,而数字信号处理理论是整个数字化技术的基础。单片机就是目前数字信号处理应用非常广泛的微控制器之一,而 DSP 芯片则是高端的应用芯片,主要应用于音频、视频以及数字信号处理等数据和计算都比较复杂的领域。

任务 2 A/D 转换器的应用

知识要点:

ADC0809 芯片引脚功能,单片机与 ADC0809 的接口电路,以及程序设计。

能力训练:

通过 ADC0809 的芯片和实例,锻炼 A/D 转换技术的应用技能和相关 C 程序编程的技能。

任务内容:

掌握常用 ADC0809 芯片性能、技术指标、引脚功能、接口电路及程序设计方法。

8.2.1 A/D 转换器概述

通常,A/D 转换器(ADC)具有 3 个基本功能:采样、量化和编码。如何实现这 3 个功能,决定了 A/D 转换器的电路结构和工作性能。A/D 转换器的类型很多,按转换原理常可分为 4 种:计数式、双积分式、逐次逼近式及高速并行比较型 A/D 转换器;按与单片机的接口形式还可分为串行输出 A/D 转换器、并行输出 A/D 转换器。

目前最常用的是双积分式和逐次逼近式。双积分式 A/D 转换器的主要优点是转换精度高、抗干扰性能好、价格便宜,但转换速度较慢。因此这种转换器主要用于速度要求不高的场合。常用的单片双积分 A/D 转换器有 ICL7106/ICL7107/ICL7126 系列、MC1443 以及 ICL7135 等。

逐次逼近式 A/D 转换器的转换速度、精度和价格都适中,其转换时间大约在几微秒到几百微秒之间。常用的这类芯片有 ADC0801~ADC0805 型 8 位 MOS 型 A/D 转换器、ADC0808/0809 型 8 位 8 输入 CMOS 型 A/D 转换器、ADC0816/0817 型 8 位 16 输入 A/D 转换器。

8.2.2 典型 A/D 转换器芯片 ADC0809

ADC0809 是典型的 8 位 8 通道逐次逼近式 A/D 转换器,采用 CMOS 工艺制造。它由 8 路模拟开关、地址锁存译码器、A/D 转换器和三态输出锁存器组成。内部逻辑结构如图 8-2 所示,多路开关可选通 8 个模拟通道,允许 8 路模拟量分时输入,即可控制 8 个模拟量中的一个进入转换器中,共用 A/D 转换器转换。三态输出锁存器用于锁存 A/D 转换完的数字量,当 OE 端为高电平时,才可以从三态输出锁存器取走转换完的数据。单 5 V 电源供电。地址锁存与译码电路完成 A、B、C 3 个地址位的锁存和译码,其译码输出用于通道选择,见表 8-1。

表 8 - 1　通道选择表

C	B	A	选择的通道	C	B	A	选择的通道
0	0	0	IN0	1	0	0	IN4
0	0	1	IN1	1	0	1	IN5
0	1	0	IN2	1	1	0	IN6
0	1	1	IN3	1	1	1	IN7

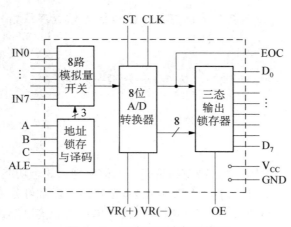

图 8 - 2　ADC0809 内部逻辑图　　　　图 8 - 3　ADC0809 引脚

ADC0809 芯片为 28 引脚双列直插式封装,其引脚排列如图 8 - 3 所示。

① IN7~IN0　　　模拟量输入通道。对输入模拟量的要求主要有信号单极性、电压范围 0~5 V,若输入信号过小还需放大。另外,在 A/D 转换过程中模拟量输入值不应变化,因此对变化速度快的模拟量,在输入前应增加采样保持电路。

② ADDA、ADDB、ADDC(可简写为 A、B、C)　　　模拟通道地址线。这 3 根地址线用于模拟通道选择,ADDA 为低位地址,ADDC 为高位地址。

③ ALE　　地址锁存信号。对应于 ALE 上跳沿,ADDA、ADDB、ADDC 地址状态送入地址锁存器中。

④ START　　　转换启动信号。在 START 信号上跳沿,所有内部寄存器清 0;在 START 下跳沿,开始 A/D 转换。在 A/D 转换期间,START 信号应保持低电平。该信号可简写为 ST。

⑤ D7~D0　　　数据输出线。该数据输出线为三态缓冲输出形式,可以和单片机的数据总线直接相连。

⑥ OE　　　输出允许信号。用于控制三态输出锁存器向单片机输出转换后得到的数据。OE＝0 时输出数据线呈高阻状态;OE＝1 时输出允许。

⑦ CLK　　　时钟信号。ADC0809 的内部没有时钟电路,所需时钟信号由外界提供,通常使用频率为 500 kHz 的时钟信号。

⑧ EOC 转换结束状态信号。当 EOC＝0 时，表示正在转换；EOC＝1 时，表示转换结束。实际使用中该状态信号既可作为查询的状态标志，也可作为中断请求信号使用。

⑨ V_{cc} ＋5 V 电源。

⑩ V_{ref} 参考电压，作为逐次逼近的基准，并用来与输入的模拟信号比较。其典型值为＋5 V($V_{ref}(+)＝+5$ V，$V_{ref}(-)＝0$ V)。

ADC0809 与 MCS-51/52 单片机的一种常用连接方法如图 8-4 所示。电路连接主要涉及两个问题，一个是 8 路模拟信号的通道选择，另一个是 A/D 转换完成后转换数据的传送。

ADDA、ADDB、ADDC 分别接系统地址锁存器提供的低 3 位地址，只要把 3 位地址写入 ADC0809 中的地址锁存器，就实现了模拟通道选择。对系统来说，其地址锁存器是一个输出口，为了把 3 位地址写入，还要提供地址。图 8-4 中使用线选法，口地址由 P2.0 确定，同时以 $\overline{WR}$ 作为写选通信号，$\overline{RD}$ 作为读选通信号。ALE 信号与 START 信号连在一起，这样连接可以在信号的前沿写入地址信号，在其后沿启动转换。图 8-5 所示为相关信号的时间配合示意图。

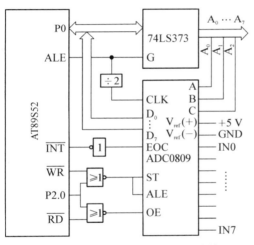

图 8-4 ADC0809 与单片机的连接

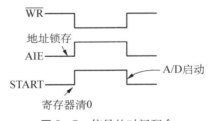

图 8-5 信号的时间配合

A/D 转换后得到的数据为数字量，这些数据应传送给单片机处理。数据传送的关键问题是如何确认 A/D 转换完成，因为只有确认数据转换完成后，才能传送。通常可采用下述 3 种方式。

(1) 定时传送方式 转换时间作为一项技术指标是已知的和固定的。例如 ADC0809 的转换时间为 128 μs，相当于 6 MHz 的单片机 64 个机器周期。可据此设计一个延时子程序，A/D 转换启动后即调用这个延时子程序，延迟时间一到，转换即告结束，接着传送数据。

(2) 查询方式 A/D 转换芯片有表示转换结束的状态信号，例如 ADC0809 的 EOC 端。因此在查询方式中，可用软件测试 EOC 的状态，来判断转换是否结束，若转换已结束则接着传送数据。

(3) 中断方式 把表示转换结束的状态信号（EOC）作为中断请求信号，便可以中断方

式传送数据。

8.2.3 简易数字电压表设计

1. 设计任务

采用 A/D 转换器 ADC0809 采集 0～5 V 连续可变的电压模拟信号,转变为 8 位数字信号 00～FFH 后,送单片机处理,并在数码管上显示 0.00～5.00 V 电压值。0～5 V 的模拟电压信号通过调节电位器获得。

2. 电路设计

简易数字电压表硬件电路如图 8-6 所示,该电路包括 AT89S52 单片机、复位电路、晶振电路、电源电路、ADC0809 组成的模数转换电路及由 4 位数码管组成的显示电路。电路中,ADC0809 有 8 个模拟通道,模拟电压信号通过调节一个 10 kΩ 的可变电阻得到分压值(0～5 V),从 DAC0809 的 IN0(第 26 引脚)输入,ADDC、ADDB、ADDA 这 3 个地址选择引脚全部接地;START 和 ALE 由 P3.0 控制,OE 由 P3.1 控制,EOC 由 P3.2 控制,采用 P0

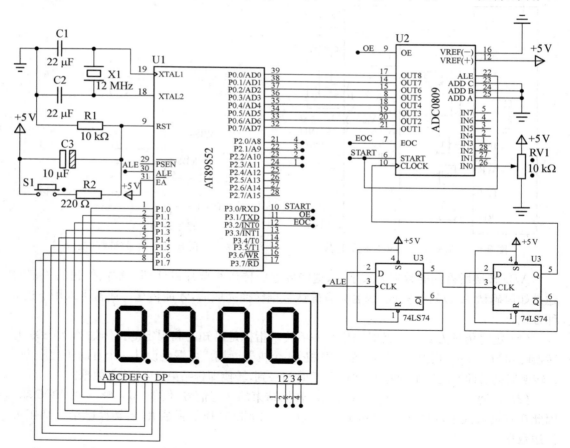

图 8-6　简易数字电压表电路

口读取 A/D 转换数据,DAC0809 的 500 kHz 时钟信号(CLK,第 10 脚)由单片机 ALE(第 30 脚)通过 74LS74 分频得到。4 位数码管采用动态显示方式连接,用 P1 口控制显示段码,而 4 个 LED 数码管的位选信号通过 P2.0~P2.3 控制。

3. 程序设计

本程序主要包括 3 个部分:主程序、显示程序、延时程序。

主程序的工作是启动 ADC0809 转换并读取转换结果。START 引脚在得到一个大于等于 100 ns 宽的高脉冲后启动 A/D 转换,当 EOC 引脚出现一个高电平(=1)时转换结束,然后由 OE(0→1)引脚控制,从 P0 口并行输入一个字节的转换结果。输出结束后,OE 再恢复为低电平。这个 8 位数字量 addata(0x00~0xFF)结果就通过调用 ledxianshi( )这个函数显示,经过一个短暂的停顿后,再次重复该过程。

显示函数实现两个功能,一个功能是将转换结果 00~FFH 转换成 0.00~5.00 V 电压值。在主函数中取得的 A/D 转换后的 8 位数字量 addata(0x00~0xFF),通过 temp 这个中间变量换算:temp=addata * 1.0/255 * 500(换算公式比较简单,在实际应用中使用传感器和放大电路的话,要考虑到各个换算因子,实际换算的公式会更复杂),把电压值转换为实际电压(0.00~5.00 V 电压)的 100 倍,变成整数(0~500)后才能把每一位数字存放到数组 led[ ]中。所以程序中 led[3]中存储的是中间变量 temp 的千位(此位实际为 0),led[2]存储的是中间变量 temp 的百位,led[1]存储中间变量 temp 的十位,led[0]存储中间变量的个位。

显示函数另一个功能,计算得到转换结果 0.00~5.00 V 电压值后,在数码管上动态显示相应数字。为了显示准确,在 for 循环语句中增加了两个语句

```
if(k==2)   P1=(~DSY_CODE[i])|0x80;
    else   P1=~DSY_CODE[i];
```

实现在第三个数码管(从右到左,k=2)上显示小数点,即把百位变成个位,这样整体就缩小了 100 倍,就能得到正确的输出结果。由于小数点 DP 是接到 P1.7 上的,所以在待显示的段码中最高位(即 P1.7)必须变成高电平,而其他位的段码不需要处理。

C 语言源程序清单如下:

```
//------------------------------------------------
// 名称:SAMPLE801.C
// 作用: 模数转换,把模拟量转化电压值显示
//------------------------------------------------
# include<absacc. h>
# include<reg52. h>

# define uchar unsigned char
# define uint   unsigned int
```

```
sbit START＝P3^0;
sbit OE＝P3^1;
sbit EOC＝P3^2;
uchar data    led[4];
uint addata;

uchar code    ad[]＝{0xfe,0xfd,0xfb,0xf7};        //4 个 LED 灯的位控制
uchar code    DSY_CODE[]＝{0xC0,0xF9,0xA4,0xB0,0x99,0x92,0x82,0xF8,0x80,0x90,
0xFF};

void delay(void)                                //延时程序
{    uint i;
   for(i=0;i<10;i++);
}

void ledxianshi(void)                            //显示模块
{ uchar k,i;
   int temp;
temp＝addata * 1.0/255 * 500;
   led[0]＝temp%10;
   led[1]＝temp/10%10;
   led[2]＝temp/100%10;
   led[3]＝temp/1000;
   for(k=0;k<4;k++)
   {
     P2＝ad[k];
     i＝led[k];
        if(k==2) P1＝(～DSY_CODE[i])|0x80;
     else          P1＝～DSY_CODE[i];
      delay();
   }
}

void main(void)
{
   while(1)
```

```
{
  START=1;
  START=0;                    //启动转换
  while(EOC==0);
  OE=1;
  addata=P0;                  //P0 口转换数字量输出
  OE=0;
  ledxianshi();               //P0 口转换数字量显示
  delay();
  }
}
```

数字电压表实现仿真结果如图 8-7 所示,注意:

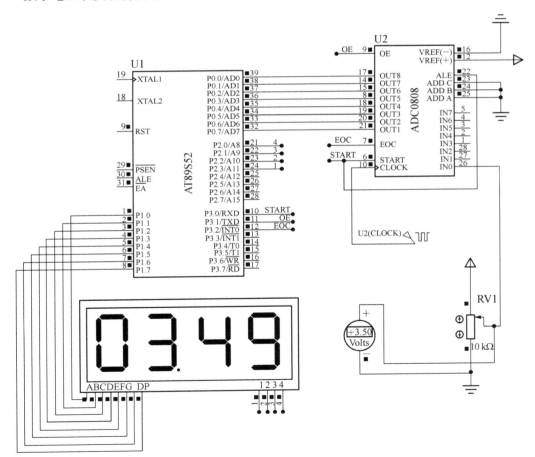

图 8-7 ADC0809 实现的数字电压表仿真电路

（1）不管采用何种转换芯片，电路的连接和程序一定要完全对应，控制信号的先后次序一定要要芯片的工作时序图一致，对应程序的编写过程就是芯片的工作过程。

（2）所举例程中一直是用 IN0 输入，实际上完全可以用 IN0～IN7 这 8 路输入。本例实现了一路模拟电压的测量，可以实现多路电压的测量和显示。读者可以在本例基础上改动，实现 2 路电压甚至更多路电压的测量。也可以通过 LCD1602 显示多路电压。

（3）关于转换精度，本例中输入端电压（IN0）为 3.5 V，而换算后显示的输出为 3.49 V，存在 0.01 V 的误差。这是由于 ADC0809 是 8 位（$0～2^8-1$），所以计算过程中 5 V 就换算成了 255，这样的换算过程可能会存在 1/255 的差异。所以在选择 A/D 芯片的时候，要根据实际项目的需求选择合适芯片，必要时可以选用 12 位或 16 位（甚至更高）精度的 A/D 芯片。实际项目中不仅要考虑精度问题，还要考虑功耗和转换速度问题，请读者查阅相关资料。

任务 3　D/A 转换器应用

知识要点：

DAC0832 芯片引脚功能，单片机与 DAC0832 的接口电路，以及 DAC0832 实际应用。

能力训练：

通过 DAC0832 芯片和实例，学会 D/A 转换器技术应用技能和相关 C 程序编程的技巧。

任务内容：

掌握 DAC0832 芯片性能、技术指标、引脚功能、接口电路及程序设计方法。

8.3.1　D/A 转换器概述

D/A 转换是将输入的每一位二进制代码按其权的大小转换成相应的模拟量，然后将代表各位的模拟量相加，所得的总模拟量与数字量成正比，这样便实现了从数字量到模拟量的转换。

在实际工程项目应用 D/A 转换器（DAC），必须考虑其分辨率、转换精度、偏移量误差、线性度及输出建立时间等性能指标。

（1）**分辨率（resolution）**　指最小模拟输出量（对应数字量仅最低位为 1）与最大量（对应数字量所有有效位为 1）之比，例如 10 位 D/A 转换器的分辨率为

$$1/(2^{10}-1) = 1/1\,023 \approx 0.001。$$

（2）**转换精度（conversion accuracy）**　指输出模拟电压的实际值与理想值之差，即最大

静态转换误差。

（3）偏移量误差（offset error） 指输入数字量为零时，输出模拟量对零的偏移值。

（4）线性度（linearity） 指 DAC 的实际转换特性曲线和理想直线之间的最大偏移差。

（5）输出建立时间 指从输入数字信号起，到输出电压或电流到达稳定值时所需要的时间。

常用的 DAC 有：电压输出型如 TLC5620，电流输出型如 THS5661A，串行输入 10 位 D/A 转换器如 TLC5615，8 位全 MOS 中速 D/A 转换器如 DAC0832，8 位 8 通道 D/A 转换器如 DAC5578，10 位 8 通道 D/A 转换器如 DAC6578 等。

8.3.2 典型 D/A 转换器芯片 DAC0832

DAC0832 为一个 8 位 D/A 转换器，单电源供电，在 +5～+15 V 范围内均可正常工作。基准电压的范围为 ±10 V，电流建立时间为 1 μs，CMOS 工艺，低功耗 20 mW。内部结构框图如图 8-8 所示。

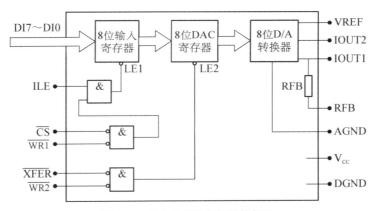

图 8-8 DAC0832 内部结构框图

该转换器由输入寄存器和 DAC 寄存器构成两级数据输入锁存。使用时，数据输入可以采用两级锁存（双缓冲）形式，或单级锁存（单缓冲）形式，也可以采用直接输入（直通）形式。

由 3 个与门电路组成寄存器输出控制电路，可直接控制数据锁存：当 $\overline{\text{LE1}}=0$ 时，输入数据被锁存在 8 位输入寄存器中；当 $\overline{\text{LE1}}=1$ 时，数据不锁存，输入寄存器的输出跟随输入变化。当 $\overline{\text{LE2}}=0$ 时，输入数据被锁存在 8 位 DAC 寄存器中；当 $\overline{\text{LE2}}=1$ 时，8 位 DAC 寄存器的输出随寄存器的输入变化。

DAC0832 为电流输出形式，两个输出端的关系为 IOUT1＋IOUT2＝常数。为了得到电压输出，可在电流输出端接一个运算放大器，如图 8-9 所示。其运算放大器内部已有反馈电阻 RFB，其阻值为 15 kΩ。若需加大阻值，可外接反馈电阻。

DAC0832 转换器芯片为 20 引脚双列直插式封装，如图 8-10 所示。各引脚的功能如下：

（1）DI7～DI0 转换数据输入端。

（2）$\overline{\text{CS}}$ 片选信号，输入，低电平有效。

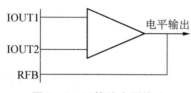

图 8-9 运算放大器接法

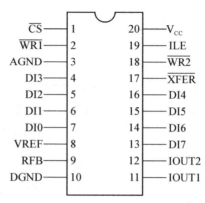

图 8-10 DAC0832 引脚图

（3）ILE 数据锁存允许信号，输入，高电平有效。

（4）$\overline{\text{WR1}}$ 写信号 1，输入，低电平有效。

（5）$\overline{\text{WR2}}$ 写信号 2，输入，低电平有效。

（6）$\overline{\text{XFER}}$ 数据传送控制信号，输入，低电平有效。

（7）IOUT1 电流输出 1，当 DAC 寄存器中各位为全 1 时电流最大；为全 0 时，电流为 0。

（8）IOUT2 电流输出 2，电路中保证 IOUT1＋IOUT2 为常数。

（9）RFB 反馈电阻端，片内集成的电阻为 15 kΩ。

（10）VREF 参考电压，可正可负，范围为－10～＋10V。

（11）DGND 数字量接地端。

（12）AGND 模拟量接地端。

（13）V_{cc} 工作电源，＋5 V 或＋15 V。

8.3.3 单片机与 DAC0832 接口电路

单片机与 DAC0832 的接口有 3 种连接方式，即直通方式、单缓冲方式及双缓冲方式。直通方式不能直接与系统的数据总线相连，需另加锁存器，故较少应用。

1. 单缓冲方式连接

所谓单缓冲方式就是使 DAC0832 的两个输入寄存器有一个处于直通方式，而另一个处于受控的锁存方式，也可使两个寄存器同时选通及锁存。在实际应用中，如果只有一路模拟量输出，或虽有几路模拟量输出但并不要求同步，就可以采用单缓冲方式。图 8-11 所示为单缓冲方式连接。

为使输入寄存器处于受控锁存方式，应把 $\overline{\text{WR1}}$ 和 $\overline{\text{WR2}}$ 接单片机的 $\overline{\text{WR}}$，ILE 接高电平。此外还应把 $\overline{\text{CS}}$ 接高位地址或译码输出，以便确定输入寄存器地址。

2. 双缓冲方式连接

所谓双缓冲方式，就是把 DAC0832 的两个锁存器都接成受控锁存方式，如图 8-12 所示。

为了使寄存器可控，应当给寄存器分配一个地址，以便能按地址操作。图中是使用地址

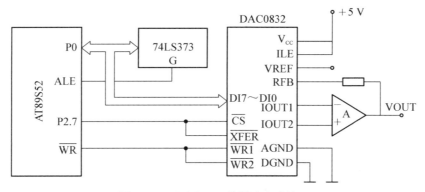

图 8-11 DAC0832 单缓冲方式接口

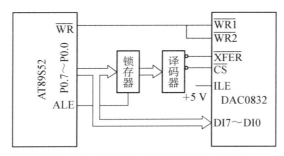

图 8-12 DAC0832 的双缓冲方式连接

译码输出分别接$\overline{CS}$和$\overline{XFER}$实现的。然后再给$\overline{WR1}$和$\overline{WR2}$提供写选通信号。这样就完成了两个锁存器都可控的双缓冲接口方式。

8.3.4 简易波形发生器设计

1. 设计任务

产生波形的方法很多,常利用 AT89S52 单片机与数模转换芯片 DAC0832 组成波形发生器,编制应用程序产生锯齿波信号。通过软件调整波形设定参数,用示波器观察输出波形的幅值、周期和频率的变化。

2. 电路设计

电路采用单缓冲方式,DAC 寄存器处于直通方式,输入寄存器处于受控锁存方式,$\overline{WR1}$和$\overline{WR2}$接 AT89S52 的$\overline{WR}$,ILE 接高电平。DAC0832 的$\overline{CS}$和$\overline{XFER}$都是相同的输入信号,同时接译码输出(74LS373 的 Q0),这样确定了输入寄存器的地址为 FFFEH。采用 uA741 运算放大器将电流信号转换为电压信号。DAC0832 产生锯齿波的电路如图 8-13 所示。

3. 程序设计

先输出 8 位二进制最小零值,然后按加 1 规律递增,当输出数据达到最大值 255 时,再

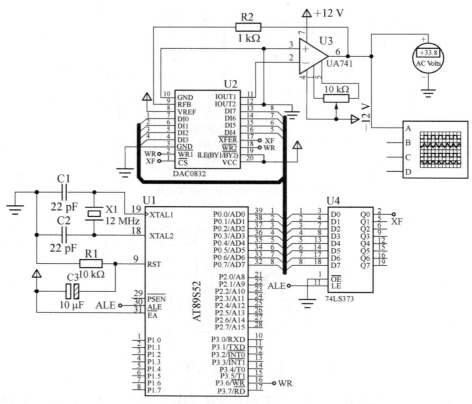

图 8-13　DAC0832 实现锯齿波的输出

回到零重复这一过程。

C 语言源程序清单如下：

```
//-------------------------------------------------------------
// 名称：SAMPLE802.C
// 作用：  数模转换,利用 DAC0832 产生锯齿波
//-------------------------------------------------------------
#include<absacc.h>
#include<reg52.h>

#define uchar unsigned char
#define uint   unsigned int
```

```
#define DAC0832 XBYTE[0xFFFE]

void DelayMS(uint ms)
{ uchar t;
  while(ms——) for (t=0;t<120;t++)   ;
}
void main()
{ uchar i;
  while(1)
    { for (i=0;i<256;i++)   DAC0832=i;
      DelayMS(2);
    }
}
```

　　运行结果如图 8-14 所示,是 Proteus 仿真软件中虚拟示波器的界面。uA741 运算放大器将电流信号转换为电压信号,转换后输出的电压为 $-D \times VREF/255$,其中 D 为输出的数据字节(也就是程序中的变量 i),由于本例中变量 i 的值是 0~255 循环递增,导致输出电压值 5~0 V 递减(741 的反相放大作用)。又由于 i 到 255 后,马上又从 0~255 循环递增,所以输出电压实现了 0 到 5 V 的跳变。

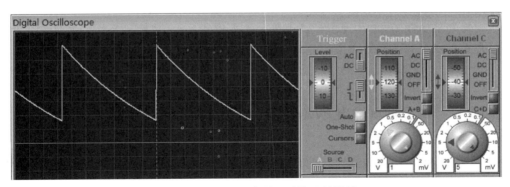

图 8-14　虚拟示波器显示的运行结果

　　只要改变延时时间 DelayMS(ms)就可改变波形周期;改变输出二进制的最大值,就可改变波形的幅值。程序中预定义语句

#define DAC0832 XBYTE[0xFFFE]

中,XBYTE 主要用于确定 C51 数据的存储器类型,说明这是片外 RAM 的地址区域(实际上单片机外接的 A/D 或 D/A 等外部芯片都作为片外 RAM 的一个地址对待)。对外部 RAM 的一个地址写一个字节时,只要将数据直接赋值给相应的地址就可以,例如 XBYTE

[0xFFFE]＝57;就可以把 57 写到外部 RAM 的 0xFFFE 处了,此地址对应一个字节。程序中定义了常量 DAC0832 就对应于 0xFFFE 这个地址,以后在程序中用到这个 DAC0832 的地址,就可以直接调用此常量,对应的语句为

```
for (i＝0;i＜256;i＋＋) DAC0832＝i;
```

单片机外扩片外 RAM(或片外 ROM)时,P2 和 P0 接口可作为高低 8 位共 16 位地址总线,P0 还可作为 8 位的数据总线(这种形式既为并行扩展方法)。为了区分 P0 口既作低 8 位地址总线,又作数据总线,所以电路中用 74LS373 地址锁存芯片连接到 P0 口形成低 8 位地址总线,这样就确定 DAC0832 的地址,然后把地址锁存,P0 口就作为数据总线,相应的数据变量 i 就输出到 DAC0832 中(即 DAC0832＝i)。

任务 4　实训项目与演练

知识要点:

ACD0809 生成 PWM 波形,D/A 转换技术实现数字波形的合成。

能力训练:

通过实训,锻炼 A/D 和 D/A 转换的使用、根据技术指标编写和调试 C 程序的能力。

任务内容:

掌握利用 ADC0809 实现 PWM 波形的综合控制技术,掌握利用数字波形信号的合成技术来生成正弦波和三角波信号的功能。

实训 11　ADC0809 输出 PWM 波形

1. 功能

调节 ADC0809(ADC0808)芯片的 0 通道输入的可变电阻,控制输出脉冲的占空比变化(0%～100%),实现脉冲宽度调制。

2. 变频技术介绍

变频就是改变供电频率。变频技术的核心是变频器,它通过转换供电频率实现电动机运转速度的自动调节。把 50 Hz 的固定电网频改为 30～130 Hz,电源电压适应范围达到142～270 V,解决了由于电网电压的不稳定而影响电器工作的难题。现在的空调器很多都应用了变频技术。

3. 程序设计思路和实现过程

模拟量从 ADC0809 的 IN0 通道输入(仍采用 10 kΩ 的可变电阻的分压功能,模拟 0～5 V 的模拟电压信号的输入),ADDC、ADDB、ADDA 这 3 个地址选择引脚必须全部接地。

4 个控制信号分别跟单片机通过标号(相同标号表示电路相通)相连,START 由 P2.5 控制,OE 由 P2.7 控制,EOC 由 P2.6 控制。ADC0809 转换结束后的 8 位数字量信号通过 P1 口输入单片机,并通过 P3.0 将 PWM 波形输出到模拟示波器显示。ADC0809 所需要的时钟信号 CLK 是由单片机的定时器的中断子程序 Timer0_INT()提供的。

4. 思考题

代码中两个 if 语句,如果去掉这几句,观察一下示波器的输出波形。思考一下,这几句有什么作用?

如果不用中断子程序提供时钟信号,如何实现该功能?

5. 源程序代码

电路仿真如图 8-15 所示。

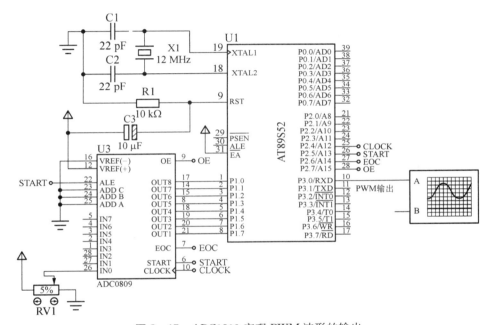

图 8-15　ADC0809 实现 PWM 波形的输出

```
//-----------------------------------------------------------
// 名称: exe8-1.c
// 作用: 实现 PWM 波形的输出
//-----------------------------------------------------------
#include<reg52.h>
#define uchar unsigned char
#define uint  unsigned int
sbit CLK=P2^4;
```

```
sbit START=P2^5;
sbit EOC=P2^6;
sbit OE=P2^7;
sbit PWM=P3^0;

void delay(uchar x)                          //延时程序
{    uint i;
   while(x——)
  for(i=0;i<40;i++);
}

void main(void)
{
  uchar addata;
    TMOD=0x02;                               //定时器0初始化
    TH0= 0x14;
    TL0= 0x00;
    IE= 0x82;
    TR0= 1;
  while(1)
  {START=0;    START=1; START=0;   //启动转换
   while(EOC==0);
   OE=1;
   addata=P1;                               //P1口转换数字量输出
   OE=0;

   if (addata==0)                           //PWM输出(占空比为0%)
   {PWM=0;delay(0xFF);continue ;}
   if (addata==0xFF)                        //PWM输出(占空比为100%)
   {PWM=1;delay(0xFF);continue ;}

   PWM=1;                                   //PWM输出(占空比为普通值)
   delay(addata);
   PWM=0;
   delay(0xFF-addata);
   }
}
```

```
// T0 定时器给 ADC0809 提供时钟信号,注意中断的使用方法
void Timer0_INT() interrupt 1
   {CLK=!CLK; }
```

输入结果如图 8-16 所示,当输入模拟量调节为 5%(可变电阻 RV1 调节),得到了方波(占空比 5%)输出。当调节可变电阻 RV1 到 80%时,输出的方波发生了明显的变化,得到了占空比为 80%的方波。

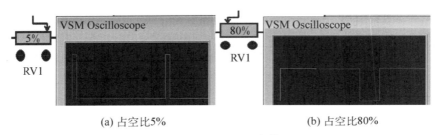

(a) 占空比5%　　　　　　　(b) 占空比80%

图 8-16　PWM 波形

实训 12　数字波形信号合成技术

1. 功能

利用数字波形信号合成技术生成正弦波和三角波信号。

2. 程序设计思路和实现过程

数字波形合成技术是一个斜升波的合成过程,根据已设定的输出波形参数,先由 CPU 算出输出波形数据并存入 ROM 中,再将输出波形在采样点 ROM 中的数字值依次通过 D/A 转换器转换为模拟量输出。

采用数字波形合成技术产生工频正弦信号。可预先将一个周期的正弦信号分成 K 个点,经计算求得各点的幅值并数字量化后存于 RAM(或程序的数组)中。按照一定的频率从 RAM 中取出每点的量化值送 D/A,就可恢复原来一个周期的完整正弦波信号,经过连续的循环即可得到连续的正弦信号输出。

工频信号的输出频率可由式 $f_{out}=f_c/K$ 确定,其中 f_c 为采样(取点)频率,K 为一周期所分割的点数。为了使相位设置方便,把正弦波每周期分成了 180 个点,所以 K=180。改变采样频率 f_c,就可改变输出频率值。程序设计过程类似于锯齿波,关键是每点的 D/A 值的确定。程序对应的仿真电路图如图 8-17 所示;相应的运行结果如图 8-18 所示。

3. 思考题

(1) 代码中提供的正弦信号 sine_tab[256] 数组是如何确定的? 要使频率提高一倍,如何重新确定数组?

(2) 修改程序,使之能输出三角波、方波。

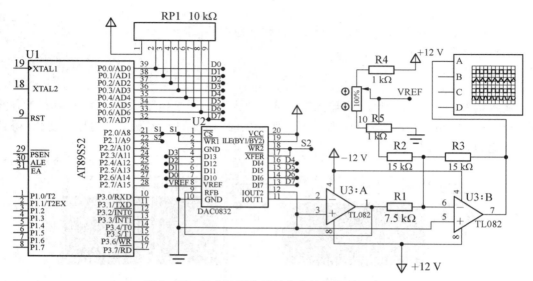

图 8 - 17 数字波形信号的合成技术仿真电路图

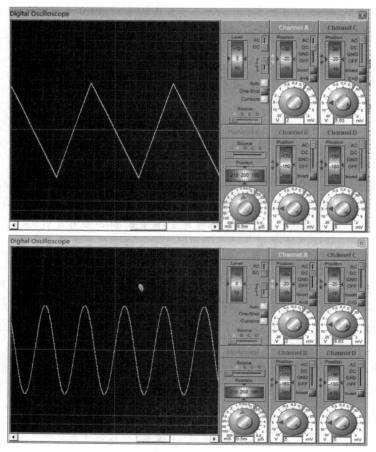

图 8 - 18 输出的三角波和正弦波信号

4. C 语言源程序代码

```c
//--------------------------------------------------------------------------------
// 名称： exe8-2.c
// 作用： 数字波形信号合成技术—正弦波和三角波的生成
//--------------------------------------------------------------------------------
#include<reg52.h>
#define   uchar unsigned char
#define   uint  unsigned int
#define   DAdata    P0

// 控制 DAC0832 的 8 位输入寄存器,仅当都为 0 时,可以输出数据(处于直通状态),否
则,输出将被锁存
sbit DA_S1= P2^0;
// 控制 DAC0832 的 8 位 DAC 寄存器,仅当都为 0 时,可以输出数据(处于直通状态),否
则,输出将被锁存
sbit DA_S2= P2^1;
uchar code sine_tab[256]={
//输出电压从 0 到最大值(正弦波 1/4 部分)
0x80,0x83,0x86,0x89,0x8d,0x90,0x93,0x96,0x99,0x9c,0x9f,0xa2,0xa5,0xa8,0xab,0xae,
0xb1,0xb4,0xb7,0xba,0xbc,0xbf,0xc2,0xc5,0xc7,0xca,0xcc,0xcf,0xd1,0xd4,0xd6,0xd8,
0xda,0xdd,0xdf,0xe1,0xe3,0xe5,0xe7,0xe9,0xea,0xec,0xee,0xef,0xf1,0xf2,0xf4,0xf5,
0xf6,0xf7,0xf8,0xf9,0xfa,0xfb,0xfc,0xfd,0xfd,0xfe,0xff,0xff,0xff,0xff,0xff,0xff,
//输出电压从最大值到 0(正弦波 1/4 部分)
0xff,0xff,0xff,0xff,0xff,0xff,0xfe,0xfd,0xfd,0xfc,0xfb,0xfa,0xf9,0xf8,0xf7,0xf6,
0xf5,0xf4,0xf2,0xf1,0xef,0xee,0xec,0xea,0xe9,0xe7,0xe5,0xe3,0xe1,0xde,0xdd,0xda,
0xd8,0xd6,0xd4,0xd1,0xcf,0xcc,0xca,0xc7,0xc5,0xc2,0xbf,0xbc,0xba,0xb7,0xb4,0xb1,
0xae,0xab,0xa8,0xa5,0xa2,0x9f,0x9c,0x99 ,0x96,0x93,0x90,0x8d,0x89,0x86,0x83,0x80,
//输出电压从 0 到最小值(正弦波 1/4 部分)
0x80,0x7c,0x79,0x76,0x72,0x6f,0x6c,0x69,0x66,0x63,0x60,0x5d,0x5a,0x57,0x55,0x51,
0x4e,0x4c,0x48,0x45,0x43,0x40,0x3d,0x3a,0x38,0x35,0x33,0x30,0x2e,0x2b,0x29,0x27,
0x25,0x22,0x20,0x1e,0x1c,0x1a,0x18,0x16 ,0x15,0x13,0x11,0x10,0x0e,0x0d,0x0b,0x0a,
0x09,0x08,0x07,0x06,0x05,0x04,0x03,0x02,0x02,0x01,0x00,0x00,0x00,0x00,0x00,0x00,
//输出电压从最小值到 0(正弦波 1/4 部分)
0x00,0x00,0x00,0x00,0x00,0x00,0x01,0x02 ,0x02,0x03,0x04,0x05,0x06,0x07,0x08,0x09,
0x0a,0x0b,0x0d,0x0e,0x10,0x11,0x13,0x15 ,0x16,0x18,0x1a,0x1c,0x1e,0x20,0x22,0x25,
0x27,0x29,0x2b,0x2e,0x30,0x33,0x35,0x38,0x3a,0x3d,0x40,0x43,0x45,0x48,0x4c,0x4e,
```

```
0x51,0x55,0x57,0x5a,0x5d,0x60,0x63,0x66 ,0x69,0x6c,0x6f,0x72,0x76,0x79,0x7c,0x80 };

void DAout(uchar temp)
{    DAdata=temp;
    DA_S1=0;                        //打开8位输入寄存器
    DA_S1=1;                        //关闭8位输入寄存器
}

void main()
{
    uchar i,k;
    i=0;
    DAdata=0;
    DA_S1=0;                        //打开8位输入寄存器
    DA_S2=0;                        //使DAC寄存器处于直通状态
    while(1)
    {  /*
    for(i=0;i<255;i++)              //产生三角波的上升斜边
    {   DAout(i);   }

    for(i=255;i>0;i--)             //产生三角波的下降斜边
        {        DAout(i);        }
     */
     for(i=0;i<256;i++)             //下面for循环,可输出正弦波
        {
        k=sine_tab[i];
        P0=k;
        }
    }
  }
  :
```

习　　题

1. 简述 ADC0809 的工作原理。
2. D/A 与 A/D 转换器的主要功能是什么?

3. DAC0832 有几种工作方式？是如何实现的？

4. 设计 8 路模拟量输入的巡回检测系统,使用查询方法采样数据,采样的数据存放在片内 RAM 的 8 个单元中,编程实现。

5. DAC0832 与 AT89S52 单片机连接时有哪些控制信号？其作用是什么？

6. 在一个 AT89S52 单片机与一片 DAC0832 组成的应用系统中,DAC0832 的地址为 7FFFH,输出电压为 0～5 V。试画出有关逻辑框图,并编写转换程序产生矩形波,其波形占空比为 1∶4,高电平时电压为 2.5 V,低电平时电压为 1.25 V。

7. 用单片机 DAC 设计一个周期和幅值可调的锯齿波、三角波、方波的波形发生器,要求画出电路图并编程。

项目⑨

【单片机工程应用技术】

银行排队叫号系统综合设计

项目任务

通过综合性的单片机项目——银行排队叫号系统,了解单片机项目的一般设计流程和方法,结合具体的设计过程,掌握综合性项目的设计理念和思路。

项目要求

(1) 掌握单片机项目设计的基本流程和规范。
(2) 掌握单片机项目设计的分析方法和过程。
(3) 掌握单片机项目的软硬件设计过程和方法。
(4) 掌握较复杂项目的程序管理的方法和概念(软件工程的思想)。

项目导读

(1) 单片机项目设计的基本流程和方法。
(2) 银行排队叫号系统的综合设计介绍。

9.1　单片机项目设计的基本流程和方法

从项目提出到结束,按照 ISO9001:2000(国际质量认证体系)的项目管理流程,大致有如下步骤。

(1) 产品需求和立项报告　根据市场需要或者公司安排,确定要开发的某种产品。开发人员需要和产品需求方沟通,明确客户的需求,对即将开发的产品有一个总体上的印象。

(2) 产品可行性分析报告　市场调研,提交《产品的可行性分析报告》,讨论通过后,指定项目经理,对该产品提出《初步设计》,并初步评估风险。

(3) 产品总体设计　一般由高级系统架构师实施整个产品的系统设计,形成系统结构图,将项目分解成软硬件部分(此处的软件指上位机应用软件,不是单片机内部程序)。在项目经理负责下,准确评估成本、进度、风险。

(4) 硬件详细设计　硬件工程师按照该项目的《初步设计》的要求,写出《硬件详细设计》。经项目经理批准后,按照该《硬件详细设计》作原理图、PCB(印制电路板)和物料清单,提交给生产部门制作样机,并提交原理图给软件工程师。

(5) 软件详细设计　软件工程师按照该项目的《初步设计》的要求,写出《软件详细设计》,经项目经理批准后,编写单片机程序。在生产部门提供的样机的基础上,测试代码;按照《测试大纲》测试合格后,留下测试记录,并把芯片提交给测试工程师;进入测试阶段。

(6) 结构　将成本、进度细化后,安排资源。结构设计需统筹考虑企业的加工能力。结构工程师必须与硬件工程师沟通,针对硬件工程师提出的电路板与机箱之间的要求,在合理正确的前提下,制定出《结构详细设计》内容。

(7) 样机生产　生产部门根据硬件工程师提交的 PCB 和物料清单、结构工程师提交的《结构详细设计》的基础上,生产 PCB 和机箱,并组装成样机。样机数量至少在 4 台以上,2台提交给软件工程师,2 台提交给硬件工程师。

(8) 系统调试　电路板焊接完成,程序编写完成。调试软硬件,发现程序的缺陷。针对客户需求,增加或删除功能。

与上位机联机调试,整个系统所有功能都要调试到位,以保证产品稳定(如果没有上位机软件,这一步可省略)。

(9) 小批量试生产　小批量生产并投放市场或给客户试用,严格跟踪、检测和反馈。

(10) 批量生产　小批量试生产和使用的情况反馈给项目经理,如果有缺陷,则详细修改设计,按照以上流程继续,直至设备运行完全正常,产品实现量产。由于应用场合、规模差异和开发管理规范性问题,在实际开发工程中,单片机项目可能会忽略其中部分步骤,但读者应尽量按此流程开发和管理。

9.2 银行排队叫号系统综合设计

9.2.1 项目需求分析

1. 系统功能要求

(1) 银行入口处摆放排队机供用户取号。

(2) 银行柜台内工作人员通过按钮可以叫号。

(3) 大屏幕显示叫号信息,喇叭播放叫号信息。

(4) 银行工作人员可以后台设置系统。

2. 系统运行描述

系统上电复位后,显示欢迎界面并初始化相关设备。等待 5 s 后显示叫号业务菜单(业务菜单缺省有 3 种),如图 9-1 所示。

图 9-1 初始化界面和叫号业务菜单

储户按了相关业务按钮后屏幕显示并打印凭条,如图 9-2 所示。储户取走凭条后再反白显示一次图标,然后恢复到叫号业务菜单页面,等待储户下一次操作。

图 9-2 储户操作业务界面

银行柜员按叫号按钮后,在柜台公共信息大屏幕上显示图 9-3 所示信息。语音系统广播如下内容:"请对公业务 8888 号顾客到 8 号窗口办理"。

NO.8888 Pleaese go to counter 8

图9-3　银行柜员叫号后柜台大屏幕显示内容页面

为播放以上语音,必须首先为语言模块内部编程,实现以下16段录音供系统使用,见表9-1。

表9-1　语音模块

序号	地址	录音内容	序号	地址	录音内容
1	80H	0	9	88H	8
2	81H	1	10	89H	9
3	82H	2	11	8AH	请
4	83H	3	12	8BH	VIP业务
5	84H	4	13	8CH	对公业务
6	85H	5	14	8DH	个人业务
7	86H	6	15	8EH	号顾客到
8	87H	7	16	8FH	号窗口办理

3. 银行柜台属性描述

银行共8个柜台,分为4类业务:

(1) VIP专区　此柜台共2个,专门处理VIP储户相关业务(3♯、4♯键)。

(2) 个人业务(VIP优先)　此柜台共2个,处理个人业务和VIP相关业务(VIP优先)(1♯、2♯键)。

(3) 对公业务　此柜台共1个,仅处理对公业务(5♯键)。

(4) 个人业务　此柜台共3个,仅处理个人业务(6♯、7♯、8♯键)。

4. 后台设置菜单设计

此部分暂时从简,目前仅保留系统时间、复位功能。将来在升级的时候可以实现号码的设置、排队菜单的设置、叫号器属性的修改,以及打印凭条的风格修改。

当按下[Config]键时,系统进入设置菜单,在大屏幕显示屏上显示"Config Mode",并关断所有叫号器,熄灭LED。进入后,首先选择"时间/复位",选定后进入设置。设置完毕后需要重新启动。

5. 系统硬件功能需求分析

(1) 单片机　负责整个系统的运算与控制。采用AT89S52或相关兼容单片机。

(2) 排队机LCD　安装在排队机上,供储户取号操作时观看并供后台设置时观看。采用LCM12864图形点阵液晶模块(控制器为ST7920)。

（3）打印机　安装在排队机上为储户打印凭条,采用热敏打印机(Uart 接口)。

（4）大屏幕 LCD　安装在银行墙上,显示叫号信息。采用 LCM1602 字符液晶模块模拟叫号器,安装在银行柜台内,供工作人员使用。采用带 LED 的按钮,通过 3 根线连接到排队机。

（5）时钟和存储　用于打印凭条信息以及流水号等。采用 ATMEL 公司生产的 AT24C02 芯片实现数据储存。AT24C02 内含 256×8 位存储空间,具有工作电压宽(2.5～5.5 V)、擦写次数多(大于 10 000 次)、写入速度快(小于 10 ms)等特点。SDA 为串行数据输入/输出,数据通过这条双向 I²C 总线串行传送(在设计中地址为 00H),供银行工作人员存储设置参数用。

实时时钟部分采用 PCF8563 芯片,I²C 总线从地址:读 0A3H 地址;写 0A2H 地址;内存地址 00H、01H 用于控制寄存器和状态寄存器;内存地址 02H～08H 用于时钟计数器(秒-年计数器);地址 09H～0CH 用于报警寄存器(定义报警条件);地址 0DH 控制 CLKOUT 管脚的输出频率;地址 0EH 和 0FH 分别用于定时器控制寄存器和定时器寄存器。秒、分钟、小时、日、月、年、分钟报警、小时报警、日报警寄存器,编码格式为 BCD,星期和星期报警寄存器不以 BCD 格式编码。

（6）语音芯片　在银行柜员按叫号按钮后,显示信息同时语音系统广播。采用北京中青世纪科技有限公司生产的 PM50100 芯片。

（7）电源　打印机单独供电。主控芯板采用 5 V 外部供电,带简单电源保护功能、大容量滤波电容、简单稳压功能。采用市场上现成的开关型稳压电源,输入交流电压为 220 V,输出直流电压为+5 V,最大输出电流为 3 A。

9.2.2　硬件设计方案

通过系统的需求分析,甲方提出功能要求:排队机供储户索取排队编号、打印编号;银行柜台内工作人员通过按钮可以实现叫号;叫号后在大屏幕上显示并通过喇叭播放叫号信息;银行工作人员可以后台进行系统的相关设置。分析 4 项功能,绘出系统功能总体框图,如图 9-4 所示。

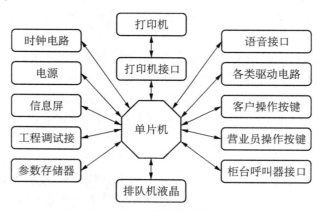

图 9-4　银行叫号系统功能总体框图

1. 硬件方案实现

针对功能要求,绘出系统功能总体框图,并就如何实现功能绘出系统功能硬件方案图,如图9-5所示。

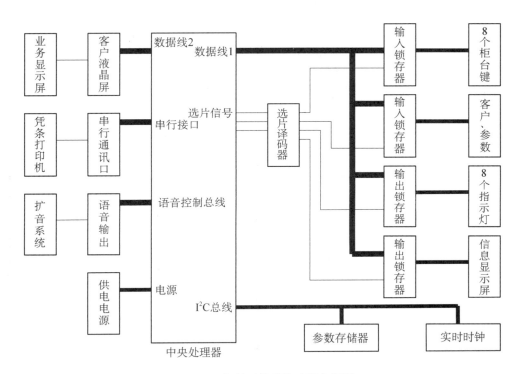

图9-5　银行叫号系统功能方案图

2. 原理图

电路主要由以下部分组成:主控制芯片,主要由单片机 AT89S52 及其外围电路组成;液晶显示部分,主要由 LCM12864 以及 LCM1602 及相关驱动电路构成;I²C 电路部分,主要由芯片 AT24C02 和 PCF8563 以及相关电路组成;Audio 语音部分,主要由语音芯片 PM50100 及相关电路组成;UART 串口电路部分,主要由芯片 MAX232 及其串口接口电路组成;柜员操作部分,主要由 8 个 LED 灯和 8 个按键组成,分别通过 8D 锁存器 74HC573 控制;顾客操作部分有 3 个业务菜单选择按键;管理者操作部分,参数调整用 5 个按键;必要的电源电路;ISP 在线编程用接口电路。系统电原理如图9-6所示。

图9-6(a)是输入输出以及系统模块原理图,集中了 LCD 显示、语音输出、串口通信、I²C 电路以及 51 系统核心模块的电路。图9-6(b)是供使用者操作部分的模块设计,界面为用户操作模块、员工操作模块以及系统设置操作模块。

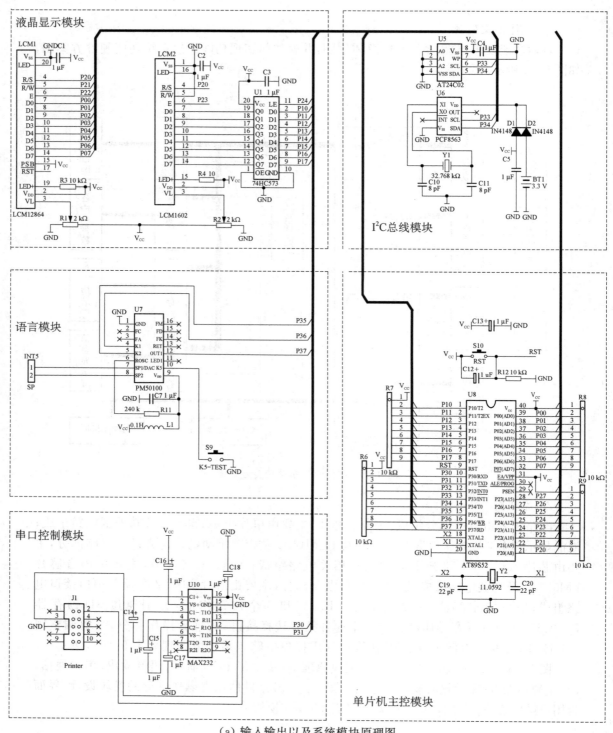

（a）输入输出以及系统模块原理图

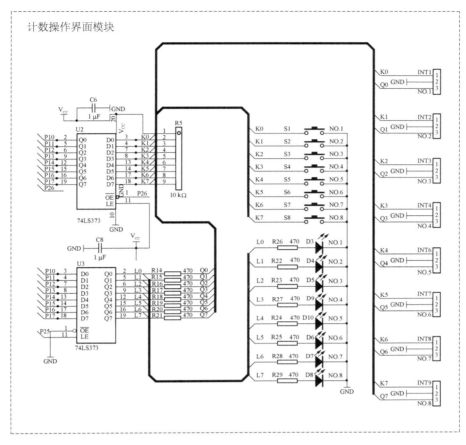

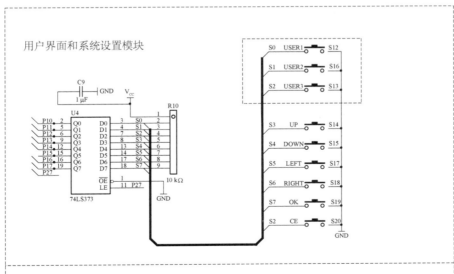

（b）用户以及银行柜员操作模块原理图

图 9-6 银行叫号系统电原理图

9.2.3 软件设计流程图

针对项目设计提出的功能要求,主程序完成的功能是:系统初始化,包括单片机、LCM12864 和 LCM1602 等一系列的元件初始化;客户排队;再根据柜台叫号进行相应的显示输出和语音输出,由中断 EX0 完成,所以还需要管理和设置中断 EX0。柜台处理客户后,排队的相关数据都会相应变化,所以必须管理数据。根据以上分析,本软件的基本流程如图 9−7 所示。

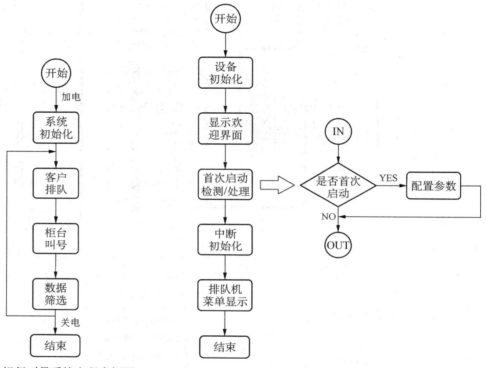

图 9−7 银行叫号系统主程序框图   图 9−8 系统初始化流程图

初始化工作流程如图 9−8 所示,设备初始化后,在 LCM12864 显示欢迎界面和相应银行的图标(图标可以根据需要,用软件提取 12864 的编码)。可以在函数 Welcom 中设置图标显示方式和显示时间的长短,如正反显示间隔出现等。

显示页面结束后,叫号系统第一次启动。因为要保证系统参数(时间)的准确性,第一次进入系统,必须设置系统参数。设置完成后,初始化中断函数,然后在 LCM12864 上显示排队机菜单。

叫号系统初始化完成后,进入工作等待状态。这时有客户进入银行,首先选择业务。1 号键为 VIP 业务,2 号键为对公业务,3 号键为个人业务,其他键不起作用。当有键按下时,判断按键,如果在 1、2、3 号键之内,则判断后相应地动作。例如,按下 2 号键,排队机屏幕上会相应地显示并引起相应变量的变化(总号码数、等候排队数)，之后对应处理凭条。对应的 LED 灯显示，表示目前银行柜台的状态。该部分相应的编程逻辑如图 9-9 所示。叫号系统在打印凭条后，再次进入工作等待状态，显示排队机菜单，等待下一位顾客。

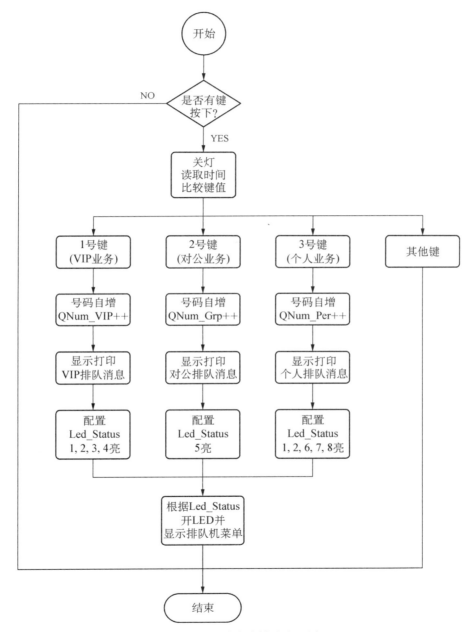

图 9-9　系统客户排队流程图

顾客选择业务并排队等候,相应信息会反映到银行工作人员的柜员显示 LED 上。如果可以叫号,则在 LCM1602 上显示,并语音提示该号码的顾客到相应柜台去办理业务。这部分编程逻辑如图 9-10 所示。每叫完一个号,都要判断后继有没有要办理业务的顾客,该变量也会反映到顾客排队系统中,当前的排队客户数减 1。对应的 LED 等也要发生变化。

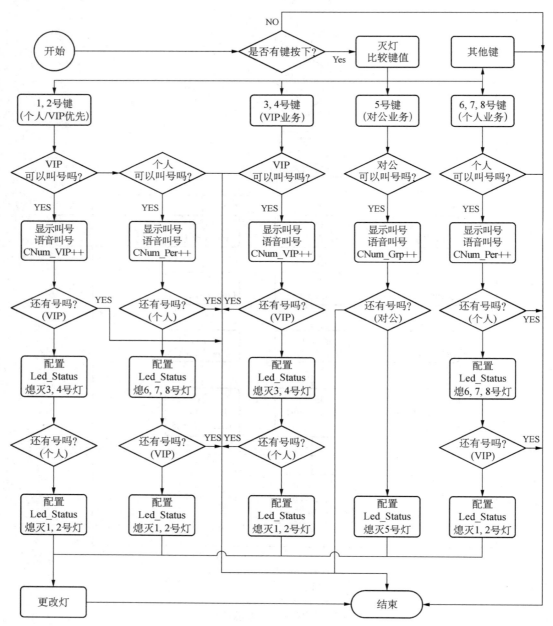

图 9-10 银行工作人员叫号流程图

9.2.4   程序编码

在完成项目需求分析,软件和硬件都初步设计结束后,编写代码。C 语言源程序清单如下:

```
/ ******************************************************************
**                          文件说明文档                          **
******************************************************************
**  文件名称:main.c
**  文件描述:主函数文件
**  所属项目:银行排队叫号系统
**  完成日期:2018.8.26
**  其他备注:
****************************************************************** /
//================== 预处理 ==================
#include"Audio.h"              /*语音驱动头文件                   */
#include"Key.h"                /*键盘驱动头文件                   */
#include"Lcm12864.h"           /*LCM12864 液晶驱动头文件          */
#include"Lcm1602.h"            /*LCM1602 液晶驱动头文件           */
#include"Printer.h"            /*热敏打印机驱动头文件              */
#include"Led.h"                /*发光管驱动头文件                 */
#include"lib.h"                /*数据库存储文件                   */
#include"IIC.H"                /*IIC 器件驱动头文件               /
#define T 65535
//==================函数说明==================
void Sys_Init(void);                                    //系统初始化函数
void Device_Init(void);                                 //设备初始化函数
void Welcom(void);                                      //显示欢迎页面函数
void Check_FirstRun(void);                              //检查第一次系统启动函数
void FirstRun_Confg(void);                              //第一次启动系统处理函数
void Delay_a(unsigned int x);                           //延时函数
void Queue(void);                                       //排队任务处理函数
void call(void);                                        //叫号任务处理函数
bit SetDate();                                          //设置日期时间函数
void Interrupt_Init(void);                              //中断初始化函数
void ICO_Flash(unsigned char i,unsigned char Data[]);   //显示光标函数
void Interruption_Check(void);
```

```
void Numbers_Check(void);
//==================变量定义==================
unsigned int QNum_Per=3000;                    //个人业务排队初始值
unsigned int QNum_Grp=2000;                    //对公业务排队初始值
unsigned int QNum_VIP=1000;                    //贵宾业务排队初始值
unsigned int CNum_VIP=1000;                    //贵宾业务叫号初始值
unsigned int CNum_Per=3000;                    //个人业务叫号初始值
unsigned int CNum_Grp=2000;                    //对公业务叫号初始值
unsigned char Led_Status;                      //LED状态指示
bit IRQF;                                      //中断处理完成标记
sbit Config_Led=P3^2;
unsigned char Time[ ]="HH:MM:SS";              //系统时间
unsigned char Date[ ]="YYYY-MM-DD";            //系统日期
//===========================================
//================ 主函数入口 ================
//===========================================
void main(void)
{
Sys_Init();                                    //系统初始化函数
Lcm12864_Print_Menu(1,1,1);                    //显示完整菜单
while(1)
{
    Queue();                                   //检测处理排队任务
    call();                                    //检测处理叫号任务
    Interruption_Check();                      //
    Numbers_Check();                           //
}
}
//===========================================
//===========================================
void Interruption_Check(void)
{
if(IRQF)                                        //如果中断完成
{
    Lcm12864_Print_Menu(1,1,1);                //显示完整菜单
    IRQF=0;                                    //清除标记
```

```
}
}
void Numbers_Check(void)
{    if(QNum_Per>3999)
{        QNum_Per=3000;    }
if(QNum_Grp>2999)
{        QNum_Grp=2000;    }
if(QNum_VIP>1999)
{        QNum_VIP=1000;    }
if(CNum_Per>3999)
{        CNum_Per=3000;    }
if(CNum_Grp>2999)
{        CNum_Grp=2000;    }
if(CNum_VIP>1999)
{        CNum_VIP=1000;    }
}
/ ***************************************************
** 函数功能： **    系统延时函数                    **
** 带入参数： **  时间                              **
** 带出参数： **  无                                **
** 其他备注： **                                    **
** 作    者： **  Peter Liu                         **
** 时    间： **  2018. 8. 20                       **
*************************************************** /
void Delay_a(unsigned int x)
{
while(x——);
{    _nop_();
     _nop_();
     _nop_();       }
}
//===================================================
/ ***************************************************
** 函数功能： **    系统初始化函数                  **
** 带入参数： **  无                                **
** 带出参数： **  无                                **
```

```
** 其他备注：**                                        **
** 作     者：** Peter Liu                             **
** 时     间：** 2018. 8. 20                           **
*************************************************** /
void Sys_Init(void)
{
 Device_Init();
 Welcom();
 Check_FirstRun();      //检查 Z
 Interrupt_Init();
}
//=================================================
/ ************************************************
** 函数功能：**    设备初始化函数                      **
** 带入参数：** 无                                     **
** 带出参数：** 无                                     **
** 其他备注：**                                        **
** 作     者：** Peter Liu                             **
** 时     间：** 2018. 8. 20                           **
*************************************************** /
void Device_Init(void)
{
 Lcm12864_Init();
 Lcm1602_Init();
 Printer_Init();
 Led_Init(0);
}
//=================================================
/ ************************************************
** 函数功能：**    显示欢迎页面函数                    **
** 带入参数：** 无                                     **
** 带出参数：** 无                                     **
** 其他备注：**                                        **
** 作     者：** Peter Liu                             **
** 时     间：** 2018. 8. 20                           **
*************************************************** /
```

```
void Welcom(void)
{
  Lcm1602_WriteCmd(0x80);
  Lcm1602_WriteStr(" WELCOM TO COMM ");
  Lcm12864_Disp_ImgA(Image1_Logo);            //
  Delay_a(65500);
      Delay_a(65500);
  Lcm12864_Disp_ImgK(Image1_Logo);
  Delay_a(65500);
      Delay_a(65500);
      Delay_a(65500);
      Delay_a(65500);
  Interrupt_Init();
}
//================================================
/*************************************************
** 函数功能: **    检查第一次启动函数         **
** 带入参数: ** 无                            **
** 带出参数: ** 无                            **
** 其他备注: ** 检查 EEPROM 00H 地址数据       **
** 作    者: ** Peter Liu                     **
** 时    间: ** 2018.8.20                     **
*************************************************/
void Check_FirstRun(void)
{
unsigned char Check_Ticket;
IIC_Read_Data(0xa0,0x08,&Check_Ticket,1);
if(Check_Ticket!=8)
{
    Check_Ticket=8;
    IIC_Write_Data(0xa0,0x08,&Check_Ticket,1);
    FirstRun_Confg();                                //第一次启动
}
}
//================================================
/*************************************************
```

```
**  函数功能:  **    第一次启动处理函数        **
**  带入参数:  **  无                          **
**  带出参数:  **  无                          **
**  其他备注:  **                              **
**  作    者:  **  Peter Liu                   **
**  时    间:  **  2018.8.20                   **
***************************************************** /
void FirstRun_Confg(void)
{
Lcm1602_WriteCmd(0x01);
Lcm1602_WriteStr("First Running!");
Lcm1602_WriteCmd(0xC0);
Lcm1602_WriteStr("Configuration!!");          //
Lcm12864_SysFirstRun();
while(Key_Read(1)!=8);
SetDate();
Lcm1602_WriteCmd(0x01);
Lcm1602_WriteStr(" WELCOM TO COMM ");
Lcm12864_SysFirstRun();
 }


//============================================
/ ***********************************************
**  函数功能:  **    中断初始化函数            **
**  带入参数:  **  无                          **
**  带出参数:  **  无                          **
**  其他备注:  **                              **
**  作    者:  **  Peter Liu                   **
**  时    间:  **  2018.8.20                   **
***************************************************** /
void Interrupt_Init(void)
{
 IT0=1;
 EX0=1;
 EA=1;
 }
//============================================
```

```
/ ****************************************************
**  函数功能：  **    排队处理函数              **
**  带入参数：  **  无                          **
**  带出参数：  **  无                          **
**  其他备注：  **                              **
**  作    者：  **  Peter Liu                   **
**  时    间：  **  2018.8.20                   **
**************************************************** /
void Queue(void)
{
unsigned char Key;
Key＝Key_Read(1);                   //读排队机
if(Key!＝255)                       //有键按下
{
    Led_Init(0);                    //关灯
    IIC_Get_Time(Time);             //获取当前时间
    IIC_Get_Date(Date);             //获取当前日期
    switch(Key)
    {
        case 1:                     //VIP 业务
        {
            QNum_VIP＋＋;            //VIP 流水号增加
            Lcm12864_Menu_Choose(1, QNum_VIP, QNum_VIP-CNum_VIP);
                                    //lcd 处理
            Print_Ticket(Date, Time, QNum_VIP);
                                    //打印凭条
            Delay_a(T);             //延时等待打印完成
            Delay_a(T);             //延时等待打印完成
            Delay_a(T);             //延时等待打印完成
            Delay_a(T);             //延时等待打印完成
            Delay_a(T);             //延时等待打印完成
            Led_Status＝Led_Status|0x0f;  //led 配置为 VIP 允许
            break;
        }
        case 2:                     //对公业务
        {
```

```
                QNum_Grp++;
                Lcm12864_Menu_Choose(2, QNum_Grp, QNum_Grp-CNum_Grp);
                Print_Ticket(Date, Time, QNum_Grp);
                Delay_a(T);                        //延时等待打印完成
                Delay_a(T);                        //延时等待打印完成
                Delay_a(T);                        //延时等待打印完成
                Delay_a(T);                        //延时等待打印完成
                Delay_a(T);                        //延时等待打印完成
                Led_Status=Led_Status|0x10;
                break;
            }
        case 3:                                    //个人业务
            {
                QNum_Per++;
                Lcm12864_Menu_Choose(3, QNum_Per, QNum_Per-CNum_Per);
                Print_Ticket(Date, Time, QNum_Per);
                Delay_a(T);                        //延时等待打印完成
                Delay_a(T);                        //延时等待打印完成
                Delay_a(T);                        //延时等待打印完成
                Delay_a(T);                        //延时等待打印完成
                Delay_a(T);                        //延时等待打印完成
                Led_Status=Led_Status|0xe3;
                break;
            }
        default: break;
        }
    Led_All_Chage(Led_Status);                     //根据配置开 led
    Lcm12864_Print_Menu(1, 1, 1);                  //显示菜单
    }

}
/ ***********************************************
**  函数功能:  **    叫号处理函数                **
**  带入参数:  **    无                          **
**  带出参数:  **    无                          **
**  其他备注:  **                                **
**  作   者:  **    Peter Liu                    **
```

```
**  时    间：** 2018.8.20                    **
**************************************************** /
void call(void)
{
 unsigned char Key;
 Key=Key_Read(0);                              //读叫号器
 if(Key!=255)                                  //有键按下
 {       Led_Init(0);                          //关灯
    if(CNum_VIP==1000)                         //第一次叫号处理
    {       CNum_VIP++;        }
    if(CNum_Per==3000)
    {              CNum_Per++;  }
    if(CNum_Grp==2000)
    {              CNum_Grp++;  }
    switch(Key)                                //窗口号码
    {   case 1:                                /*(VIP/个人)叫号任务*/
        case 2:
            {
    if(QNum_VIP>=CNum_VIP)                      //差值大于等于0,叫VIP号码
                {
                Display_Num(CNum_VIP,Key);      //lcd1602 显示
                Call_Num(CNum_VIP,Key);         //语音叫号
                CNum_VIP++;                      //增加号码
                if(QNum_VIP<CNum_VIP)            //如果下次不能叫 VIP 号
                {
                    Led_Status=Led_Status&0xf3;  //关 VIP 灯
                    if(QNum_Per<CNum_Per)        //如果下次连个人号也不能叫
                    {
                        Led_Status=Led_Status&0x1c;   //关 VIP、个人的灯
                    }
                }
                else                            //与上面if配对,可以删除
                {   ;   }
                }
else if(QNum_Per>=CNum_Per) //差值大于等于0,叫个人号码,此处先叫了VIP号就不
会再叫个人了
```

```
                {
                    Display_Num(CNum_Per, Key);
                    Call_Num(CNum_Per, Key);
                    CNum_Per++;
                    if(QNum_Per<CNum_Per)                    //下次不能再叫了
                    {
                        Led_Status=Led_Status&0x1f;          //关个人灯
                        if(QNum_VIP<CNum_VIP)                //下次VIP也不能叫了
                        {
                            Led_Status=Led_Status&0x1c;          //关VIP、个人的灯
                        }
                        else                                 //可以删除
                    {   ;}
                    }
                }
                break;
            }
        case 3:                                               /*VIP叫号任务*/
        case 4:
            {
                if(QNum_VIP>=CNum_VIP)            //差值大于等于0,叫VIP号码
                {   Display_Num(CNum_VIP, Key);
                    Call_Num(CNum_VIP, Key);
                    CNum_VIP++;
                    if(QNum_VIP<CNum_VIP)                //如果下次不能叫
                    {
                        Led_Status=Led_Status&0xf3;  //关VIP灯
                        if(QNum_Per<CNum_Per)        //如果下次连个人也不能叫
                        {
                            Led_Status=Led_Status&0x1c;  //关个人、VIP灯
                        }
                    }
                    else
                    {   ;   }
                }
                break;
```

```
                }
        case 5:
                {
                    if(QNum_Grp>=CNum_Grp)    //差值大于等于0,叫对公号码
                    {
                        Display_Num(CNum_Grp,Key);
                        Call_Num(CNum_Grp,Key);
                        CNum_Grp++;
                        if(QNum_Grp<CNum_Grp)
                        {
                            Led_Status=Led_Status&0xef;
                        }
                        else
                        {   ;   }
                    }
                break;
                }
        case 6:
        case 7:
        case 8:
            {
                if((QNum_Per>=CNum_Per&&QNum_Per>3000))
                                            //差值大于等于0,叫对公号码
                {
                    Display_Num(CNum_Per,Key);
                    Call_Num(CNum_Per,Key);
                    CNum_Per++;
                    if(QNum_Per<CNum_Per)
                    {
                        Led_Status=Led_Status&0x1f;
                        if(QNum_VIP<CNum_VIP)
                        {
                            Led_Status=Led_Status&0x1c;

                        }
                    }
                    else
                    {;}
```

```
                    }
                break;
            }
        default:break;
        }
    Led_All_Chage(Led_Status);
    }
}
//===========================================
/ **************************************************
**  函数功能:  **    中断处理函数              **
**  带入参数:  **  无                        **
**  带出参数:  **  无                        **
**  其他备注:  **                            **
**  作    者:  **  Peter Liu                 **
**  时    间:  **  2018.8.20                 **
************************************************** /
void Ex0_ISR(void) interrupt 0
{
signed char i;
unsigned char Key;
bit EndF=0;
Lcm12864_SetData(0);

while(!EndF)
{
    Key=Key_Read(1);
    if(Key!=255)
    {
        switch(Key)
            {
                case 4:                                    //UP
                {
                    if(++i>1)
                        i=0;
                    Lcm12864_SetData(i);
                    break;
```

```
        }
        case 5:
        {
            if(--i<0)
                i=1;
            Lcm12864_SetData(i);
            break;
        }
        case 8:                                    //ok
        {
            if(i==0)                               //时间设定
            {
                if(SetDate())
                {
                    Lcm12864_WriteCmd(0x01);
                    Lcm12864_WriteStr("设定成功!");
                    Lcm12864_WriteCmd(0x90);
                    Lcm12864_WriteStr("稍后返回");
                    Delay_a(65500);
                        Delay_a(65500);

                    Lcm12864_SetData(0);   //向上退出菜单
                        break;
            //      while(1);              //进入死循环
                }
                else
                {
                    Lcm12864_SetData(0);   //向上退出菜单
                }

            }
            else                                   //复位设定
            {
                unsigned char Check_Ticket=88;
                IIC_Write_Data(0xa0,0x8,&Check_Ticket,1);
                Lcm12864_WriteCmd(0x01);
                Lcm12864_WriteStr("复位成功!");
```

```
                              Lcm12864_WriteCmd(0x90);
                              Lcm12864_WriteStr("稍后返回");
                              Delay_a(65500);
                                  Delay_a(65500);
                              Lcm12864_SetData(0);        //向上退出菜单
                              //    while(1);             //进入死循环
                          }
                      break;
                  }
                  case 3:
                  {
                      EndF=1;                             //结束循环
                      break;
                  }
                  default:break;
              }


          }
          IRQF=1;                                         //通知主函数中断完成


}
}
//===================================================================
/ *************************************************
** 函数功能: **    设置时间函数              **
** 带入参数: **  无                          **
** 带出参数: **  存储完成标记                **
** 其他备注: **                              **
** 作    者: **  Peter Liu                   **
** 时    间: **  2018.8.20                   **
************************************************* /
bit SetDate(void)                                         //reentrant
{
unsigned char Key;
char i;
bit QF,DCF;
```

```
//unsigned char Data[]={15,10,8,9,7,23};   //HOUR,MIN,SEC,YEAR,MON,DAY
    unsigned char Data[6];
    IIC_Get_Time(Time);                                 //获取当前时间
IIC_Get_Date(Date);                                     //获取当前日期
    Data[0]=((Time[0]-0x30)*10+(Time[1]-0x30));  //Hour 转换成10进制
Data[1]=((Time[3]-0x30)*10+(Time[4]-0x30));   //min
Data[2]=((Time[6]-0x30)*10+(Time[7]-0x30));   //sec
Data[3]=((Date[2]-0x30)*10+(Date[3]-0x30));   //year
Data[4]=(((Date[5]-0x30)*10+(Date[6]-0x30)));  //month
Data[5]=((Date[8]-0x30)*10+(Date[9]-0x30));   //day


  /*  IIC_Read_Data(0xa2,0x04,&Data[0],1);          //读时
    IIC_Read_Data(0xa2,0x03,&Data[1],1);            //读分
    IIC_Read_Data(0xa2,0x02,&Data[2],1);            //读秒
    IIC_Read_Data(0xa2,0x08,&Data[3],1);            //读年
    IIC_Read_Data(0xa2,0x07,&Data[4],1);            //读月
    IIC_Read_Data(0xa2,0x05,&Data[5],1);            //读日 */
    Lcm12864_SetimeStr();
Lcm12864_DisTime(Data);
Lcm12864_WriteCmd(0x91);
Lcm12864_WriteCmd(0x0f);
while(1)
{
    Key=Key_Read(1);                                    //读按键
    if(Key!=255)                                        //如果有按键
    {   DCF=1;                                          //有按键标记置位
        switch(Key)                                     //判断键盘号码
        {
            case 7:                                     //右
            {
                i++;                                    //数据下标右移动
                if(i>5)                                 //限定范围
                {
                    i=0;
                }
```

```
        ICO_Flash(i,Data);                      //闪烁控制以及显示更新

    break;
}
case 6:                                          //左
{
    i--;                                         //数据下标左移动
    if(i<0 )
    {
        i=5;
    }
    ICO_Flash(i,Data);

    break;
}
case 4:                                          //上
{
    Data[i]++;                                   //数据值增加
    if(i==5)                                     //天的计算
    {
        QF=Data[3]%4;                            //简易闰年检测
        switch(Data[4])                          //看月份
        {
            case 2:                              //2月特殊
            {
                if(QF)                           //平年
                {
                    if(Data[5]>28)               //不能大于28号
                        Data[5]=0;
                }
                else                             //闰年
                {
                    if(Data[5]>29)               //不能大于29号
                        Data[5]=0;
                }
                break;
            }
            case 4:
```

```
             case 6:
             case 9:
             case 11:                      //4、6、9、11 月
             {    if(Data[5]>30)           //不能大于 30 天
                  Data[5]=0;
                  break;
             }
             default:                      //1、3、5、7、8、10、12 月
             {
                  if(Data[5]>31)           //不能大于 31 天
                       Data[5]=0;
                  break;
             }
        }
}
if(Data[0]>23)                             //时不能大于 23
{
  Data[0]=0;
}
if(Data[1]>59)                             //分不能大于 59
{
  Data[1]=0;
}
if(Data[2]>59)                             //秒不能大于 59
{
  Data[2]=0;
}
if(Data[3]>99)                             //年不能大于 2099
{
  Data[3]=0;
}
if(Data[4]>12)                             //月不能大于 12
{
  Data[4]=0;
}
  ICO_Flash(i,Data);
  break;
```

```
        }
        case 5:                                //下
        {   Data[i]——;                          //数据值减小
            if(Data[i]<1||Data[i]>100)         //数据限定－1＝65536＞100
            {
                Data[i]＝0;
            }
            ICO_Flash(i,Data);
            break;
        }
        case 8:                                //ok
        {   //[]＝{8,8,8,9,6,23};               //HOUR,MIN,SEC,YEAR,MON,DAY
        //          20050809
            unsigned char DT[8];               //日期时间交换区

            DT[0]＝2;                           //20xx 年
            DT[1]＝0;                           //20xx 年
            DT[2]＝Data[3]/10;                  //年高位
            DT[3]＝Data[3]%10;                  //年低位
            DT[4]＝Data[4]/10;                  //月高位
            DT[5]＝Data[4]%10;                  //月低位
            DT[6]＝Data[5]/10;
            DT[7]＝Data[5]%10;

            IIC_Set_Date(DT);
            DT[0]＝Data[0]/10;
            DT[1]＝Data[0]%10;
            DT[2]＝Data[1]/10;
            DT[3]＝Data[1]%10;
            DT[4]＝Data[2]/10;
            DT[5]＝Data[2]%10;
            IIC_Set_Time(DT);
            Lcm12864_WriteCmd(0x0c); //开显示(无游标、不反白)
            return 1;

        }
        case 3:
```

```
                {   Lcm12864_WriteCmd(0x0c);
                    return 0;
                }
            }
        }
}
Lcm12864_WriteCmd(0x0c);
return 0;
//Lcm12864_DisTime(Data);
}
//==========================================
/ **************************************************
**  函数功能：  **      光标闪烁函数               **
**  带入参数：  **  位置  数据                      **
**  带出参数：  **  无                              **
**  其他备注：  **                                  **
**  作    者：  **  Peter Liu                       **
**  时    间：  **  2018.8.20                       **
************************************************** /
void ICO_Flash(unsigned char i, unsigned char Data[])
{
    switch (i)
    {
        case 0:
        {   Lcm12864_DisTime(Data);
            Lcm12864_WriteCmd(0x91);
            break;
        }
        case 1:
        {   Lcm12864_DisTime(Data);
            Lcm12864_WriteCmd(0x93);
            break;
        }
        case 2:
        {   Lcm12864_DisTime(Data);
            Lcm12864_WriteCmd(0x95);
            break;
```

```
        }
    case 3:
    {   Lcm12864_DisTime(Data);
        Lcm12864_WriteCmd(0x89);
        break;
    }
    case 4:
    {   Lcm12864_DisTime(Data);
        Lcm12864_WriteCmd(0x8b);
        break;
    }
    case 5:
    {   Lcm12864_DisTime(Data);
        Lcm12864_WriteCmd(0x8d);
        break;
    }
    default:break;
  }
}
/ *************************************************************************
**                          编译运行报告                               **
   *************************************************************************
** 编译环境:     WindowsXp Professional   SP3+Keil Ver:3        **
** 编译结果:     Data:94.2 XData 0 Code 7283                    **
** 运行结果:     完成测试,实现既定功能                            **
   ************************************************************************* /
```

附录①

C51 相关知识

1.1 C51 使用规范

为了增强程序的可读性,便于源程序的交流,减少合作开发中的障碍,应当在编写 C51 程序时遵循一定的规范。一个好的程序应该是符合编程规范的、易于阅读和维护的,高质量的和高效的。

1. 命名规则

虽然在 C51 程序中变量或函数等的名称可以任意选定,但命名最好具有一定的实际意义。以下是一些命名规则或习惯。

(1) 常量的命名 全部用大写。当具有实际意义的变量命名含多个单词时,它们中间一般以"_"分开。这个规则不仅对常量适用,对其他变量和宏定义等也适用。

(2) 变量的命名 变量名由小写字母开头的单词命名。当有多个单词时一般也用"_"隔开,而且除第一个单词外其他单词一般首字母大写。另外一些全局变量和静态变量等一般以 g_和 s_等来开头。

(3) 函数的命名 函数名首字母大写,若包含有多个单词,则每个单词首字母大写。函数原型说明包括引用外部函数及内部函数。外部引用必须在右侧注明函数来源(模块名及文件名),内部函数只要注释其声明文件名。

2. 编辑风格

程序设计人员写出的代码要便于阅读和维护,好的程序书写习惯一定要从最开始编程时养成。

(1) 缩进 函数体内的语句需缩进 4 个空格大小,即一个 Tab 单位。预处理语句、全局数据、函数原型、标题、附加说明等均顶格书写。

(2) 对齐 原则上每行的代码、注释等都应对齐,而每一行的长度不应超过屏幕太多,必要时可以换行。换行时尽可能在","处或运算符处,换行后最好以运算符开头。

(3) 空行 程序文件结构各部分之间空两行,也可只空一行,各函数实现之间一般空两行。

（4）注释　采用中文,注释内容应简练、清楚、明了,对一目了然的语句不加注释。注释可以采用"/ * "和" * /"配对,也可以采用"//",但要一致。

（5）形参　在声明函数时,在函数名后面括号中直接说明形式参数,不再另行说明。

1.2　C51 的使用技巧

C51 编译器能从 C 程序源代码中产生高度优化的代码,通过编程上的技巧还可以帮助编译器产生更好的代码。

1. 使用 unsigned 数据类型

由于 51 系列单片机不支持带符号数运算,对符号扩展编译器必须生成额外的代码。如果程序中不需要负数,则把变量都定义成无符号类型。

2. 使用局部变量

在中断系统和多任务系统中不止一个过程会使用全局变量,在系统处理过程中需要调节使用全局变量,增加了编程的难度。如有可能,在循环和其他临时计算中使用局部变量。C51 编译器一般会将局部变量保存在寄存器中,寄存器访问是最快的存储访问。

3. 采用短型变量

51/52 系列单片机都是 8 位 CPU,用 8 位数据类型运算如 char 和 unsigned char 比用 int 或 long 类型更有效,因此尽可能地使用最小的数据类型。

4. 使用移位运算代替乘除和求模运算

乘、除、浮点运算等都是通过库函数来实现的,但是对时间要求非常严格时,它们运行用时可能太长;或者对代码长度要求严格时,它们编译完的代码太长。在这些情况下,可以使用移位操作来节省时间和代码长度。

5. 使用宏定义

宏定义属于预处理指令,通过它可以简化程序设计,增加程序的可读性、可维护性和可移植性。

6. 为变量分配内部存储区

经常使用的变量放在内部 RAM 中,可提高程序执行的速度。这样做还可以缩短代码,因为写外部存储区寻址的指令相对要麻烦一些。考虑到存储速度,一般采用下面的顺序使用存储器:DATA、IDATA、PDATA、XDATA,同时要留出足够的堆栈空间。

7. 存储器模式

代码大小和运行速度之间最大的冲突是存储模式。C51 提供了 3 种存储器模式来存储变量过程参数和分配再入函数堆栈。用小模式编译通常会生成最小、最快的代码。SMALL 命令指示 C51 编译器使用小存储模式。小模式下,除了特别声明外,所有的变量都位于 8051 的内部存储区。访问内部数据区很快(典型的为 1 或 2 个时钟周期),生成的代码比 COMPACT 或 LARGE 模式生成的代码更小。

8. 关键字的使用

在 C51 语言中有很多关键字,灵活使用它们能使开发的程序高效,这些关键字包括

static、const、extern、code 等。

程序设计和优化的技巧很多,在程序开发的过程中也会逐渐的积累一些技巧和经验,使编程水平不断提高。

1.3 C51 语言要点

1. 结构

结构是一种定义类型,允许程序员把一系列变量集中到一个单元中。当某些变量相关的时候,使用这种类型是很方便的。例如,用一系列变量来描述一天的时间需要定义时分秒3 个变量:

```
unsighed char hour, min, sec;
```

还要定义一个天的变量:

```
unsighed int days;
```

使用结构,可以把这 4 个变量定义在一起,给它们一个共同的名字。声明结构的语法如下:

```
struct time_str{
unsigned char hour, min, sec;
unsigned int days;
}time_of_day;
```

以上程序定义了类型名为 time_str 的结构,并定义了名为 time_of_day 的结构变量。变量成员的引用为"结构变量名. 结构成员",例如,

```
time_of_day.hour＝XBYTE[HOURS];
time_of_day.days＝XBYTE[DAYS];
time_of_day.min＝time_of_day.sec
curdays＝time_of_day.days;
```

成员变量和其他变量一样,但前面必须有结构名。一个程序可以定义很多结构变量,编译器把它们看成新的变量,例如,

```
struct time_str oldtime, newtime;
```

这样就产生了两个新的结构变量,这些变量都是相互独立的,就像定义了很多 int 类型的变量一样。结构变量很容易复制:

```
oldtime=time_of_day;
```

这使代码很容易阅读,也减少了打字的工作量。当然也可以一句一句复制:

```
oldtime. hour=newtime. hour;
oldtime. days=newtime. days-1;
```

　　Keil C 和大多数 C 编译器为结构提供了连续的存储空间,成员名用来对结构内部寻址。这样,结构 time_str 有连续 5 个字节的空间,空间内的变量顺序和定义时的变量顺序一样。一个结构类型就像一个变量,新的变量类型可建立一个结构数组,包含结构的成员和指向结构的指针。

　　2. 联合

　　联合和结构很相似,由相关的变量组成,这些变量构成了联合的成员。但是这些成员只能有一个起作用。联合的成员变量可以是任何有效类型,包括 C 语言本身拥有的类型和用户定义的类型。例如,定义联合的类型:

```
union time_type {
unsigned long secs_in_year;
struct time_str time;
}mytime;
```

用一个长整形存放,从年开始到秒数,另一个可选项用 time_str 结构存储,从年开始到秒的时间。不管联合包含什么,可在任何时候引用它的成员,例如,

```
mytime. secs_in_year=JUNEIST;
mytime. time. hour=5;
curdays=mytime. time. days;
```

　　像结构一样,联合也以连续的空间存储。空间大小等于联合中最大的成员所需的空间,例如,

```
Offset Member Bytes
  Secs_in_year 4
  Mytime 5
```

因为最大的成员需要 5 个字节,联合的存储大小也为 5 个字节。当联合的成员为 secs_in_year 时,第 5 个字节没有使用。联合经常用来提供同一个数据的不同表达方式。

　　3. 指针

　　指针是一个包含存储区地址的变量。指针中包含了变量的地址,可以对它所指向的变

量寻址,就像在 MCS‑51 单片机 DATA 区中寄存器间接寻址和在 XDATA 区中用 DPTR 寻址一样,使用非常方便。因为它很容易从一个变量移到下一个变量,可以写出操作大量变量的通用程序。指针需要定义类型,说明指向何种类型的变量。假设用关键字 long 定义一个指针,C 语言把指针所指的地址看成一个长整型变量的地址。这并不说明这个指针被强迫指向长整型的变量,而是说明 C 语言把该指针所指的变量看成长整型。例如,

```
unsigned char * my_ptr, * anther_ptr;
unsigned int * int_ptr;
float * float_ptr;
time_str * time_ptr;
```

指针可被赋予任何已经定义的变量或存储器的地址,例如,

```
My_ptr=&char_val;
Int_ptr=&int_array[10];
Time_str=&oldtime;
```

可通过加减移动指针,指向不同的存储区地址。在处理数组的时候这一点特别有用。当指针加 1 的时候,它加上指针所指数据类型的长度,例如,

```
Time_ptr=(time str * )(0x10000L);//指向地址 0
Time_ptr++;//指向地址 5
```

指针间可像其他变量那样互相赋值,指针所指向的数据也可通过引用指针来赋值,例如,

```
time_ptr=oldtime_ptr;//两个指针指向同一地址
* int_ptr=0x4500;//把 0x4500 赋给 int_ptr 所指的变量
```

当用指针来引用结构或联合的成员时可用如下方法:

```
time_ptr->days=234;
* time_ptr.hour=12;
```

还有一个指针用得比较多的场合是链表和树结构。要产生一个数据结构,可以进行插入和查询操作。一种最简单的方法就是建立一个双向查询树,可以这样定义树的节点:

```
struct bst_node{
unsigned char name[20];//存储姓名
struct bst_node * left, right;//分别指向左右子树的指针
};
```

可通过定位新的变量,并把它的地址赋给查询树的左指针或右指针,使双向查询树变长或缩短。

4. 类型定义

在 C 语言中定义类型就是给给定的类型一个新的类型名。例如,想给结构 time_str 一个新的名字:

```
typedef struct time_str{
unsigned char hour, min, sec;
unsigned int days;
}time_type;
```

就可以像使用其他变量那样使用 time_type 的类型变量:

```
time_type time, * time_ptr, time_array[10];
```

类型定义也可用来重新命名 C 语言的标准类型:

```
typedef unsigned char UBYTE;
typedef char * strptr;
strptr name;
```

使用类型定义可加强代码的可读性,节省了打字的时间。但是如果程序员大量的使用类型定义,程序可读性降低。

附录②

C51 库函数介绍

1. **库函数的相关概念**

（1）函数库 函数库是由系统建立的具有一定功能的函数的集合。库中存放函数的名称和对应的目标代码，以及连接过程中所需的重定位信息。用户也可以根据自己的需要建立用户函数库。

（2）库函数 存放在函数库中的函数。库函数具有明确的功能、入口调用参数和返回值。

（3）连接程序 将编译程序生成的目标文件连接在一起生成一个可执行文件。

（4）头文件 有时也称为包含文件。在使用某一库函数时，都要在程序中嵌入（用♯include）该函数对应的头文件。

2. **库函数分类**

由于C语言编译系统应提供的函数库目前尚无国际标准。不同版本的C语言具有不同的库函数，用户使用时应查阅有关版本的C的库函数参考手册。

我们以 Turbo C 为例简介 C 语言库函数。Tubro C 库函数分为 9 大类：

（1）I/O 函数 包括各种控制台 I/O、缓冲型文件 I/O 和 UNIX 式非缓冲型文件 I/O 操作，例如，getchar、putchar、printf、scanf、fopen、fclose、fgetc、fgets、fprintf、fsacnf、fputc、fputs、fseek、fread、fwrite 等。需要的包含文件为 stdio. h。

（2）字符串、内存和字符函数 包括操作字符串、字符的函数，例如，用于检查字符的函数 isalnum、isalpha、isdigit、islower、isspace 等，用于字符串操作函数 strcat、strchr、strcmp、strcpy、strlen、strstr 等。需要的包含文件为 string. h、mem. h、ctype. h。

（3）数学函数 包括各种常用的三角函数、双曲线函数、指数和对数函数等，例如，sin、cos、exp(e 的 x 次方)、log、sqrt(开平方)、pow(x 的 y 次方)等。需要的包含文件为 math. h。

（4）时间、日期和与系统有关的函数 操作和设置时间、日期等计算机系统状态等，例如，time 返回系统的时间，asctime 返回以字符串形式表示的日期和时间。需要的包含文件为 time. h。

（5）动态存储分配　包括申请分配和释放内存空间的函数,例如,calloc、free、malloc、realloc 等。需要的包含文件为 alloc.h 或 stdlib.h。

（6）目录管理　包括建立、查询、改变磁盘目录等操作的函数。

（7）过程控制　包括最基本的过程控制函数。

（8）字符屏幕和图形功能　包括各种绘制点、线、圆、方和填色等的函数。

（9）其他函数。

3. 本征库函数(intrinsic routines)和非本征库函数

本征库函数编译时直接将固定的代码插入当前行,而不用 ACALL 和 LCALL 语句来实现,大大提高了函数访问的效率。而非本征函数则必须由 ACALL 及 LCALL 调用。

C51 的本征库函数只有 9 个,数目虽少,但都非常有用:

（1）_crol_,_cror_　将 char 型变量循环向左(右)移动指定位数后返回。

（2）_iror_,_irol_　将 int 型变量循环向左(右)移动指定位数后返回。

（3）_lrol_,_lror_　将 long 型变量循环向左(右)移动指定位数后返回。

（4）_nop_　相当于插入 NOP。

（5）_testbit_　相当于 JBC bitvar 测试该位变量并跳转、清除。

（6）_chkfloat_　测试并返回浮点数状态。

使用时,必须包含♯include〈intrins.h〉一行。如不说明,下面谈到的库函数均指非本征库函数。

4. C51 中几类重要库函数

（1）专用寄存器 include 文件　例如,reg51.h 头文件中包括了所有 8051 的 SFR 及其位定义,一般系统都必须包括本文件。

（2）绝对地址 include 文件　例如,absacc.h 文件中定义了几个宏,以确定各存储空间的绝对地址。

（3）动态内存分配函数　位于 stdlib.h 中。

（4）缓冲区处理函数　位于 string.h 中,包括拷贝、比较、移动等函数,如 memccpy、memchr、memcmp、memcpy、memmove、memset,能很方便地处理缓冲区。

（5）输入输出流函数　位于 stdio.h 中,通过 MCS-51 单片机的串口或用户定义的 I/O 口读写数据。缺省为 MCS-51 单片机串口,如要修改,比如改为 LCD 显示,可修改 lib 目录中的 getkey.c 及 putchar.c 源文件,然后在库中替换它们即可。

5. C51 主要库函数原型列表

在这里介绍一些主要的、经常会用到的库函数的源代码。

（1）CTYPE.H

bit isalnum(char c);	//检查参数字符是否为英文字母或数字字符,是则返回1,否则返回0
bit isalpha(char c);	//检查参数字符是否为英文字母,是则返回1,否则返回0

bit iscntrl(char c);　　　//检查参数值是否为控制字符(值在0x00～0x1F之间或等于
　　　　　　　　　　　　　　　//0x7F),是则返回1,否则返回0

bit isdigit(char c);　　　//检查参数值是否为十进制数字0～9,是则返回1,否则返回0

bit isgraph(char c);　　　//检查参数值是否为可打印字符(不包括空格),可打印字符的值域
　　　　　　　　　　　　　　　//为0x21～0x7E,是则返回1,否则返回0

bit islower(char c);　　　//检查参数字符是否为小写英文字母,是则返回1,否则返回0

bit isprint(char c);　　　//与isgraph函数相似,并且接受空格符(0x20)

bit ispunct(char c);　　　//检查字符参数是否为标点、空格或格式符如果是空格或是32
　　　　　　　　　　　　　　　//个标点和格式字符之一则返回1,否则返回0

bit isspace(char c);　　　//检查参数字符是否为空格、制表符、回车、换行、垂直制表符和送
　　　　　　　　　　　　　　　//纸(值为0x09～0x0D,或为0x20),是则返回1,否则返回0

bit isupper(char c);　　　//检查参数字符是否为大写英文字母,是则返回1,否则返回0

bit isxdigit(char c);　　 //检查参数字符是否为十六进制数字字符,是则返回1,否则返
　　　　　　　　　　　　　　　//回0

bit toascii(char c);　　　//将字符参数值缩小到有效的ASSII范围内(即将参数值与0x7F
　　　　　　　　　　　　　　　//相与)

bit toint(char c);　　　　//将ASSII字符的0～9、a～f(大小写无关)转换为十六进制数字,
　　　　　　　　　　　　　　　//对于ASSII字符的0～9,返回值为0H～9H,对于ASSII字符的
　　　　　　　　　　　　　　　//a～f(大小写无关),返回值为0AH～0FH

char tolower(char c);　　 //将大写字符转换成小写形式,如果字符参数不在'A'～'Z'
　　　　　　　　　　　　　　　//之间

char _tolower(char c);　　//将字符参数与常数0x20逐位相或,从而将大写字符转换成小写
　　　　　　　　　　　　　　　//形式

char toupper(char c);　　 //将小写字符转换成大写形式,如果字符参数不在'a'～'z'之间,
　　　　　　　　　　　　　　　//则该函数不起作用

char _toupper(char c);　　//将字符参数与常数0xDF逐位相与,从而将小写字符转换成大写
　　　　　　　　　　　　　　　//形式

(2) INTRINS. H

unsigned char _crol_(unsigned char c, unsigned char b);　　//将c左移b位

unsigned char _cror_(unsigned char c, unsigned char b);　　//将c右移b位

unsigned char _chkfloat_(float ual);　　　　　　　　　　　　//测试并返回浮点数状态

unsigned int _irol_(unsigned int i, unsigned char b);　　　//将i左移b位

unsigned int _iror_(unsigned int i, unsigned char b);　　　//将i右移b位

unsigned long _lirol_(unsigned long L, unsigned char b);　 //将L左移b位

unsigned long_lror_(unsigned long L, unsigned char b);　　//将 L 右移 b 位
void_nop_(void);　　　　　　　　　　　　　　　　　//产生一个 NOP 指令
bit_testbit_(bit b);　　　　　　　　　　　　　　　　//相当于 JBC bit 指令

（3）STDIO. H

char getchar(void);
　　　　　　//利用_getkey 函数从串行口读入字符,并将该读入字符立即传给
　　　　　　//putchar 函数输出。其他与_getkey 函数相同
char_getkey(void);
　　　　　　//等待从 80C51 单片机串行口读入字符,返回读入的字符。该函数是
　　　　　　//改变整个输入机制时应修改的唯一的函数
char * gets(char * s,int n);
　　　　　　//利用 getchar 从串行口读入一个长度为 n 的字符串,并存入由 s 指向
　　　　　　//的数组。输入时一旦检测到换行符就结束字符输入。输入成功时返
　　　　　　//回传入的参数指针,失败时返回 NULL
int printf(const char * fmtstr[,argument]…);
　　　　　　//以第一个参数字符串指定的格式,通过 80C51 串行口输出数值和字
　　　　　　//符串。返回值为实际输出的字符数
char putchar(char c);
　　　　　　//通过 80C51 单片机串行口输出字符。与函数_getkey 类似,该函数是
　　　　　　//改变整个输出机制时应修改的唯一的函数
int puts (const char * string);
　　　　　　//利用 putchar 函数将字符串和换行符写入串行口。错误时返回 EOF,
　　　　　　//否则返回 0
int scanf(const char * fmtstr.[,argument]…);
　　　　　　//在格式控制串的控制下,利用 getchar 函数从串行口读入数据,每遇
　　　　　　//到一个符合控制串 fmtstr 规定的值,就将它顺序存入由参数指针
　　　　　　//argument 指向的存储单元。该函数返回它所发现并转换的输入项
　　　　　　//数,出现错误则返回 EOF
int sprintf(char * buffer,const char * fmtstr[;argument]);
　　　　　　//该函数与 printf 函数功能类似,但数据不是输出到串行口,而是通过
　　　　　　//指针 buffer 送入内存缓冲区,以 ASCII 码形式存储
int sscanf(char * buffer,const char * fmtstr[,argument]);
　　　　　　//与 scanf 函数相似,只是字符串的输入不是通过串行口,而是通过指针
　　　　　　//buffer 指向的数据缓冲器
char ungetchar(char c);

//将输入字符送回输入缓冲器,因此下次 gets 或 getchar 就可以用该符。
//成功时返回 char 型值 c,失败时返回 EOF。用该函数无法处理多个字
//符

void vprintf (const char * fmtstr, char * argptr);

　　　　　　//该函数格式化一字符串和数据,利用 putchar 函数写向 80C51 串行口。该
　　　　　　//函数与 printf 类似,但它接受一个指向变量表的指针,而不是变量值

void vsprintf(const char * buffer, char * fmtstr, char * argptr);

　　　　　　//该函数格式化一字符串和数据并存储结果于 buffer 指向的内存缓冲
　　　　　　//区。该函数与 sprintf 函数类似,但它接受一个指向变量表的指针,而
　　　　　　//不是变量表

（4）STDLIB. H

float atof(char * string);

　　　　　　//将字符串 string 转换成浮点数值并返回它。输入串中必须包含与浮点
　　　　　　//数规定相符的数。该函数在遇到第一个不能构成数字的字符时,停止
　　　　　　//对输入字符串的读操作

int atoi(char * string);

　　　　　　//将字符串 string 转换成整型数值并返回它。输入串中必须包含与整型
　　　　　　//数规定相符的数。该函数在遇到第一个不能构成数字的字符时,停止
　　　　　　//对输入字符串的读操作

long atol(char * string);

　　　　　　//将字符串 string 转换成长整型数值并返回它。输入串中必须包含与长
　　　　　　//整型数规定相符的数。该函数在遇到第一个不能构成数字的字符时,
　　　　　　//停止对输入字符串的读操作

void * calloc(unsigned int num, unsigned int len);

　　　　　　//为 num 个元素的数组分配内存空间,数组中每个元素的大小为 len,所
　　　　　　//分配的内存区域用 0 初始化。返回值为已分配的内存单元起始地
　　　　　　//址,如不成功则返回 0

void free(void xdata * p);

　　　　　　//释放指针 p 所指向的存储器区域,如果 p 为 NULL,则该函数无效。P
　　　　　　//必须是以前用 calloc, malloc 或 realloc 函数分配的存储器区域。该函
　　　　　　//数执行后,被释放的存储器区域就可以参加以后的分配

void init_mempool(void xdata * p, unsigned int size);

　　　　　　//初始化可被函数 calloc、free、malloc 或 realloc 管理的存储器区域
　　　　　　//,指针 p 表示存储区的首地址,size 表示存储区的大小

void * malloc (unsigned int size);

//在内存中分配一个 size 字节大小的存储器空间。返回值为一个 size 大
//小对象所分配的内存指针。如果返回 NULL,则无足够的内存空间
//可用

int rand(void);

//返回一个 0～32 767 之间的伪随机数,相继调用 rand 将产生相同
//序列的随机数

void * realloc (void xdata * p, unsigned int size);

//调整先前分配的存储区域的大小。参数 p 指示该区域的起始地址,参
//数 size 表示新分配存储器的大小。原存储区域的内容被复制到新存
//储器区域中。如果新区域较大,多出的区域将不作初始化。Realloc 返
//回指向新存储区的指针,如果返回 NULL,则无足够大的内存可用,这
//时将保持原存储区不变

void srand (int seed);

//将随机数发生器初始化成一个已知(或期望)值。

(5) STRING. H

void * memccpy (void * dest, void * src, char c, int len);

//复制 src 中 len 个元素到 dest 中,如果实际复制了 len 个字符则返回
//NULL。复制完字符 c 后停止,此时返回指向 dest 的下一
//个元素的指针

void * memchr (void * buf, char c, int len);

//顺序搜索字符串 buf 的前 len 个字符,以找出字符 c。成功时返回 buf
//中指向 c 的指针,失败时返回 NULL

char * memcmp(void * buf1, void * buf2, int len);

//逐个字符比较串 buf1 和串 buf2 的前 len 个字符,相等时返回 0,若串
//buf1 大于或小于串 buf2,则返回一个正数或一个负数

void * memcpy (void * dest, void * src, int len);

//从 src 指向的内存中复制 len 个字符到 dest 中,返回指向 dest 中最后
//一个字符指针。如果 src 与 dest 发生交迭,则结果是不可预测的

void * memmove (void * dest, void * src, int len);

//工作方式与 memcpy 相同,但复制的区域可以交叠

void * memset (void * buf, char c, int len);

//用 c 来填充指针中 buf 中个单元 len 个单元

void * strcat (char * dest, char * src);

//将串 src 复制到 dest 的尾部。它假定 dest 所定义的地址区域足以接受
//两个串。返回指向 dest 串中第一个字符的指针

char * strncat (char * dest, char * src, int n);
> //复制串 src 中 n 个字符到 dest 的尾部。如果 src 比 n 短,则只复制 src
> //(包括串结束符)

char * strchr (const char * string, char c);
> //搜索 string 中第一个出现的字符 c(可以是串结束符)。如果成功则返
> //回指向该字符的指针,否则返回 NULL

char * strcmp (char * string1, char * string2);
> //比较串 string1 和 string2,如果相等则返回 0;如果 string1 <string2 则
> //返回一个负数;如果 string1>string2 则返回一个正数

char * strcpy (char * dest, char * src);
> //将串 src(包括结束符)复制到 dest 中,返回指向 dest 中第一个字符的
> //指针

int strlen (char * src);
> //返回 src 中字符个数(不包括结尾的空格符)

char * strncmp(char * string1, char * string2, int len);
> //比较串 string1 和 string2 的 len 个字符,返回值与 strcmp 相同

char * strncpy (char * dest, char * src, int len);
> //与 strcpy 相似,但只复制 len 个字符。如果 src 的长度小于 len,则 dest
> //串以 0 补齐到长度 len

int strspn(char * string, char * set);
> //搜索 src 中第一个不包括在 set 串中的字符。返回值是 src 中包括在
> //set 里的字符个数。如果 src 中所有字符都包括在 set 串中,则返回 src
> //的长度(不包括结束符)。如果 set 是空串则返回 0

int strcspn(char * src, char * set);
> //与 strspn 类似,但它搜索的是 src 中第一个包含在 set 里的字符

char * strpbrk (char * string, char * set);
> //与 strspn 类似,但返回到搜索到的字符的指针,而不是个数。如果没找
> //到,则返回 NULL

int strpos (const char * string, char c);
> //与 strchr 功能类似,但返回的是字符 c 在串中出现的位置值或—1,
> //string 中首字符的位置值是 0

char * strrchr (const char * string, char c);
> //搜索 string 中最后一个出现的字符 c(可以是串结束符)。如果成功则
> //返回指向该字符的指针,否则返回 NULL

char * strrpbrk (char * string, char * set);

//与 strpbrk 类似,但它返回 string 中指向找到的 set 字符集中最后一个
//字符的指针
int strrpos (const char ＊ string, char c)；
//与 strrchr 类似,但返回的值是字符 c 在字符串 string 中最后一次出现
//的位置值。没有找到则返回—1

附录❸

ASCII（美国标准信息交换码）码表

由于计算机中使用的是二进制数，因此计算机中使用的字母、字符也要用特定的二进制表示。目前普遍采用的是 ASCII 码（American Standard Code for Information Interchange）。它采用 7 位二进制编码表示 128 个字符，其中包括数码 0～9 以及英文字母等可打印的字符。在计算机中一个字节可以表示一个英文字母。由于单个的汉字太多，因此要用两个字节才能表示一个汉字。目前也有国标的汉字计算机编码表——汉码表。

D6 D5 D4 / D3 D2 D1 D0	000	001	010	011	100	101	110	111
0000	NUL	DLE	SP	0	@	P	、	p
0001	SOH	DC1	!	1	A	Q	a	q
0010	STX	DC2	"	2	B	R	b	r
0011	ETX	DC3	#	3	C	S	b	s
0100	EOT	DC4	$	4	D	T	d	t
0101	ENQ	NAK	%	5	E	U	e	u
0110	ACK	SYN	&	6	F	V	f	v
0111	BEL	ETB	,	7	G	W	g	w
1000	BS	CAN	(	8	H	X	h	x
1001	HT	EM	)	9	I	Y	i	y
1010	LF	SUB	*	:	J	Z	j	z
1011	VT	ESC	+	;	K	[	k	{
1100	FF	FS	,	<	L	\	l	|
1101	CR	GS	—	=	M	]	m	}
1110	SO	RS	>	N	Ω	n	~
1111	SI	US	/	?	O	—	o	DEL

表中字符含意如下：

NUL	空	BEL	数据链换码
SOH	标题开始	DC1	设备控制 1
STX	正文结束	DC2	设备控制 2
ETX	本文结束	DC3	设备控制 3
EOT	传输结果	DC4	设备控制 4
ENQ	询问	NAK	否定
ACK	承认	SYN	空转同步
BEL	报警符（可听见的信号）	ETB	信息组传送结束
BS	退一格	CAN	作废
HT	横向列表（穿孔卡片指令）	EM	纸尽
LF	换行	SUB	减
VT	垂直制表	ESC	换码
FF	走纸控制	FS	文字分隔符
CR	回车	GS	组分隔符
SO	移位输出	RS	记录分隔符
SI	移位输入	US	单元分隔符
SP	空间（空格）	DEL	作废

查表可得到各字符的代码。如 A 的 ASCII 码是 1000001（41H），a 的 ASCII 码是 1100001（61H），2 的 ASCII 码是 0110010（32H）。

MCS - 51 指令集

类别	助记符	操作码	说　　　明	字节	周期
数据传送指令	MOV A，Rn	E8～EF	寄存器送 A	1	1
	MOV A，direct	E5	直接字节送 A	2	1
	MOV A，@Ri	E6，E7	间接 RAM 送 A	1	1
	MOV A，#data	74	立即数送 A	2	1
	MOV Rn，A	F8～FF	A 送寄存器	1	1
	MOV Rn，direct	A8～AF	直接字节送寄存器	2	2
	MOV Rn，#data	78～7F	立即数送寄存器	2	1
	MOV direct，A	F5	A 送直接字节	2	1
	MOV direct，Rn	88～8F	寄存器送直接字节	2	2
	MOV direct1，direct2	85	直接字节送直接字节	3	2
	MOV direct，@Ri	86，87	间接 RAM 送直接字节	2	2
	MOV direct，#data	75	立即数送直接字节	3	2
	MOV @Ri，A	F6，F7	A 送间接 RAM	1	1
	MOV @Ri，direct	A6，A7	直接字节送间接 RAM	2	2
	MOV @Ri，#data	76，76	立即数送间接 RAM	2	1
	MOV DPTR，#data	90	16 位常数送数据指针	3	2
	MOVC A，@A+DPTR	93	由 A+DPTR 寻址的程序存储器字节送 A	1	2
	MOVC A，@A+PC	83	由 A+PC 寻址的程序存储器字节送 A	1	2
	MOVX A，@Ri	E2，E3	外部数据存储器(8 位地址)送 A	1	2
	MOVX A，@DPTR	E0	外部数据存储器(16 位地址)送 A	1	2

类别	助记符	操作码	说　　明	字节	周期
	MOVX @Ri, A	F2, F3	A 送外部数据存储器(8 位地址)	1	2
	MOVX @DPTR, A	F0	A 送外部数据存储器(16 位地址)	1	2
	PUSH direct	C0	SP+1,直接字节进栈	2	2
	POP direct	D0	直接字节退栈,SP−1	2	2
	XCH A, Rn	C8～CF	A 和寄存器交换	1	1
	XCH A, direct	C5	A 和直接字节交换	2	1
	XCH A, @Ri	C6, C7	A 和间接 RAM 交换	1	1
	XCHD A, @Ri	D6, D7	A 和间接 RAM 的低 4 位交换	1	1
算术运算指令	ADD A, Rn	28～2F	寄存器和 A 相加	1	1
	ADD A, direct	25	直接字节和 A 相加	2	1
	ADD A, @Ri	26, 27	间接 RAM 和 A 相加	1	1
	ADD A, #data	24	立即数和 A 相加	2	1
	ADDC A, Rn	38～3F	寄存器、进位位和 A 相加	1	1
	ADDC A, direct	35	直接字节、进位位和 A 相加	2	1
	ADDC A, @Ri	36, 37	间接 RAM、进位位和 A 相加	1	1
	ADDC A, #data	34	立即数、进位位和 A 相加	2	1
	SUBB A, Rn	98～9F	A 减去寄存器及进位位	1	1
	SUBB A, direct	95	A 减去直接字节及进位位	2	1
	SUBB A, @Ri	96, 97	A 减去间接 RAM 及进位位	1	1
	SUBB A, #data	94	A 减去立即数及进位位	2	1
	INC A	04	A 加 1	1	1
	INC Rn	08～0F	寄存器加 1	1	1
	INC direct	05	直接字节加 1	2	1
	INC @Ri	06, 07	间接 RAM 加 1	1	1
	INC DPTR	A3	数据指针加 1	1	2
	DEC A	14	A 减 1	1	1
	DEC Rn	18～1F	寄存器减 1	1	1
	DEC direct	15	直接字节减 1	2	1
	DEC @Ri	16, 17	间接 RAM 减 1	1	1

续 表

类别	助记符	操作码	说　明	字节	周期
	MUL AB	A4	A 乘以 B	1	4
	DIV AB	84	A 除以 B	1	4
	DA A	D4	A 的十进制加法调整	1	1
	ANL A，Rn	58~5F	寄存器和 A 相与	1	1
	ANL A，direct	55	直接字节和 A 相与	2	1
	ANL A，@Ri	56，57	间接 RAM 和 A 相与	1	1
	ANL A，♯data	54	立即数和 A 相与	2	1
	ANL direct，A	52	A 和直接字节相与	2	1
	ANL direct，♯data	53	立即数和直接字节相与	3	2
	ORL A，Rn	48~4F	寄存器和 A 相或	1	1
	ORL A，direct	45	直接字节和 A 相或	2	1
逻	ORL A，@Ri	46，47	间接 RAM 和 A 相或	1	1
辑	ORL A，♯data	44	立即数和 A 相或	2	1
运	ORL direct，A	42	A 和直接字节相或	2	1
算	ORL direct，♯data	43	立即数和直接字节相或	3	2
指	XRL A，Rn	68~6F	寄存器和 A 相异或	1	1
令	XRL A，direct	65	直接字节和 A 相异或	2	1
	XRL A，@Ri	66，67	间接 RAM 和 A 相异或	1	1
	XRL A，♯data	64	立即数和 A 相异或	2	1
	XRL direct，A	62	A 和直接字节相异或	2	1
	XRL direct，♯data	63	立即数和直接字节相异或	3	2
	CLR A	E4	A 清零	1	1
	CPL A	F4	A 取反	1	1
	RL A	23	A 左环移	1	1
	RLC A	33	A 带进位左环移	1	1
	RRA	03	A 右环移	1	1
	RRC A	13	A 带进位右环移	1	1
	SWAP A	C4	A 的高半字节和低半字节交换	1	1

类别	助记符	操作码	说　　明	字节	周期
位操作指令	CLR C	C3	进位清零	1	1
	CLR bit	C2	直接位清零	2	1
	SETB C	D3	进位置位	1	1
	SETB bit	D2	直接位置位	2	1
	CPL C	B3	进位取反	1	1
	CPL bit	B2	直接位取反	2	1
	ANL C, bit	82	直接位和进位相与	2	2
	ANL C, /bit	B0	直接位的反和进位相与	2	2
	ORL C, bit	72	直接位和进位相或	2	2
	ORL C, /bit	A0	直接位的反和进位相或	2	2
	MOV C, bit	A2	直接位送进位	2	1
	MOV bit, C	92	进位送直接位	2	2
控制转移指令	ACALL addr11	X1*	绝对子程序调用	2	2
	LCALL addr16	12	长子程序调用	3	2
	RET	22	子程序调用返回	1	2
	RETI	32	中断返回	1	2
	AJMP addr11	Y1**	绝对转移	2	2
	LJMP addr16	02	长转移	3	2
	SJMP rel	80	短转移	2	2
	JMP @A+DPTR	73	转移到 A+DPTR 所指的地址	1	2
	JZ rel	60	A 为 0,则相对转移	2	2
	JNZ rel	70	A 不为 0,则相对转移	2	2
	JC rel	40	进位为 1,则相对转移	2	2
	JNC rel	50	进位为 0,则相对转移	2	2
	JB bit, rel	20	直接位为 1,则相对转移	3	2
	JNB bit, rel	30	直接位为 0,则相对转移	3	2
	JBC bit, rel	10	直接位为 1 则相对转移,然后该位清零	2	2
	CJNE A, direct, rel	B5	直接字节与 A 比较,不相等则相对转移	3	2
	CJNE A, #data, rel	B4	立即数与 A 比较,不相等则相对转移	3	2

类别	助记符	操作码	说　明	字节	周期
	CJNE Rn，＃data，rel	B8～BF	立即数与寄存器比较,不相等则相对转移	3	2
	CJNE @Ri，＃data，rel	B6～B7	立即数与间接 RAM 比较,不等则相对转移	3	2
	DJNZ Rn，rel	D8～DF	寄存器减 1,不为零则相对转移	2	2
	DJNZ direct，rel	D5	直接字节减 1,不为零则相对转移	3	2
	NOP	00	空操作	1	1

注:"X1 * "代表 $a_{10}a_9a_8 10001a_7a_6a_5a_4a_3a_2a_1a_0$,其中 $a_{10}\sim a_0$ 为 addr11 各位;

"Y1 ** "代表 $a_{10}a_9a_8 00001a_7a_6a_5a_4a_3a_2a_1a_0$,其中 $a_{10}\sim a_0$ 为 addr11 各位。

参 考 文 献

［1］ 李朝青. 单片机原理及接口技术［M］,北京：北京航空航天大学出版社.

［2］ 马彪. 单片机应用技术［M］,北京：中国轻工业出版社.

［3］ 李广第. 单片机基础［M］,北京：北京航空航天大学出版社.

［4］ 陈堂敏,刘焕平. 单片机原理与应用［M］,北京：北京理工大学出版社.

［5］ 周坚. 单片机 C 语言轻松入门［M］,北京：北京航空航天大学出版社.

［6］ 彭为,黄科,雷道仲. 单片机典型系统设计实例精讲［M］北京：电子工业出版社.

［7］ 张靖武,周灵彬. 单片机原理、应用与 Proteus 仿真［M］,北京：电子工业出版社.

［8］ 郭军. 单片机原理与应用［M］,西安：西安电子科技大学出版社.

［9］ 谢维成. 单片机原理与应用及 C51 程序设计［M］,北京：清华大学出版社.

［10］ 杨宁. 单片机与控制技术［M］,北京：北京航空航天大学出版社.

［11］ 王晓明. 电动机的单片机控制［M］,北京：北京航空航天大学出版社.

［12］ 周润景,张丽娜. 基于 Proteus 的电路及单片机系统设计与仿真［M］,北京：北京航空航天大学出版社.

［13］ 彭为. 单片机典型系统设计实例精讲［M］,北京：电子工业出版社.

［14］ 潭浩强. C 程序设计［M］,北京：清华大学出版社.

［15］ 郑锋. 51 单片机应用系统典型模块开发大全［M］,北京：中国铁道出版社.

图书在版编目(CIP)数据

单片机应用技术/黄英,王晓兰主编. —3 版. —上海:复旦大学出版社,2018.6
ISBN 978-7-309-13699-9

Ⅰ. 单…　Ⅱ.①黄…②王…　Ⅲ. 单片微型计算机-高等职业教育-教材　Ⅳ. TP368.1

中国版本图书馆 CIP 数据核字(2018)第 105707 号

单片机应用技术(第三版)
黄　英　王晓兰　主编
责任编辑/张志军

复旦大学出版社有限公司出版发行
上海市国权路 579 号　邮编:200433
网址:fupnet@ fudanpress.com　http://www.fudanpress.com
门市零售:86-21-65642857　　团体订购:86-21-65118853
外埠邮购:86-21-65109143　　出版部电话:86-21-65642845
江苏省句容市排印厂

开本 787 × 1092　1/16　印张 22　字数 469 千
2018 年 6 月第 3 版第 1 次印刷

ISBN 978-7-309-13699-9/T · 627
定价:45.00 元